第二版

金属基复合材料

Metal Matrix Composites

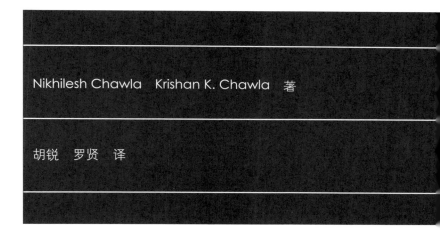

Nikhilesh Chawla   Krishan K. Chawla   著

胡锐   罗贤   译

中国教育出版传媒集团

高等教育出版社·北京

图字：01-2021-4579号

First published in English under the title
Metal Matrix Composites (2nd Ed.)
by Nikhilesh Chawla and Krishan K. Chawla
Copyright © Springer Science+Business Media New York, 2013
This edition has been translated and published under licence from
Springer Science+Business Media, LLC, part of Springer Nature.

图书在版编目（CIP）数据

金属基复合材料 = Metal Matrix Composites：第
二版 /（美）尼克莱什·查拉（Nikhilesh Chawla），
（美）柯瑞山·K·查拉（Krishan K. Chawla）著；胡锐，
罗贤译 . -- 北京：高等教育出版社，2025.2
ISBN 978-7-04-063155-5

Ⅰ . TB333.1

中国国家版本馆 CIP 数据核字第 2024GC5379 号

Jinshuji Fuhe Cailiao

策划编辑	刘占伟	责任编辑	任辛欣	封面设计	杨立新	版式设计	马 云
责任绘图	于 博	责任校对	张 薇	责任印制	赵义民		

出版发行	高等教育出版社	咨询电话	400-810-0598
社　　址	北京市西城区德外大街4号	网　　址	http://www.hep.edu.cn
邮政编码	100120		http://www.hep.com.cn
印　　刷	北京市白帆印务有限公司	网上订购	http://www.hepmall.com.cn
开　　本	787mm×1092mm 1/16		http://www.hepmall.com
印　　张	21		http://www.hepmall.cn
字　　数	390 千字	版　　次	2025 年 2 月第 1 版
插　　页	5	印　　次	2025 年 2 月第 1 次印刷
购书热线	010-58581118	定　　价	99.00 元

作者简介

    Nikhilesh Chawla 是美国亚利桑那州立大学材料科学与工程系的富尔顿（Fulton）教授，在密歇根大学获得博士学位。他的研究领域包括材料的力学行为、小型先进材料的建模以及 4D 材料科学。Chawla 教授是美国金属学会（ASM International）会士，曾获 2013 年美国矿物、金属与材料学会（TMS）颁发的 Brimacombe 奖章，2011 年度清华大学杰出讲师，2009 年美国采矿、冶金和石油研究所雷蒙德（Raymond）最佳论文奖，2004年美国金属学会布拉德利斯托顿（Bradley Stougheon）青年教师奖，并参加了 2006 年 TMS 青年领袖辅导讲座。Chawla 教授还获得了美国国家科学基金会早期职业发展奖和海军研究办公室青年研究员奖，同时是 *Journal of Materials Science and Engineering* 的编辑以及多个期刊的编委。

    Krishan K. Chawla 是美国阿拉巴马大学伯明翰分校（UAB）材料科学与工程系教授，在伊利诺伊大学厄巴纳-香槟分校获得博士学位。他的研究领域包括材料加工、材料的微观结构和力学行为，曾在世界多所大学教书或科研。Chawla 教授曾在美国国家科学基金会材料研究部担任金属和陶瓷项目主任，也是美国金属学会（ASM International）会士。他获得的其他奖项包括新墨西哥矿业理工大学（New Mexico Tech）杰出研究员奖、贝拿勒斯印度教大学（Banaras Hindu University）杰出校友奖、西北大学（Northwestern University）埃什巴赫学会（Eshbach Society）杰出访问学者奖、UAB 卓越教学校长奖以及橡树岭国家实验室（Oak Ridge National Laboratory）研究员奖。Chawla 教授是材料领域多部教科书的作者或联合作者，并担任多家期刊的编委，也是期刊 *International Materials Reviews* 的编辑。

译者简介

胡锐，西北工业大学教授，博士生导师。1992年6月进入西北工业大学凝固技术国家重点实验室工作至今。2000年获西北工业大学工学博士学位，2004—2005年在法国国家科学研究中心（CNRS）先进技术研究与开发联合实验室（CRETA）师从欧洲磁学会主席 Eric Beaugnon 教授进行博士后研究工作。2007年入选教育部新世纪优秀人才计划。曾任陕西省先进材料与凝固加工工程研究中心副主任，现为西北工业大学材料学院先进材料服役可靠性团队负责人。长期从事金属基复合材料、高温合金、金属间化合物及其制备技术的科研与教学工作。先后主持国家自然科学基金、总装预研重点基金、军委科技委装备预先研究项目、国防基础科研项目等，在国内外期刊发表学术论文500余篇，获授权中国国家/国防发明专利50余项。2014年获中国有色金属协会科技进步奖二等奖1项，2005年获陕西省科技进步奖二等奖1项，2004年获国防科工委国防科学技术奖二等奖1项，2002年获西安市科技进步二等奖1项。

罗贤，西北工业大学材料学院副教授，博士生导师。2008年于西北工业大学获博士学位，2016—2017年在澳大利亚昆士兰大学做国家公派访问学者。主要研究方向为先进金属基复合材料的开发和金属材料/构件的失效分析与服役可靠性研究等。先后主持国家自然科学基金、总装预研基金、陕西省自然科学基金等课题10余项，并与国内外大型科研院所、企业合作开展课题研究10余项。已在国内外知名刊物发表学术论文100余篇，获国家发明专利授权7项，获得中国体视学会自然科学二等奖、陕西省科学技术三等奖以及陕西省高等学校科学技术一等奖各1项。

译 者 的 话

　　不同于人们熟知的以玻璃钢、有机纤维为主的高分子聚合物基复合材料，金属基复合材料在我国起步相较国外晚，国内的相关研究大致始于 20 世纪 80 年代中期，经历了概念的确立，开展基础研究，一度低潮遇冷，直到 21 世纪初快速拓展的跌宕起伏的发展过程。从 20 世纪 60 年代美国为航天应用开发了硼纤维增强铝基复合材料以来，金属基复合材料现今已经从一种小众的复合材料，发展成为一个大类的复合材料。在我国航天、兵器、航空领域获得了越来越多的应用。近年来，从事金属基复合材料的科研人员、工程技术人员也越来越多，新概念金属基复合材料层出不穷。研究人员也越来越多地运用金属基复合材料中"复合化"的概念来思考或定义一些传统的合金材料和新材料，挖掘其潜在的价值。但这样做的同时，也往往造成金属基复合材料概念的过度泛用。这就需要我们从事金属基复合材料的同仁去重读经典，正确运用理论并深化理论探索。

　　译者注意到，这部著作着眼于金属基复合材料的研究和应用，总结了金属基复合材料的概念、理论体系以及设计、加工、表征和应用方面的研究发展，介绍了金属基体和增强体种类在选择方面所具备的多样化、个性化、定制化特点，展示了金属基复合材料的典型制备工艺，系统阐释了各种金属基复合材料的力学性能、热力学性能、功能性特性；内容丰富，体系宽阔，行文深入浅出。该书已成为从事金属基复合材料的科研技术人员及准备进入该领域的青年科技工作者的案头必备书籍，将其翻译成中文，可以为国内已经从事或准备从事金属基复合材料研究及应用开发的有关人员提供一个更好了解和把握金属基复合材料相关概念和知识的宝贵机会。

　　本书作者之一是金属基复合材料领域著名专家 Nikhilesh Chawla 教授，曾担任亚利桑那州立大学 MSE 项目的代理主席，2013 年获得 TMS 颁发的 Brima-combe 奖章；2011 年获得中国清华大学杰出讲师，曾获得美国国家科学基金会早期职业发展奖和海军研究办公室青年研究员奖。本书另一位作者 Krishan Chawla 教授是复合材料领域著名专家，美国阿拉巴马大学伯明翰分校材料科学与工程系教授，曾获得多个奖项：新墨西哥矿业理工大学杰出研究员奖、贝拿勒斯印度教大学杰出校友奖、西北大学埃什巴赫学会杰出访问学者奖、橡树岭国家实验室研究员奖，2012 年出版了专著 *Composite Materials Science and*

I

Engineering。两位作者在金属复合材料研究和应用领域的成就凸显了本书的权威性。

在本书的翻译过程中,为力求学术名词翻译的准确性和中文表述的流畅性,以确保"信、达、雅"的翻译标准,译者花费了一年多的时间,查阅了大量相关资料,并请教了很多国内从事金属基复合材料的同仁,确定了相关专有名词和理论内涵,明确其准确的中文含义,并对原著在行文中指代不明的名词和部分句子进行了反复推敲,最终确定了其中文表达方式。同时,对图表中的标注进行了认真比对,对正文中未出现的标注,通过查阅相关文献进行了翻译,并重新绘制了部分示意图。这些细致的工作,离不开我们青年学生们共同的努力。在此,特别向李劲光、周咪、高子彤、刘鑫鑫、杨晨宇、马刘芳、赖智文、宁豆、牛劲松等表示感谢。

在本书翻译及出版过程中,译者还得到了西北工业大学杨延清教授在部分专业词汇方面的很好建议,同时还得到了高等教育出版社刘占伟编辑一直以来的耐心帮助与支持。本书还得到了西北工业大学精品学术著作培育项目和研究生培养质量提升项目的资助,在此一并表示感谢。

尽管译者已有二十多年从事金属基复合材料的研究经验,但金属基复合材料知识"复合化高、综合性强",涉及的知识和专业面非常广,加上译者水平有限,故不能掌握其全部。译文中难免有欠妥和疏漏之处,恳请专家和广大读者批评指正。

胡 锐 罗 贤

西北工业大学

2024 年 11 月

rhu@nwpu.edu.cn

luoxian@nwpu.edu.cn

宁静、简朴、庄重、自制和思想的纯洁是心灵的苦行

献给

Kunal Chawla 和 Kush Chawla

从他们出生的那一刻起就照亮了我们的生活

第 二 版 序

金属基复合材料（metal matrix composite, MMC）是现代复合材料领域中一个重要的类别。自第一版以来，我们对 MMC 的科学认识和应用均有所增多。随着运输部门对提高燃油经济性的需求日益增加，MMC 变得越来越重要。自本书第一版出版以来，学术界和工业界对该领域做出了持续且重要的贡献，这些贡献涉及 MMC 的加工、微结构表征、测试和分析等方面的发展。特别是许多尖端实验工具的出现，如 X 射线同步辐射断层扫描术（X-ray synchrotron tomography）和聚焦离子束（focused ion beam）技术，显著增强了人们对该领域的了解。此外，计算建模能力和计算速度方面的进展也使人们在关于 MMC 性能的理论建模方面取得了长足进步。

与第一版相同，本书的主题仍然是：MMC 的加工、微观结构及其性能之间的关系。为此，我们采用了一种力学和材料相均衡的手法，并辅以丰富的图片，使读者更容易掌握其根本的操作机制。同时，还强调了我们关于复合材料的性能受控于其微观结构的理念。

与第一版相同，本书第二版仍然面向工程领域 (机械、电气、材料、化工) 和物理科学领域 (物理和化学) 的高年级本科生和低年级研究生。本书也可以作为业内实验科学家、工程师和研究人员的有益参考。

我们要感谢许多人施以援手，没有这些帮助，该书是不可能完成的。Nikhilesh Chawla 想感谢研究团队中几位现任和前任的学生和博士后：Chapman N. C.、Hruby P.、Silva J.、Singh D.、Singh S. S.、Walters J. L. (Stewart) 和 Williams J. J.。同时，Nikhilesh Chawla 也表示与以下同事和合作者进行了许多富有成效的讨论和互动：De Carlo F.、Portella P. 和 Xiao X.。Nikhilesh Chawla 还要感谢亚利桑那州立大学行政部门的一些关键人物，他们为开展这项工作提供了支持和鼓励，尤其是他所在学校的 Kyle Squires 校长、Paul Johnson 院长和 Michael Crow 校长。Peter Hruby 还在第二版中帮助制作了一些图、电影和图解。如果没有 Nikhilesh Chawla 的妻子 Anita 以及儿子 Kunal 和 Kush 坚定不移的鼓励和支持，这项工作是不可能完成的。

Krishan K. Chawla 要感谢他在阿拉巴马大学伯明翰分校的学生和博士后：

Carlisle K.、Chen Z.、Goel A.、Koopman M.、Kulkarni R. 和 Patel B.V.。他也要感谢与 Gladysz G. M.、Mortensen A.、Patterson B. R.、Portella P. D. 以及 Rigsbee J. M. 所进行的有益讨论。

Nikhilesh Chawla，美国亚利桑那州坦佩市

Krishan K. Chawla，美国阿拉巴马州伯明翰市

第 一 版 序

　　金属基复合材料（metal matrix composite, MMC）已经存在了很长时间，但直到 20 世纪下半叶才发展成为法定的工程复合材料。从不起眼的研究开始，MMC 已经从"小众"材料发展到在航空航天、电子封装、汽车和娱乐产品等多个领域的高性能应用。很多重要研究进展已发表在多种期刊、会议论文集和多作者合著的著作中。然而，令人惊讶的是，在这个领域仅出版了两本书：Taya 和 Arsenault（1989）出版了第一本关于 MMC 的书，之后是 Clyne 和 Withers（1993）出版的书。因此，有关 MMC 的教科书已经出版很长时间了。在此期间，该领域出现了无数新的令人兴奋的进展和应用。其中包括用于电力传输电缆的连续纤维增强金属基复合材料、高温超导导线、民用飞机和汽车应用中的颗粒增强金属基复合材料，以及用于电子封装的高体积分数、高导热性基材。所有这些因素都使得当前成为推出本书的绝佳时机。我们编写这本关于 MMC 的教科书有几个目标：①提供对 MMC 的全面和连贯的介绍，这对想要了解这一令人兴奋的领域的初学者以及可能熟悉 MMC 的某些方面但无法跟上该领域所有令人兴奋的新发展的同行科学家或工程师非常有用；②总结和巩固过去 50 年左右的大量工作；③举例说明 MMC 的应用，这将进一步促进 MMC 的研究和创新，并对未来 MMC 的应用产生更大的影响。

　　在这本书中，读者会与一再反复的主题不期而遇，也就是 MMC 的加工、微观结构、性能之间的协同关系。基于此，我们先从 MMC 的简单定义和介绍开始。其次是关于增强体和常见基体材料的一章。再次是金属基复合材料加工的一章。然后是关于金属基复合材料的界面及其特征和获得界面特性技术的一章。接下来是关于力学性能和物理性能的章节，随后是循环疲劳、蠕变和耐磨性。最后，我们用一章总结了金属基复合材料的应用。

　　致谢　Nikhilesh Chawla（N. C.）要感谢海军研究办公室（Vasudevan A. K., 项目经理）和美国汽车合作伙伴（Jandeska W., 通用汽车公司；Chernekoff R., 福特汽车公司；Lynn J., 戴姆勒-克莱斯勒公司, 项目经理）长期以来对金属基复合材料研究的支持。Hunt W. H.、Shen Y. L.、Lewandowski J. J.、LLorca J.、Jones J. W. 以及 Allision J. E. 通过富有成效的互动、合作和讨论，在激发 N. C. 的兴趣和增进其对金属基复合材料的认识方面发挥了重要作用。N. C. 要感谢亚利桑那州立大学行政部门的几位关键人物，感谢他们为开展这项工作提供了支持和鼓励，特别是 N. C. 的系主任 Mahajan S.、院长 Crouch P. 以及校长 Crow M. M.。如果没有 N. C. 现在和以前的学生和博士后（Ayyar A.、Crawford G.、Deng X.、Dudek M.、Ganesh V. V.、Kerr M.、Piotrowski G.、Saha R.、Sidhu R. S.、Williams J. J.、Wunsch B.）的杰出工作和求知欲，这本书是不可能出版的。其中，G. Piotrowski 还在这本书中制作了一些图和表格。

Krishan K. Chawla（K. K. C）要感谢阿拉巴马大学伯明翰分校给予的休假，其中一部分在亚利桑那州立大学（ASU）度过，Mahajan S. 教授的热情款待对本书的写作有很大帮助。在假期的其他时间里，K. K. C 有幸与 Portella P. D. (德国联邦材料研究所，柏林)、Elices M. 和 LLorca J. (马德里大学) 以及 Gladysz G. M. (洛斯阿拉莫斯国家实验室) 进行了富有启发性的讨论。K. K. C 还要感谢其所在小组的研究人员——阿拉巴马大学伯明翰分校的 Carlisle K.、Koopman M.、Kulkarni R.，感谢他们的乐观、真诚和辛勤工作。K. K. C 非常感谢美国国家科学基金会的 MacDonald B. A. 以及海军研究办公室的 Fishman S. 和 Vasudevan A. K. 多年以来对其研究项目的资助。K. K. C 还要感谢 Mortensen A.、Patterson B. R.、Patel B. V.、Rigsbee J. M. 以及 Stoloff N.，他们总是在那里讨论问题。

Deve H.、Dlouhy A.、Drake A.、Eggeler G.、Eldridge J.、Herling D.、Krajewski、Liu J.、LLorca J.、Lloyd D.、Miracle D.、Ochionero M、Nix W.、Rawal S.、Ruppert H. 以及 Wang T. 特别慷慨地向我们提供了他们工作的显微图像和数据。我们非常感谢 Greg Franklin 和 Carol Day 在本书写作过程中给予的耐心和理解。

最后，对于好奇的读者来说，他们可能会想知道作者的常用姓氏，我们应该泄露这个秘密。这本书是两位同事与朋友的合作结晶，他们恰好是父亲 (K. K. C.) 和儿子 (N. C.)。因此，这是一个家庭共同的努力。此外，如果没有 Chawla 家族其他成员的支持和鼓励，这本书是不可能出版的: Anita Chawla（妻子和儿媳）、Kanika Chawla（姐姐和女儿）以及 Nivedita Chawla（母亲和妻子）。特别感谢 Anita Chawla 在格式排版和索引准备方面提供的宝贵帮助。

Nikhilesh Chawla，美国亚利桑那州坦佩市
Krishan K. Chawla，美国阿拉巴马州伯明翰市

目　录

第 1 章

引言

金属基复合材料 (metal matrix composite, MMC) 由至少两个在化学上和物理上有明显区分的相组成, 通过适当分布以获得任何一个单独的相不具有或不能获得的性能。这种材料通常由两个相, 即由一种纤维相或一种颗粒相以适当的方式分布在一种基体中组成。例如, 用于输电线路的连续氧化铝纤维增强铝基复合材料、铌钛丝与铜基体组成的超导磁体、用作切削工具和石油钻具的碳化钨/钴颗粒复合材料。

读者可能非常想问的第一个问题是: 为什么是金属基复合材料? 对此问题有两个交叉性的答案: 金属基复合材料具有相对于未增强金属的优势和相对于复合材料如聚合物基复合材料 (polymer matrix composite, PMC) 的优势。

相对于未增强的金属, 金属基复合材料有以下优点:

(1) 由于具有更高的力学性能, 质量大大减小;

(2) 尺寸稳定性 (例如, SiC/Al 复合材料相较于 Al);

(3) 较高的高温性能 (如抗蠕变性);

(4) 更好的循环疲劳特性。

相对于聚合物基复合材料, 金属基复合材料有以下优点:

(1) 更高的强度和刚度;

(2) 更高的服役温度;

(3) 更高的电导率 (电气接地、空间充电);

(4) 更高的热导率;

(5) 更好的横向性能 (即垂直于纤维方向上的);

(6) 更佳的接合特性;

(7) 抗辐射能力 (激光、紫外线、核等);

(8) 很少或没有污染 (无毒气排放, 不吸湿)。

1.1　金属基复合材料的分类

所有金属基复合材料都以金属或金属的合金为基体。增强体可以是金属或陶瓷。当然也有一种不寻常的情况, 即增强体实际上是纤维增强的 PMC(一片玻璃纤维增强环氧树脂或芳纶纤维增强环氧树脂)。

通常有 4 种金属基复合材料:

(1) 颗粒增强金属基复合材料;

(2) 短纤维或晶须增强金属基复合材料;

(3) 连续纤维或片材增强金属基复合材料;

(4) 叠层或层状金属基复合材料。

图 1.1 展示了这些不同类型的金属基复合材料。读者可以很容易地想象出连续纤维增强复合材料是所有类型中最具有各向异性的。表 1.1 提供了一些用于金属基复合材料的重要增强体, 以及它们的长径比 (长度/直径) 和直径。

颗粒或不连续增强金属基复合材料(人们使用术语——不连续增强金属基复合材料来表示含有短纤维、晶须或颗粒等形式增强体的金属基复合材料) 由于有以下原因而具有特殊的重要性:

(1) 与连续纤维增强复合材料相比, 颗粒增强复合材料价格低廉, 为了能大量运用, 成本是一个重要且必备的条件;

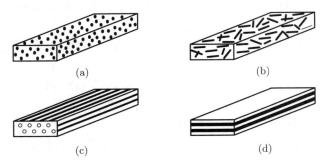

图 1.1　不同类型的金属基复合材料: (a) 颗粒增强金属基复合材料; (b) 短纤维或晶须增强金属基复合材料; (c) 连续纤维增强金属基复合材料; (d) 层压金属基复合材料

表 1.1 金属基复合材料中使用的典型增强体

类型	长径比	直径/μm	举例
颗粒	1~4	$1 \sim 25$	SiC、Al_2O_3、BN、B_4C、WC
短纤维或晶须	10~10000	$1 \sim 5$	C、SiC、Al_2O_3、$Al_2O_3+SiO_2$
连续纤维	>1000	$3 \sim 150$	SiC、Al_2O_3、C、B、W、Nb–Ti、Nb_3Sn
纳米颗粒	1~4	<100	C、Al_2O_3、SiC
纳米管	>1000	<100	C

(2) 可以通过铸造或粉末冶金工艺制备, 随后可通过轧制、锻造和挤压等进行常规二次加工;

(3) 使用温度可能比未增强金属的更高;

(4) 模量和强度增强;

(5) 热稳定性增加;

(6) 耐磨性更好;

(7) 相比于纤维增强复合材料, 具有相对各向同性的性能。

在广泛的不连续增强复合材料中, 用液态金属铸造制得的金属基复合材料比粉末冶金复合材料的生产成本更低。有两类铸造金属基复合材料:

(1) 具有局部强化的铸造复合材料;

(2) 将含有常规增强体的可锻合金基体铸造成复合材料铸坯, 再将其锻造和/或挤压, 然后进行轧制或进行其他成形加工。

1.2 金属基复合材料的特性

金属基复合材料的主要驱动力之一当然是更强的刚度和强度; 然而, 还有其他可能同样有价值的特性。例如, 我们可以举出这样的例子, 涉及电子封装应用中的热膨胀控制。通过添加陶瓷增强材料, 一般可以降低这种复合材料的线热膨胀系数。在某些应用中, 电导率和热导率特性可能很重要。超导体明显需要超导特性。除了将那些微小的超导丝线固定安置在一起之外, 金属基体还为偶发性失超的情况提供了一种高热导率传输介质。其他可能具有巨大价值的重要特性包括耐磨性 (例如, 用于切削工具或石油钻具的 WC-Co 复合材料, 用于制动器的 SiC/Al 复合材料转子)。因此, 尽管人们通常在金属基复合材料这一背景下使用颗粒或纤维增强体这一术语, 但值得指出的是, 在许多情况下, 刚度和强度的增强并不总是最重要的特性。

第 2 章
增强体[①]

金属基复合材料 (metal matrix composite, MMC) 的增强材料可以被制成连续纤维、短纤维、晶须或颗粒等形式。人们用长径比参数来区分这些不同形式的增强体。长径比不过就是纤维、颗粒或晶须的长度与直径 (或厚度) 的比率。因此, 连续纤维的长径比接近无穷大, 而完全等轴颗粒的长径比约为 1。表 2.1 列出了一些可用于金属基复合材料的不同形式的重要增强体。陶瓷增强体结合了高强度、高弹性模量和高温性能。然而, 连续陶瓷纤维还是比陶瓷颗粒增强体更昂贵。

表 2.1   金属基复合材料的一些重要增强体

连续纤维	Al_2O_3、$Al_2O_3+SiO_2$、B、C、SiC、Si_3N_4、Nb–Ti、Nb_3Sn
不连续长纤维	
(a) 晶须	SiC、TiB_2、Al_2O_3
(b) 短纤维	Al_2O_3、SiC、($Al_2O_3+SiO_2$)、气相生长碳纤维
颗粒	SiC、Al_2O_3、TiC、B_4C、WC

在本章中, 我们描述了增强材料的一些基本特征, 同时更多详细

---

① 本章部分内容摘自 Chawla (2012)。

描述了金属基复合材料中常用的一些重要陶瓷增强体的制备工艺、微观结构和性能。

2.1　纤维材料

人们几乎可以将任何材料 (聚合物、金属或陶瓷) 转变为纤维形态 (Chawla, 1998)。我们可以任意地将纤维定义为一种或多或少均匀的, 直径或厚度小于 250 μm 且长径比大于 100 的细长材料。请注意, 这不仅是一个实用性定义, 而且是一个适用于任何材料的纯几何定义。

纤维有一些独有的特征, 主要源于其相对较小的横截面和较大的长径比:

(1) 高度的柔韧性;

(2) 比相同成分的块状材料具有更高的强度。

在大多数情况下, 由于纤维的长度很长, 因此必须将它结合到一些连续介质中, 该介质作为基体可与纤维结合在一起, 以制造纤维增强复合材料。应该强调的是, 这绝不是复合材料中基体的唯一目的, 金属基体确实能对一个金属基复合材料的整体性能做出重要贡献。

2.2　纤维柔韧性

柔韧性是细纤维的一个重要属性。高度的柔韧性是小直径和低弹性模量材料的本征特性 (Dresher, 1969)。纤维的柔韧性允许人们可以运用多种技术来制造纤维增强复合材料。把一根纤维看成一根细长的弹性梁, 那么它的柔韧度将是其弹性模量 E 与其面积的二阶矩或横截面积的转动惯量 I 的反函数。一种材料的弹性模量一般与它的形状或大小无关, 通常是给定化学成分的材料常数 (假设是完全致密的材料)。因此, 对于给定的成分和密度, 一种材料的柔韧度由其形状决定, 或者更准确地说由其直径决定, 阐述如下。让我们对弹性梁施加一个弯矩 M, 使弹性梁弯曲到半径 R。弯矩 (M) 和曲率半径 (R) 的乘积称为抗弯刚度。我们可以用抗弯刚度的倒数来衡量柔韧度。根据材料的基本强度, 对于弯曲到任意半径的梁, 我们有以下关系 (关于这种关系的推导, 见下文方框部分):

$$\frac{M}{I} = \frac{E}{R}$$

式中, E 是材料的杨氏模量, 其他物理量定义如上。对于直径为 d 的纤维或横梁, 有 $I = \pi d^4/64$。在上面的表达式中代入 I 并重新排列, 可以写出:

$$MR = EI = \frac{E\pi d^4}{64}$$

EI(或 MR) 是抗弯刚度, 将 $1/MR$ 当作柔韧度。因此,

$$\frac{1}{MR} = \frac{64}{E\pi d^4} \tag{2.1}$$

式中, d 是等效直径, I 是横梁 (纤维) 的转动惯量。式 (2.1) 表明, 柔韧度 $\left(\frac{1}{MR}\right)$ 是关于直径 d 非常敏感的函数。给定足够小的直径, 原则上可以生产出柔性纤维, 不管是聚合物、金属, 还是陶瓷。

图 2.1 显示了纤维材料的不同使用形式。图 2.1 (a) 显示了无捻、连续丝束或纤维粗纱中单向排列的纤维; 图 2.1 (b) 示出了平面编织图案的机织物; 而图 2.1(c) 示出了针织物。只有小直径纤维才可能形成这样的纤维结构, 特别是图 2.1 (b)、(c) 所示的结构, 因为它们具有编织所需的柔韧度。

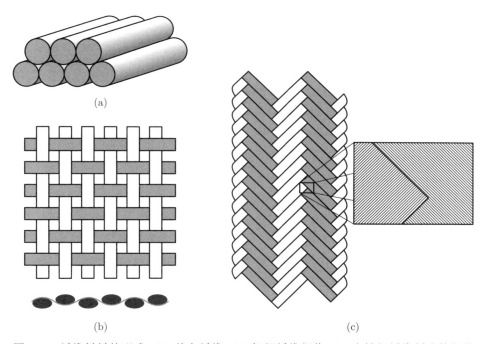

图 2.1　纤维材料的形式: (a) 单向纤维; (b) 机织纤维织物; (c) 由针织纤维制成的织物

2.3　碳纤维

碳是一种非常轻的元素, 其理论密度为 2.27 g/cm^3, 可以以多种形式存在。碳的两种最重要的形式是金刚石和石墨。在相对较新的碳形式中, 有巴克明斯特 (Buckminster) 富勒烯, 也称为巴基球 (Buckyball) 或拉长版巴基球, 它可能

是以纳米管或纳米线的形式存在; 还有石墨烯, 它只不过是石墨形式的碳原子片。碳的石墨形式对于理解碳纤维很重要。石墨形式的碳的六方结构如图 2.2 所示。

假设纤维是圆柱形梁, 对其施加力矩 M,

$$M = \int y\sigma\mathrm{d}A = \int y\frac{\sigma}{y}y\mathrm{d}A = \frac{\sigma}{y}\int y^2\mathrm{d}A = \frac{\sigma I}{y}$$

式中, σ 是距梁中心轴距离为 y 的纤维单元中的应力; $\mathrm{d}A$ 是所考虑元件的横截面积。$\int y^2\mathrm{d}A = I$ 称为梁面积的二阶矩。重新排列上面的表达式, 得到

$$\frac{M}{I} = \frac{\sigma}{y} \tag{A}$$

我们可以把弯曲梁中的应变 ε 写成:

$$\varepsilon = \frac{y}{R}$$

式中, R 是弯曲梁的曲率半径; y 是距梁中心轴的距离。结合胡克定律, 有

$$\varepsilon = \frac{\sigma}{E}$$

$$\varepsilon = \frac{\sigma}{E} = \frac{y}{R}$$

$$\frac{\sigma}{y} = \frac{E}{R} \tag{B}$$

从式 (A) 和式 (B), 我们得到

$$\frac{M}{I} = \frac{E}{R}$$

需要强调的是, 碳纤维这个术语代表了一个纤维家族。它是所有种类的复合材料中最重要的增强纤维之一。"石墨纤维"一词是专指一种特殊形式的碳纤维, 它是在加热到 2400 ℃ 以上时获得的。这一过程称为石墨化, 形成一种高度取向的层状晶体结构, 从而导致其化学和物理性质与非石墨形式的碳显著不同。石墨结构的一个极端例子当然是石墨单晶。这种单晶具有六边形对称性, 因此具有各向异性特征。特别是, 在碳纤维中, 诸如弹性模量之类的性质沿着纤维的长度方向和沿着横向或径向会有所不同。碳纤维中的基面越一致, 即结构越石墨化, 其轴向模量越高, 各向异性的程度就越大。

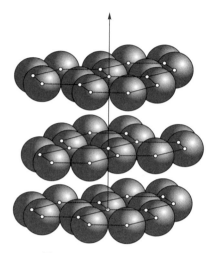

图 2.2 石墨的六方结构

2.3.1 碳纤维的制造

碳纤维是通过对有机前驱体纤维的受控热解制造出来的 (Ezekiel 和 Spain, 1967; Watt 和 Johnson, 1969; Johnson 和 Tyson, 1969; Watt, 1970; Diefendorf 和 Tokarsky, 1975; Singer, 1979)。事实证明, 起始于有机前驱体纤维, 然后转变成无机纤维, 这一制备工艺相当普遍, 正如我们将看到的陶瓷纤维。依据不同前驱体和加工路径, 人们可以获得各种具有不同强度和模量的碳纤维。一些重要的碳纤维类型有高强度 (high strength, HS)、高模量 (high modulus, HM)、中模量 (intermediate modulus, IM)、超高模量 (super high modulus, SHM) 等。

聚丙烯腈 (PAN) 通常被用作碳纤维的前驱体纤维。沥青基碳纤维也很重要, 从沥青获得的碳纤维比从聚丙烯腈前驱体获得的碳纤维具有更好的性能。

制造碳纤维的全部过程的步骤通常如下:

(1) 纤维化, 即将聚合物熔体或溶液挤压成前驱体纤维;

(2) 稳定化 (氧化或热固性), 在相对较低的温度 (200～450 ℃) 下进行, 通常在空气中完成, 这使得前驱体在随后的高温处理过程中不熔化;

(3) 碳化, 在 1000～2000 ℃ 的惰性气氛 (纯氮气) 中实施, 在这一步骤结束时, 纤维的碳含量为 85%～99%;

(4) 石墨化 (可选), 在温度高于 2500 ℃ 的氩气或氮气中完成, 该步骤将碳含量增加到 99% 以上, 并赋予纤维非常高的择优取向度。

2.3.2　聚丙烯腈基碳纤维

聚丙烯腈基碳纤维各种加工步骤的流程图如图 2.3 所示。聚丙烯腈前驱体具有柔性聚合物链结构, 但它具有含极性腈基的全碳主链, 如图 2.4(a) 所示。在稳定化处理期间, PAN 前驱体纤维在张力下被加热到 220 ℃。在这一处理过程中, 腈基形成一种梯形结构, 这也是一个刚性和热稳定的结构, 如图 2.4(b) 所示。在此稳定化处理过程中, 氧气被吸收并与主链交联, 纤维变黑, 形成了一种稳定的梯形结构。这种在张力下完成的处理甚至卸载后也有助于保持碳环结构的方向。在大约 1500 ℃ 的碳化处理过程中, 发达的碳六边形网络形成, 并有大量气体产生。这种气体的逸出部分造成了纤维中一些裂纹的形成, 从而导致较低的抗拉强度。

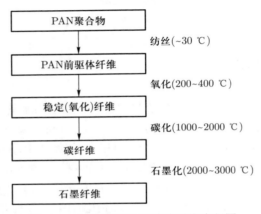

图 2.3　制备聚丙烯腈基碳纤维流程图

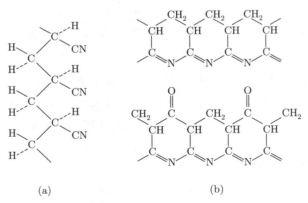

图 2.4　(a)PAN 的碳主链结构; (b) 稳定化前后 PAN 的梯形结构

商业生产的碳纤维具有保护性表面涂层, 称为浆纱或浆胶。这种浆胶有两个目的: ①易于处理纤维; ②改善与聚合物基体的黏合性。当未上胶的碳纤维与诸如滚筒、滑轮、导轨和线轴的摩擦表面接触时, 它们很容易吸收表面电荷。未上胶处理的碳纤维 (在缠绕、编织或编织时) 会导致纤维断裂, 细小的碳纤维碎毛会形成飞絮, 并造成电气设备短路。

2.3.3 沥青基碳纤维

沥青是仅次于聚丙烯腈的重要的碳纤维前驱体材料。沥青通常从以下 3 种资源中获得:

(1) 石油沥青;

(2) 煤焦油;

(3) 聚氯乙烯 (PVC)。

所有沥青, 不论其来源, 本质上都是热塑性的。这意味着沥青前驱体必须首先进行稳定化处理以防止在热解过程中熔化。图 2.5 显示了用沥青制造碳纤维的过程示意图。它包括以下步骤:

(1) 挤压或熔融纺丝成纤维状;

(2) 在 250~400 ℃ 之间稳定;

(3) 碳化;

(4) 石墨化。

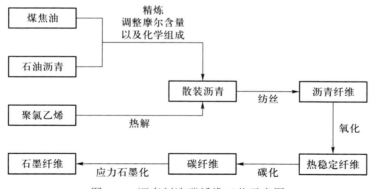

图 2.5 沥青制造碳纤维工艺示意图

沥青的可纺性及其转换为非熔融状态是最重要的步骤 (Diefendorf 和 Tokarsky, 1975)。这些特性取决于沥青的化学组成和分子量 (molecular weight, MW) 分布。沥青的分子量控制其黏度和熔融范围, 即 MW 控制纺丝的温度和速度。沥青成分取决于其原料。实际上, 沥青的组成具有很大的可变性, 因为它可以是数百种不同物质的混合物, 随原油来源和炼油厂的加工条件而变化。

沥青转化为碳纤维的适用性取决于许多因素。沥青应具有高的碳含量 (>90%), 高的芳烃含量 (>50%), 低的杂质和分子量, 以及与易纺性一致的适当的分子量分布、黏度和流变特性 (Singer, 1979)。

2.3.4　中间相沥青的纺丝和流变学

尽管在商业上用沥青熔融纺丝生产前驱体纤维很普遍, 但是也可以用离心纺丝和喷射纺丝。中间相沥青是一种热塑性塑料, 具有向列液晶结构, 其中刚性棒状分子的有序畴漂浮在各向同性基体中。两相前驱体沥青在纺丝前被搅拌以形成均匀的混合物, 并在黏度为 1～20 Pa·s 所对应的温度范围内纺丝成沥青丝。纤维的纺丝速度可达 3～100 m·min^{-1}, 并且丝的直径为 10～20 μm, 其具有与中间相沥青相同的成分。由于向列液晶结构, 初生中间相纤维是各向异性的。这些纤维具有沿纤维轴排列的大而细长的各向异性畴 (直径约 4 μm), 并且本质上是热塑性的。从各向同性沥青中提取的纤维或从 PAN 前驱体中提取的纤维不会表现出这种各向异性畴。

接下来进行氧化处理, 以热稳定沥青纤维、防止内部松弛, 并使其在后续处理步骤中不熔。在稳定化处理期间, 氧进入前驱体纤维并在组成沥青的碳氢化合物的沥青分子之间提供交联。在此步骤中, 纤维的质量略有增加。除在石墨化过程中施加应力外, 其余过程与 PAN 基碳纤维制造过程基本相似。碳化步骤用于除去非碳原子 (主要是氢和氧), 伴随而来的是纤维的质量损失。

2.3.5　碳纤维的结构与性能

表 2.2 给出了 3 种不同类型的聚丙烯腈基碳纤维的性能数据, 表 2.3 给出了中间相沥青基碳纤维的性能。我们发现, 与 PAN 基纤维相比, 沥青基碳纤维具有高密度和高模量。在石墨化过程中, 应力施加于很高温度 (高达 3000 ℃) 下 (增加了碳纤维的有序程度)。这也伴随着纤维纵向弹性模量的大幅度增加。然而, 经过高温处理后, PAN 基纤维的抗拉强度下降, 如图 2.6 所示 (Watt, 1970)。这归因于在纤维表面和纤维内部存在离散的缺陷。碳纤维中大部分体积缺陷源于如下:

(1) 无机夹杂物;

(2) 有机夹杂物;

(3) 快速凝固产生的不规则孔隙;

(4) 溶解气体沉淀出的圆柱形孔隙。

这些缺陷在高温处理过程中转变为各种缺陷。被称为 Mrozowski 裂纹的基面裂纹可能是限制碳纤维抗拉强度的最重要的缺陷类型。这是由于高温处理 (大于 1500 ℃) 后冷却时带状结构内的各向异性热收缩而产生的。

表 2.2　聚丙烯腈基碳纤维性能 (链数据)(Riggs, 1985)

性能	高强 [a]	高强 [b]	超高模量[c]
纤维直径/μm	5.5~8.0	5.4~7.0	8.4
密度/(g/cm^3)	1.75~1.80	1.78~1.81	1.96
含碳量/wt%	92~95	99~99[+]	99[+]
抗拉强度/MPa	3100~4500	2400~2550	1865
拉伸模量/GPa	25~260	360~395	520
断裂应变/%	1.3~1.8	0.6~0.7	0.38
电阻率/(μΩ·m)	15~18	9~10	6.5
热导率/[W/(m·K)]	8.1~9.3	64~70	120

a Thornel T–300, T–500, T–600, T–700; Celion 3000, 6000, 1200; AS2, AS4, AS6, IM6。
b Thornel T–50,Celion G–50,HMS。
c Celion GY–70。
"+" 上标表示超过。

表 2.3　中间相沥青基碳纤维的性能 (Singer, 1981)

性能	Thornel P555	Thornel P755	Thornel P200
纤维直径 /μm	10	10	10
密度/(g/cm^3)	2.02	2.06	2.15
含碳量/wt%	99	99	99[+]
抗拉强度 /MPa	1895	2070	2240
拉伸模量/GPa	380	517	690
断裂应变/%	0.5	0.4	0.3
电阻率/(μΩ · m)	7.5	4.6	2.5
热导率/[W/(m · K)]	110	185	515

"+" 上标表示超过。

2.3.6　碳纤维的结构

许多研究人员研究了碳纤维的结构, 如 Peebles(1995), 他对碳纤维的结构进行了很好的总结。在这里, 我们提供了碳纤维结构的显著特征。沥青基碳纤维的扫描电子显微图像显示出石墨的片状形态, 如图 2.7 所示 (Kumar 等, 1993)。正如在透射电子显微镜中所见, 在亚微米水平上, 碳纤维的微观结构非常不均匀。特别地, 从纤维表面向内堆积的石墨薄片存在明显的不规则性。基面在纤维的近表面区域中排列得更好。通常来说, 石墨带的取向或多或少平行于纤维轴, 且石墨带皮层间纵向和横向随机互连。图 2.8 展示了 PAN 基碳纤维的这种层状结构 (Deurbergue 和 Oberlin, 1991)。图 2.8 是一张 1330 ℃ 下碳化的纤维的纵向截面的高分辨电子显微图像。图像显示了 <002> 晶格条纹, 代表碳纤维的石墨平面。基面的排列程度随着最终热处理温度的升高而增加。

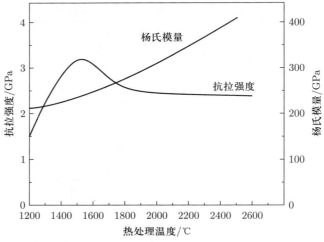

图 2.6　碳纤维的弹性模量和抗拉强度与高温处理的关系 (Watt, 1970)

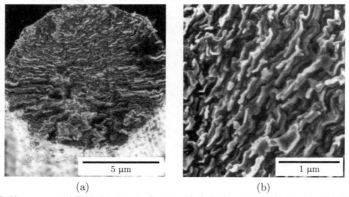

(a) (b)

图 2.7　沥青基 P–100 纤维在低 (a) 和高 (b) 放大倍数下的扫描电子显微图像, 显示出石
墨薄片状形态 (Kumar 等, 1993; 由 Kumar S. 提供)

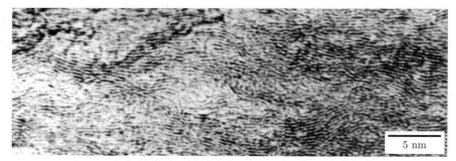

图 2.8　高分辨率透射电子显微图像, 显示了 PAN 基碳纤维结构的层状结构
(由 Oberlin 提供)

2.3.7 碳纳米管、纳米颗粒和石墨烯

碳纳米管 (carbon nanotube, CNT) 本质上是由碳原子组成的圆柱管。圆柱管的直径在纳米范围内, 小于 50 nm。碳纳米管的长度为几微米。有单壁纳米管 (single walled nanotube, SWNT) 和多壁纳米管 (multi-walled nanotube, MWNT)。由于它们非常小, 因此很难通过实验确定其力学性能。在文献中, 人们可以找到各种数据。由于它们具有空心管状结构, 因此其相对密度较低 (1.3~2.0), 模量非常高 (1 TPa), 强度在 10~50 GPa。但是, 读者应该对这些数值持谨慎态度。

碳纳米颗粒或多或少是直径小于 100 nm 的碳球形颗粒。另一方面, 石墨烯是由碳原子以石墨六边形形式排列而成的二维片状结构。石墨烯非常薄, 应该非常坚固。

2.4 硼纤维

硼是另一种元素纤维, 就像碳, 具有高强度和高刚度。硼通常是通过化学气相沉积 (chemical vapor deposition, CVD) 在诸如钨或碳之类的衬底上制成的, 如图 2.9。任何制造纤维的 CVD 工艺的重要特征是:

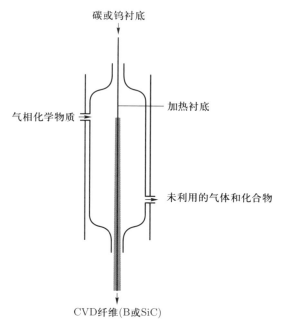

图 2.9　硼或碳化硅在钨或碳衬底上的化学气相沉积 (CVD)

(1) 本质上, 涂层沉积在纤维衬底上, 其结果是一个具有大直径和皮/芯结构的纤维, 即纤维本身是一种复合材料;

(2) 与传统的成纤工艺不同, CVD 纤维不是通过拉伸或拉拔形成的, 即没有拉长; 取而代之的是, 发生了通过增厚的横向生长;

(3) 纤维的最终直径可能是起始纤维衬底的最终直径的 10 倍之多。

钨芯丝上的硼 [由 B(W) 表示] 和碳芯丝上的碳化硅 [由 SiC(C) 表示] 是两个例子。硼沉积在碳芯丝上也是可能的。硼 (钨) 纤维主要应用于航空航天和体育用品行业。大多数化学气相沉积法生产的纤维的主要缺点是它们的直径大 (这使得它们不太柔韧) 且成本高。

硼元素是通过氢还原卤化硼产生的:

$$2BX_3(g) + 3H_2(g) \longrightarrow 2B(s) + 6HCl(g)$$

其中, X 表示卤素, 如氯、溴或碘。硼沉积在钨芯丝或碳芯丝上。通常, 商业生产的硼纤维的直径会在 75~200 μm。有时, 为了防止硼和金属基体之间的化学反应, 通过化学气相沉积法在硼纤维上涂覆碳化硅或 B_4C 的表面涂层, 以用于铝或钛基复合材料。

在钨芯丝上沉积制成的硼纤维会在芯/皮界面处产生复杂的反应产物。图 2.10(a) 示出了硼纤维的横截面 (直径为 100 μm), 而图 2.10(b) 所示为该横截面的各部分。根据沉积过程中的温度条件, 钨芯可能由一系列化合物组成, 如 W、W_2B、WB、W_2B_5 和 WB_4。这些硼化钨相是通过硼扩散到钨中形成的。

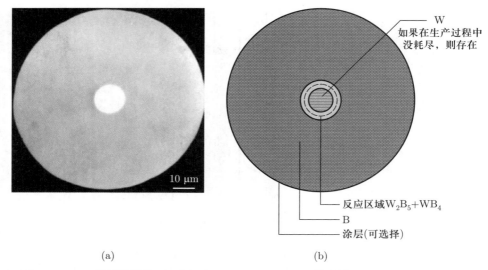

(a)　　　　　　　　　　(b)

图 2.10　(a) 硼纤维横截面 (直径为 100 μm); (b) 显示横截面各部分的硼纤维示意图

通常, 纤维芯仅由 WB_4 和 W_2B_5 组成。长时间加热后, 内核可能会完全转化为 WB_4。当硼扩散到钨芯丝中形成硼化物时, 芯从原来的 12.5 μm(原来的钨丝直径) 膨胀到 17.5 μm。图 2.10(b) 所示的碳化硅涂层是一种屏障涂层, 用于防止高温下硼和基体 (如铝或钛) 之间的任何不利反应。碳化硅阻挡层是用氢和甲基二氯硅烷的混合物气相沉积到硼上的。

沉积态硼 (β 菱面体) 具有纳米晶结构。硼纤维表面呈玉米芯状结构。这源于硼结核的生长, 每一个硼结核都是从一个单独的核开始, 以圆锥形向外生长。通常, 外来颗粒或包裹体也被捕获在结核之间的边界。

2.4.1 残余应力

通过化学气相沉积法制造的纤维, 如硼纤维, 具有一些源于化学气相沉积过程的固有残余应力。硼结核中的生长应力、由于硼扩散到钨芯中而引入的应力, 以及由于沉积的硼和硼化钨芯的膨胀系数不同而产生的应力, 共同构成了残余应力。这些内应力被代数地加到外加应力上, 因此对纤维的力学性能有相当大的影响。在形态学上, 这些内应力最显著的方面是在这些纤维的横截面上经常观察到的径向裂纹。

像硼这样的脆性材料的强度呈现出一种分布而不是单一的值。缺陷, 如硼纤维表面的夹杂物或硼结核边界, 会导致应力集中。由于脆性材料不能响应这些应力集中而塑性变形, 因此在一个或多个这样的位置会发生断裂。硼纤维的确是一种非常脆的材料, 裂纹通常起源于位于硼芯界面或表面的预先存在的缺陷。表面缺陷是由于硼锥生长产生的结核界面。特别是, 当结核因周围污染的颗粒过度生长而变粗时, 这种大结核会导致裂纹产生并弱化纤维。

2.5 氧化物纤维

自 20 世纪 70 年代以来, 连续和不连续的陶瓷氧化物纤维已经实现了商业化应用。我们在下面重点叙述这些纤维的加工工艺和微观结构。

2.5.1 氧化铝型纤维

氧化铝可以有不同的同素异形体形式, 如 γ、δ、η 和 α; α-氧化铝是热力学稳定的形式。许多不同的氧化铝基氧化物纤维都可以商业化使用。3M 公司生产了一系列氧化物纤维, 其组分范围有纯氧化铝、氧化铝和二氧化硅或氧化铝和莫来石的混合物。住友化学公司生产了一种有较宽组分范围的纤维: 70%～100% 氧化铝和 0%～30% 二氧化硅。一种被称作短切纤维 (staple fiber) 的含 δ-氧化铝 (96%)(商品名萨菲尔) 的短纤维, 已有商品出售。单晶连续氧化铝或蓝宝石纤维可以从熔融氧化铝中通过拉拔的方法生产出来。用这种被称为 Saphikon 的方法生产出的纤维具有六角形晶体结构，其 c 轴平行于纤维轴，即基面 (0001) 垂直于纤维轴。该纤维的直径相当大，为 $75 \sim 250 \ \mu m$。以下我们介绍这些制造方法的突出特征和所获得的纤维的性能。

氧化铝 + 二氧化硅纤维和 α-氧化铝纤维

通过溶胶–凝胶 (sd-gel) 途径制备的一系列氧化铝 + 二氧化硅纤维已在市场上销售。特别是，3M 公司开发了一系列这样的纤维，商品名为 Nextel 纤维。在该系列中，Nextel 610 是一种多晶 α-氧化铝纤维。制造纤维的溶胶–凝胶工艺包括以下所有溶胶–凝胶工艺共有的步骤:

(1) 配制溶胶;

(2) 浓缩形成黏性凝胶;

(3) 旋融纺丝成前驱体纤维;

(4) 煅烧获得氧化物纤维。

具体而言，在制造 Al_2O_3 纤维的 3M 工艺的情况下，涉及以下一些步骤:

- 使用有机碱性盐溶液作为前驱体;
- 驱除 (分解和挥发) 有机物，而不会导致断裂、起泡或其他缺陷;
- 在精心控制的条件下 (1400 ℃) 煅烧;
- 进行低温矫直处理。

通过在高温的 $\alpha\text{-}Al_2O_3$ 中引入一种非常细的含水胶体氧化铁晶种，可以得到一种细晶 Al_2O_3 纤维 (Wilson 和 Visser, 2001)。这种细小的氧化铁提高了 $\alpha\text{-}Al_2O_3$ 的成核速率，从而获得一种高密度、超细、均匀的 $\alpha\text{-}Al_2O_3$ 纤维。用氧化铁作晶种的基本原理如下: 铝的碱性盐在 400 ℃ 以上分解成过渡氧化铝尖晶石如 $\alpha\text{-}Al_2O_3$。这些过渡立方尖晶石在 $1000 \sim 1200$ ℃ 之间加热时会转化为六方 $\alpha\text{-}Al_2O_3$。问题是纯 $\alpha\text{-}Al_2O_3$ 的成核率太低，导致晶粒过大。此外，在向 α 相转变期间，大的收缩会导致相当大的孔隙率 (Kumagai 和 Messing, 1985; Suwa 等, 1985)。用细颗粒来细化氧化铝似乎是一种解决办法。$\alpha\text{-}Fe_2O_3$ 与 $\alpha\text{-}Al_2O_3$ 同结构，只有 5.5% 的晶格失配 (Wilson, 1990)，水合胶体氧化铁溶胶似乎是一种有效的形核剂。根据 Wilson(1990)，若不撒细的含水氧化铁颗粒，η-氧化铝转化为 α-氧化铝发生在大约 1100 ℃。当 Fe_2O_3 的含量为 1%，转变温度降至 1010 ℃。而当 Fe_2O_3 的含量为 4% 时，转变温度降至 977 ℃。与此同时，晶粒尺寸被细化。Nextel 610 纤维除了含有 0.4% $\sim$ 0.7% 的 Fe_2O_3 外，还含有约 0.5 % 的 SiO_2，尽管二氧化硅抑制纤维结构向 α 相的转变，但添加二氧化硅可细化晶粒尺寸。在 1400 ℃ 均热处理期间，二氧化硅的添加会降低晶粒的生长。

许多其他氧化铝或氧化铝–二氧化硅型纤维也是可用的,其中大多数是通过溶胶–凝胶工艺制成的。住友化学公司生产了一种由氧化铝和二氧化硅混合而成的纤维。从一种有机铝 (聚铝氧烷或聚铝氧烷和一种或多种含硅化合物的混合物) 开始,通过干法纺丝获得前驱体纤维。该前驱体纤维被煅烧以生产最终纤维。纤维结构由细小的尖晶石微晶组成。SiO_2 有助于稳定尖晶石结构,防止其转化为 α–Al_2O_3(Chawla, 1998)。前面已经提到了 3M 公司生产的 Nextel 系列纤维。这些纤维主要含有 Al_2O_3 + SiO_2 和一些 B_2O_3。这些纤维的组成和性能见表 2.4。3M 公司使用的溶胶–凝胶制造工艺以金属醇盐为起始原料。金属醇盐是 $M(OR)_n$ 型化合物,其中 M 是金属,n 是金属价,R 是有机化合物。选择合适的有机基团非常重要。它应该为醇盐提供足够的稳定性和挥发性,从而使 M—OR 键断裂,得到 MO—R,从而得到所需的氧化物陶瓷。金属醇盐的水解产生了可胶凝和纺丝的溶胶。凝胶纤维在随后相对较低的温度下致密化。凝胶纤维的孔隙由于具有高表面自由能可在相对较低的温度下进行致密化。溶胶–凝胶工艺提供了一种对溶液成分和纤维直径流变学的密切控制方法。缺点是必须适应相当大的尺寸变化和保持纤维完整性。

表 2.4　一些氧化物纤维的特性 (制造商数据)

纤维类型	组成/wt%	直径/μm	密度/(g/cm^3)	抗拉强度/GPa	杨氏模量/GPa
Nextel 312	Al_2O_3–62.5, SiO_2–24.5, B_2O_3–13	10~12	2.70	1.7	150
Nextel 440	Al_2O_3–70, SiO_2–28, B_2O_3–2	10~12	3.05	2.0	190
Nextel 550	Al_2O_3–73, SiO_2–27	10~12	3.03	2.0	193
Nextel 610	Al_2O_3–99$^+$	10~12	3.9	3.1	370
Nextel 650	Al_2O_3–89, ZrO–10, Y_2O_3–1	10~12	4.10	2.5	358
Nextel 720	Al_2O_3–85, SiO_2–15	10~12	3.40	2.1	260
Saffil	Al_2O_3–96, SiO_2–4	3	2.3	1.0	100
Saphikon	单晶 Al_2O_3	70~250	3.8	3.1	380
Sumitomo	Al_2O_3–85, SiO_2–15	9	3.2	2.6	250

Nextel 720 纤维由嵌入 α–氧化铝颗粒中的莫来石晶粒聚集体组成。每一相的晶粒都很小,相似排列的颗粒聚集体呈现直径约为 0.5 μm 的单晶粒。这使得 Nextel 720 纤维在 1000 ℃ 以上的温度下蠕变率非常低。

溶胶–凝胶法也用于生产二氧化硅稳定氧化铝 (Saffil) 和氧化钙稳定氧化

锆纤维 (Birchall 等, 1985)。Saffil 纤维是一种 δ-Al_2O_3 短纤维, 其 SiO_2 含量约为 4%, 直径非常小 (3 μm)。其水相包含一种氧化物溶胶和一种有机聚合物。溶胶以细丝的形式被挤出到凝结 (或沉淀) 浴中, 在该浴中挤出的形状凝胶化。凝胶化的纤维随后被干燥和煅烧, 产生出最终的氧化物纤维。对于氧化铝, 氯氧化铝 [$Al_2(OH)_5Cl$] 与中等分子质量聚合物如 2 wt% 的聚乙烯醇混合。该溶液在旋转蒸发器中缓慢蒸发, 直到黏度达到约 80 Pa·s。然后通过喷丝头挤出, 纤维缠绕在滚筒上, 并烧制到 800 °C, 燃烧掉有机材料, 得到孔隙率为 5%~10%、直径为 3~5 μm 的细颗粒氧化铝纤维。在此阶段生产的纤维由于其高孔隙率而适合应用于过滤器。当加热到 1400~1500 °C 而造成 3%~4% 的线性收缩后, 就可以得到一种适用于增强用途的耐火氧化铝纤维。

另一种连续的多晶 α-氧化铝纤维, 商品名为 Almax, 是通过用一种黏性浆料干法纺丝来制备的, 这种黏性浆料由铝盐、中间相氧化铝细粉和有机黏合剂组成以生产前驱体纤维, 随后预烧制 (煅烧) 和烧制 (烧结) 前驱体纤维以生产氧化铝纤维。

用溶胶–凝胶法制备了钇铝石榴石 [$Y_3Al_5O_{12}$(YAG)] 多晶氧化物纤维和由 α-氧化铝和 YAG 组成的复合纤维 (Towata 等, 2001)。该过程涉及使用 α-氧化铝或钇铝石榴石籽晶颗粒。α-氧化铝籽晶颗粒加速了 θ-氧化铝向 α-氧化铝的相变。钇铝石榴石籽晶颗粒影响氧化钇和氧化铝的多步转变。

一种被称为限边馈膜生长法 (edge–defined film–fed growth, EFG) 的技术已经被用于制造连续的单晶蓝宝石 (Al_2O_3) 纤维 (LaBelle 和 Mlavsky,1967; Gasson 和 Cockayne,1970; LaBelle,1971; Pollack,1972; Hurley 和 Pollack,1972)。LaBelle 和 Mlavsky(1967) 首次使用改进的 Czochralski 提拉法和射频加热法生长出了蓝宝石 (Al_2O_3) 单晶纤维。1971 年, 这些作者设计了一种增长方法, 称为 EFG 方法。生长率高达 200 mm/min。模具材料必须在氧化铝的熔点下保持稳定, 因此通常使用钼模具。同时, 还会使用蓝宝石籽晶。毛细管在长晶界面处提供一个恒定的液位。熔融氧化铝浸湿钼和氧化铝。晶体从生长晶体和模具之间的熔融薄膜中生长出来。晶体形状是由模具的外部形状而不是内部形状决定的。也许单晶氧化铝纤维最重要的一点是没有晶界, 因此, 在涉及晶界相关现象的蠕变条件下如孔洞和晶界滑动, 将不会起作用。可以预计单晶氧化铝纤维是一种高抗蠕变纤维。然而, 单晶氧化铝需经受基面上的位错蠕变。因此, 如果基面能沿不发生基面滑移的方向取向, 那么就能获得非常高抗蠕变的纤维。对于 c 轴平行于纤维轴的单晶纤维来说就是这种情况。

激光浮区加热法 (laser–heated floating zone method) 也可用于制造各种陶瓷纤维。Gasson 和 Cockayne (1970) 使用激光加热来生长 Al_2O_3、Y_2O_3、$MgAl_2O_4$ 和 Na_2O_3 晶体。这种方法已经用于生长 Al_2O_3、Y_2O_3、TiC、TiB_2、

莫来石和 Al_2O_3–YAG 共晶的单晶纤维 (Haggerty,1972; Sayir 和 Farmer,1995; Sayir 等,1995)。二氧化碳激光器聚焦在熔融区, 将原料棒移进聚焦的激光束中。浸入熔融区的籽晶用于控制取向。晶体生长从同时移动原料棒和籽晶棒开始。质量守恒原理指出其直径随着进料速率/拉速比的平方根而减小。另外, 应该提到的是还有一种无容器熔化技术, 该技术已被用于直接从熔体中生长氧化铝和钇铝石榴石成分 ($Y_3Al_5O_{12}$) 的连续纤维。无容器熔化消除了容器表面的异质成核。连续波二氧化碳激光束用于加热 (Weber 等, 1998)。样品悬浮在气体射流中, 并用声学定位装置稳定。悬浮的样品用二氧化碳激光束加热熔化。

2.6 非氧化物纤维

连续非氧化物陶瓷纤维也可以在市场上买到, 其中碳化硅纤维的发展被认为是 20 世纪下半叶陶瓷纤维领域的一大进步, 特别是日本 Yajima 公司开发的一种工艺, 包括控制聚碳硅烷 (PCS) 前驱体的裂解以获得柔性细直径纤维, 这可认为是从聚合物前驱体制造陶瓷纤维的预兆。本节将叙述碳化硅和其他一些非氧化物纤维的制备工艺、微观结构和性能。

2.6.1 碳化硅纤维

碳化硅纤维是目前市场上最重要的非氧化物陶瓷纤维, 这种商业化纤维的两个主要品种分别是化学气相沉积法制备的大直径纤维和聚合物控制热解法制备的小直径纤维; 另一种重要的碳化硅增强材料是碳化硅晶须。

2.6.2 CVD 法制备碳化硅纤维

碳化硅纤维可以通过 CVD 在加热到 1300 °C 左右的衬底芯丝上制备 (De-Bolt 等,1974), 衬底芯丝可以是钨或碳, 反应性气体混合物含有氢和烷基硅烷。通常, 在反应器顶部引入由 70% 的氢气和 30% 的硅烷组成的气体混合物, 钨衬底芯丝 (直径约 13 μm) 也放入反应器, 在作为芯丝的两端使用水银密封作为接触电极。用直流 (250 mA) 和甚高频 (very high frequency, VHF) 交流联合 (VHF 约为 60 MHz) 对衬底芯丝进行加热, 以获得最佳的温度分布。要获得 100 μm 的碳化硅单丝, 在反应器中通常需要 20 s 左右。复合丝缠绕在反应器底部的一个线轴上, 废气 (95% 的原始混合物 +HCl) 通过冷凝器以回收未使用的硅烷, 有效回收未使用的硅烷对于一个高成本的生产过程非常重要。正如硼纤维制备所述, 这种 CVD 工艺导致复合单丝中存在残余应力。当然这个过程非常昂贵。甲基三氯氢硅是该工艺的理想原料, 因为它含有一个硅原子和一个

碳原子, 即一个化学计量比的 SiC 被沉积, 化学反应式为

$$CH_3SiCl_3 \longrightarrow SiC(s) + 3HCl$$

反应需要一个最佳的氢气含量, 如果氢气不足, 氯硅烷将不会还原为硅, 并且在混合物中还会存在游离碳; 如果氢气过多, 最终产品中会出现过量的硅。最终的单丝 (100~150 μm) 由一个主要由 β–SiC 并在钨芯上有一些 α–SiC 组成的鞘层构成, SiC 中的 {111} 晶面族平行于沉积的纤维轴。

一系列表面改性碳化硅纤维, 总称为 SCS 纤维, 它们已应用于各种复合材料中, 这些特殊纤维具有一个复杂的沿厚度方向呈梯度的结构。例如, SCS–6 是一种粗纤维 (直径为 142 μm), 它是由含硅和含碳化合物在热解石墨涂层碳芯上通过 CVD 法制备的。将热解石墨涂层涂覆到碳单丝上, 形成 37 μm 的衬底, 然后通过 CVD 法在其上涂覆 SiC 层, 得到直径为 142 μm 的最终单丝。SCS–6 纤维的外表面层 (约 1 μm 厚) 由掺 C 的 Si 组成。Mann 等 (1999) 使用纳米压痕技术证实了 SCS–6 纤维的力学性能 (如杨氏模量和硬度) 会随纤维半径发生明显变化。除了 SCS–6, 在市场上还有其他种类的 CVD 碳芯碳化硅纤维。表 2.5 给出了 SCS 型碳化硅纤维的典型性能, 另一种由 CVD 制成的 SiC 纤维叫作 sigma 纤维, 它是钨芯纤维。

表 2.5　SCS 型纤维的性能 (来源: 特种材料有限公司)

性能	SCS–6	SCS–9A	SCS–ultra
纤维直径/μm	140	78	140
密度/(g/cm^3)	3.0	2.8	3.0
抗拉强度/MPa	3.45	3.45	5.86
拉伸模量/GPa	380	307	415
热膨胀系数/$(10^{-6}K^{-1})$	4.1	4.3	4.1

上述这类纤维是用 CVD 法在加热的衬底芯丝上制成的, 它们本身是复合材料, 表现出非凡的性能, Lara–Curzio 和 Sternstein(1993) 研究了这类复合纤维在承受热机械载荷时的表现, 他们的主要结论是, 必须要考虑 CVD 制备这种复合纤维过程中衬底芯丝所经历的应变, 否则会严重低估纤维中的残余应力。特别是对于 SCS–6 纤维, 他们发现在不同的界面 (碳衬底芯丝/热解石墨、热解石墨/SiC) 存在较大的残余径向应力。上述作者认为, 较大的残余应力来源于 CVD 的高温和热解石墨层中强烈的各向异性。

2.6.3 通过聚合物前驱体制备的非氧化物纤维

如上所述, 通过 CVD 获得的 SiC 纤维直径非常大, 因此不太柔韧, Yajima 等 (1976) 和 Yajima(1980) 开发了一种通过聚合物前驱体的受控热解制备微细、连续和柔韧的 SiC 类纤维的工艺。这种利用硅基聚合物制备具有良好力学性能、良好热稳定性和抗氧化性陶瓷纤维的方法具有巨大的潜力。图 2.11 显示了用聚合物前驱体制造陶瓷纤维的一般流程, 注意这与用聚合物前驱体制造碳纤维的过程相似, 该聚合物路线涉及的各步骤如下 (Wax, 1985):

(1) 对聚合物进行表征 (产出率、分子量、纯度等);

(2) 将聚合物熔融纺丝成前驱体丝;

(3) 固化前驱体丝交联分子链, 使其在随后的热解过程中不熔化;

(4) 在受控条件下对前驱体丝进行热解, 得到陶瓷纤维。

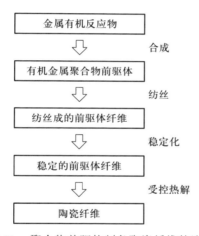

图 2.11　聚合物前驱体制备陶瓷纤维的流程图

具体而言, 由聚合物前驱体纤维制造 SiC 纤维的 Yajima 工艺涉及以下步骤, 如图 2.12 所示。合成含硅、碳的高分子量聚合物 PCS。这涉及使用商用材料, 即二甲基氯硅烷。二甲基氯硅烷与钠反应脱氯得到固体聚二甲基硅烷 (PDMS), PCS 是通过 PDMS 的热分解和聚合得到的。整个工艺在高压釜里实施, 在氩气环境中进行 470 ℃ 的 8~14 h 的高压处理。随后进行高达 280 ℃ 的真空蒸馏, 所得聚合物的平均分子量约为 1500, 再在大约 350 ℃ 的氮气下从一个 500 孔喷嘴熔融纺丝, 即获得被称为预陶瓷化、连续、前驱体纤维。前驱体丝相当弱 (抗拉强度约为 10 MPa), 它通过在空气中固化, 在氮气中加热至约 1000 ℃, 然后在拉伸状态下在氮气中加热至 1300 ℃, 将其转化为无机 SiC。在热解过程中, 第一阶段转化发生在 550 ℃ 左右, 此时聚合物链发生交联。超过这个温度, 含氢和甲基的侧链就会分解, 纤维密度和力学性能显著提高。向碳化硅的转化发生在 850 ℃ 以上。

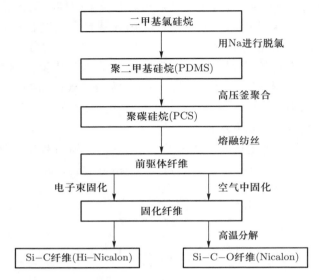

图 2.12　用聚碳硅烷制备小直径碳化硅的 Yajima 工艺

2.6.4　Nicalon 纤维的组织与性能

Nicalon 复丝纤维 (单丝直径在 10~20 μm) 由 β–SiC、游离碳和 SiO_2 组成, 由于成分和微观结构的热力学不稳定性, Nicalon 的性能在 600 ℃ 以上开始下降。此外, 还有名称为 NLM、HI 和 HI–S 且含氧量较低的陶瓷级 "Nicalon" 纤维。许多研究者已经研究过 Nicalon 纤维的结构。商业类型的 Nicalon 纤维具有非晶态结构, 而低氧品种的 Nicalon 纤维具有微晶结构 (SiC 晶粒半径为 1.7 nm) (Simon 和 Bunsell, 1984)。微观结构分析表明, 两种纤维都含有 SiC、SiO_2 和游离碳。Laffon 等 (1989) 提出了一种 Nicalon 纤维模型, 该纤维由 β–SiC 晶体与一些游离碳混合而成, 其组成为 SiC_xO_y, 其中 $x + y = 4$。该纤维密度约为 2.6 g/cm^3, 较纯 β–SiC 纤维密度低。考虑到成分是 SiC、SiO_2 和 C 的混合物, 这是可以理解的。表 2.6 总结了 Nicalon 纤维的性能, 对 Nicalon SiC 纤维与 CVD SiC 纤维进行了快速对比, 结果表明 CVD 纤维性能更为优越, 特别值得一提的是, CVD 制备的 SiC 纤维 (化学计量比) 比 Nicalon 纤维具有更优异的抗蠕变性能 (DiCarlo, 1985)。

表 2.6　Nicalon SiC 纤维的典型特性

性能	陶瓷级	HVR[a]级	LVR[b]级	Hi–Nicalon S[c]
密度/(g/cm^3)	2.55	2.32	2.45~2.55	3.1
抗拉强度/MPa	2960	2930	2960	2600
杨氏模量/GPa	192	186	192	420
断裂应变/%	1.5	1.6	1.5	0.6
热膨胀系数	4	—	—	6.89
体电阻率/($\Omega \cdot$ cm)	10^3	> 10^6	0.5~5.0	0.1

a 低介电纤维 (高体积电阻率)。
b 高导电性纤维 (低体积电阻率)。
c Hi–Nicalon S(市川 2000)。

2.6.5　其他碳化硅型纤维

市场上还有其他碳化硅型纤维, 其元素成分为 Si–C、Si–N–C–O、Si–B–N、Si–C–O 和 Si–Ti–C–O, 几乎所有这些纤维都是由聚合物前驱体制成的, 一种称为 Tyrano(Yamamura 等, 1988) 的复丝碳化硅纤维是由聚二氧化钛碳硅烷裂解制成的, 它含有约 1.54 wt% 的钛。一种纺织级碳化硅纤维被称为 Syllamic, 根据制造商的说法, 它具有纳米晶体结构 (微晶尺寸约为 0.5 μm), 密度为 3.0 g/cm^3, 抗拉强度为 3.15 GPa, 杨氏模量为 405 GPa; Ichikawa(2000) 报道了一种具有化学计量 SiC 成分和极少量游离碳的 Hi–Nicalon S 纤维, 其加工特点是电子束固化, 由于纤维具有接近化学计量的成分, 所以纤维的模量基本上是碳化硅的模量, 刚度增加的同时伴随着失效应变的降低。

2.7　晶须

晶须是单晶的短纤维, 具有极高的强度, 这样高的强度已经达到了其理论强度, 这是由于其不存在晶体缺陷 (例如位错)。作为单晶, 晶须中也没有晶界。通常的晶须直径为几微米, 长度为几毫米。因此, 它们的长径比 (长度/直径) 可以在 50~10 000 之间变化。然而, 晶须没有统一的尺寸或特性, 这也许是它们的最大缺点, 即性能的变化性非常大。控制和排列基体中的晶须以制造复合材料是另一类问题。

晶须通常通过气相生长来制造。1970 年代初期, 开发出一种新工艺, 从稻壳开始生产 SiC 颗粒和晶须 (Milewski 等, 1974; Lee 和 Cutler, 1975)。通过该方法产生的 SiC 颗粒尺寸非常小。稻壳是碾米的废物副产品, 每碾磨 100 kg 大米, 将生产约 20 kg 稻壳。稻壳中含有纤维素、二氧化硅以及其他有机和无机材料。来自土壤的二氧化硅以单硅酸的形式溶解并在植物中运输。通过液体蒸发将其沉积在纤维素结构中。事实表明, 大多数二氧化硅最终都存在于外壳中, 正是二氧化硅在纤维素中的紧密混合为碳化硅生产提供了近乎理想的二氧化硅和碳。将原材料稻壳在无氧气条件下加热到 700 ℃ 左右, 以驱除挥发性化合物, 该过程称为焦化。焦化的稻壳, 其中含有大约等量的 SiO_2 和游离碳, 在惰性或还原性气氛 (流动的 N_2 或 NH_3 气体) 中于 1500~1600 ℃ 的温度下加热约 1 h, 即可通过以下反应形成碳化硅:

$$3C + SiO_2 \longrightarrow SiC + 2CO$$

当上述反应结束时, 将残留物加热至 800 ℃ 以除去所有游离碳。通常, 颗粒和晶须与部分过量游离碳一起产生。使用湿法分离颗粒和晶须, 所产生的晶须的平均长径比一般约为 75。

人们对晶须生长的气–液–固 (vapor–liquid–solid, VLS) 过程已经有了较长时间的认识 (Lindemanis, 1983; Milewski 等, 1985; Petrovic 等, 1985)。首字母缩写词 VLS 分别代表蒸气进料气、液体催化剂和固体结晶晶须。催化剂与正在生长的结晶相形成液体溶液界面, 与此同时元素由气相通过液–气界面供入。晶须的生长是通过固–液界面处的过饱和液体的沉淀而发生的。催化剂必须在溶液中吸收要生长的晶须所需的原子种类。对于 SiC 晶须, 过渡金属和铁合金均满足此要求, 硅和碳分别以 SiO 和 CH_4 气体的形式提供。SiO 气体是通过 SiO_2 的碳热还原获得的。通常, 可获得一定范围的晶须形态, 据报道, 抗拉强度在 1.7~23.7 GPa 之间 (Milewski 等, 1985; Petrovic 等, 1985)。晶须长度约为 10 mm, 等效圆直径平均为 5.9 μm。它们的平均抗拉强度和模量分别为 8.4 GPa 和 581 GPa, 应该指出的是, VLS 过程非常缓慢。

2.8　颗粒

2.8.1　碳化硅颗粒

颗粒形式的碳化硅的应用已经有很长时间了。它非常便宜, 通常用于研磨、耐火和化学用途。通过在电炉中将沙子形态的二氧化硅与焦炭形式的碳在 2400 ℃ 下反应可生产颗粒状 SiC, 随后把所生产的大颗粒形态的 SiC 粉碎至所需尺寸。图 2.13 展示了两种类型的 SiC 颗粒增强体, 它们分别具有尖角和圆角形貌。

(a)　　　　　　　　　　　　　　　(b)

图 2.13　SiC 颗粒增强体的 SEM 图像: (a) 尖角形貌; (b) 圆角形貌 (由 Drake A. 和 Emanuelsen S. M. K. 提供, 圣戈本公司)

2.8.2　碳化钨颗粒

碳化钨是通过金属钨渗碳获得的, 而钨是通过氢还原氧化钨而获得的。实际上, 碳化钨可直接从矿石或氧化物中获得, 但通常优选气相渗碳。加入炭黑以控制颗粒粒度和粒度分布。将具有正确粒度和分布的钨粉和炭黑的混合物进行球磨或砂磨粉碎。渗碳的目的是生产一定化学计量比的碳化钨, 其中含有少量过量的游离碳, 以防止形成 η 相。渗碳是在有氢气存在的情况下于 $1400 \sim 2650\ ℃$ 温度下进行的, 氢与碳黑反应生成气相碳氢化合物, 然后反应生成碳化钨:

$$W + CH_4 \longrightarrow WC + 2H_2$$

渗碳后, 通常对颗粒进行研磨以使其解聚, 典型的颗粒尺寸为 $0.5 \sim 30\ \mu m$。

2.9　纤维比较

任何增强材料的两个最重要特征是强度和杨氏模量, 所有这些高性能增强体 (纤维、晶须或颗粒) 的密度值都非常低。另外, 应该注意的是, 无论增强体是化合物形式还是元素单质形式, 它们大多是共价键的, 这是最强的键合类型。通常这种轻质、坚固和坚硬的材料在大多数应用中都是非常理想的, 在航空航天领域、陆路运输、能源相关行业、住房和民用建筑等领域尤其如此。纤维的柔韧性与杨氏模量和直径紧密联系 (参阅 2.1 节), 在一般高模量纤维领域, 直径成为控制柔韧性的主要参数。对于给定的模量 E, 直径越小, 纤维越柔软。如果要弯曲、缠绕和编织纤维以制成一些复杂形状的最终产品, 纤维的柔韧性是非常理想的特性。

这些纤维中的一些具有相当各向异性的特性。强度、模量和热特性会随方向而变化,沿纤维轴和横向尤其如此。特别是碳的热膨胀系数在径向和纵向上完全不同。对于任何单晶、非立方、纤维或晶须,例如具有六边形结构的氧化铝单晶纤维也是如此。在这方面,诸如 SiC 和 Al_2O_3 的多晶纤维可合理认为是各向同性的。这些高性能纤维的另一个重要特征是其断裂应变值相当低,通常小于 3%。

2.10　纤维强度统计分析

通常,脆性材料的断裂涉及统计学上的考量。金属基复合材料中使用的大多数增强体是陶瓷纤维。这些纤维以脆性方式破坏。陶瓷纤维或其他材料在其表面或内部会有随机分布缺陷。这些缺陷的存在导致陶瓷材料实验测定的强度值具有相当大的离散性。由于加工引起的缺陷 (例如微孔或缺口) 的分布,陶瓷纤维尤其表现出一种宽泛的抗拉强度分布范围,纤维材料的大体积比使它们特别容易受到表面缺陷的影响。

我们可以将给定长度的纤维视为由一系列链节组成。当此类纤维受载时,包含最长缺陷的链节或分段将首先失效,并导致纤维断裂。纤维越长,链节中出现失效所需的临界缺陷尺寸的概率就越高,换句话说,人们期望短纤维长度的平均强度大于长纤维长度的平均强度。当最弱的链节发生故障时,就会发生纤维失效,这称为最弱链接假设。事实证明,一种称为韦布尔分布 (Weibull distribution) 的统计分布很好地描述了这种“弱链”材料,该分布以最早提出它的人的名字命名 (Weibull, 1951)。其基本假设是纤维具有瑕疵分布 (在表面和/或内部)。Weibull 分布假定所有分段或链节都具有相同类型的缺陷,但长度不同,例如“弱链接”分布。Weibull 分布是一个参数分布,即它是一个经验分布,与缺陷的起源无关。

根据 Weibull 分布,存在的概率 $P(\sigma)$ 为

$$P(\sigma) = \exp\left[-\left(\frac{\sigma_0}{\sigma}\right)^m\right]$$

式中,σ 是施加应力;σ_0 和 m 是常数。随着 m 的增加,分布变窄。通常脆性材料的韦布尔模数 (Weibull modulus) 低于塑性材料。取两侧的双对数,有

$$\ln\ln[P(\sigma)] = m\ln\left[-\frac{\sigma_0}{\sigma}\right]$$

Weibull 分布通过以下表达式给出纤维在外加应力 σ 下的破坏概率 $F(\sigma)$:

$$F(\sigma) = 1 - \exp\left[-\left(\frac{\sigma_0}{\sigma}\right)^m\right]$$

式中, σ_0 和 m 是统计参数; $F(\sigma)$ 称为累积频率分布函数; 参数 m 称为 Weibull 模数, 是纤维强度变化的量度。Weibull 模数的值越高, 强度值的均匀性越高; m 的值越小, 强度的可变性越大。Weibull 模数可以通过使用该表达式的双对数图以图形方式获得, 该式给出斜率为 m 的直线, 表 2.7 显示了几种典型纤维的 Weibull 模数。

表 2.7   纤维状材料的典型 Weibull 模数 (m) 值

纤维材料	Weibull 模数(m^a)
玻璃	<5
SiC, Al$_2$O$_3$,C,B	$5\sim10$
钢	>100

a 仅限指示值。

在实验中, 为了获得 Weibull 模数, 需要对一系列相同的样品 (每个样品的体积相同, 或者对于直径恒定的纤维, 每个样品的长度都是恒定的) 进行破坏。从这样的测试中, 我们可以得出在施加给定应力 σ 的情况下未破坏样品的比例 $P(\sigma)$。然后按升序排列单根丝的抗拉强度值, 并使用下式给出的估计值分配失效概率:

$$F(\sigma_i) = \frac{i}{1+N}$$

式中, $F(\sigma_i)$ 是与第 i 个强度值相对应的破坏概率; N 是被测纤维的总数, 将其替换为双对数表达式:

$$\ln\ln\left[\frac{N+1}{N+1-i}\right] = m\ln\sigma_i + \ln\sigma$$

如果抗拉强度数据遵循 Weibull 分布, 则在对数–对数图上绘制 $\ln[(N+1)/(N+1-i)]$ 与 σ_i 的关系将显示出一条直线, y 轴上的截距为 σ_o, 斜率为 m。图 2.14 显示了某些 Nextel 纤维 (标距长度 $=25\,\mathrm{mm}$) 的这种双对数图 (Chawla 等, 2005; Kerr 等, 2005)。Nextel 312 和 610 纤维的累积失效概率随纤维强度变化的一个例子如图 2.15 所示 (Chawla 等, 2005)。

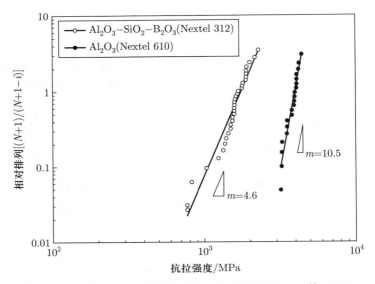

图 2.14　一些 Nextel 纤维的 Weibull 分布 (Chawla 等, 2005)

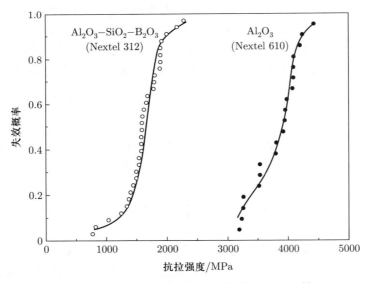

图 2.15　Nextel 312 纤维的累积失效概率 (Chawla 等, 2005)

参考文献

Birchall J. D., Bradbury J. A. A., Dinwoodie J. (1985) in Strong Fibres, Handbook of Composites, vol. 1. North Holland, Amsterdam, p. 115.

Chawla K. K. (1998) Fibrous Materials, Cambridge University Press, Cambridge.

Chawla K. K. (2012) Composite Materials, 3rd ed., Springer, New York.

Chawla N., Kerr M., and Chawla K. K. (2005) J. Am. Ceram. Soc., **88**, 101.

DeBolt H. E., Krukonis V. J., and Wawner F. E. (1974) in Silicon Carbide 1973, University of South Carolina Press, Columbia, SC, p. 168.

Deurbergue A., and Oberlin A. (1991) Carbon, **29**, 691.

DiCarlo J. A. (June 1985) J. of Metals, **37**, 44.

Diefendorf R. J., and Tokarsky E. (1975) Polymer Eng. Sci., **15**, 150.

Dresher W. H. (April 1969) J. of Metals, **21**, 17.

Ezekiel H. N., and Spain R. G. (1967) J. Polymer Sci. C., **19**, 271.

Gasson D. G., and Cockayne B. (1970) J. Mater. Sci., **5**, 100.

Haggerty J. S. (May 1972) NASA-CR-120948.

Hurley G. F., and Pollack J. T. A. (1972) Metall. Trans., **7**, 397.

Ichikawa H. (2000) Ann. Chim. Sci. Mat., 25, 523.

Johnson D. J., and Tyson C. N. (1969) Brit. J. App. Phys., **2**, 787.

Kerr M., Chawla N., and Chawla K. K. (2005) JOM, **57**, 67.

Kumagai M., and Messing G. L. (1985) J. Am. Ceram. Soc., **68**, 500.

Kumar S., Anderson D. P., and Crasto A. S. (1993) J. Mater. Sci., **28**, 423.

LaBelle H. E., and Mlavsky A. I. (1967) Nature, **216**, 574.

LaBelle H. E. (1971) Mater. Res. Bull., **6**, 581.

Laffon C., Flank A. M., Lagarde P. (1989) J. Mater. Sci., **24**, 1503.

Lee J. -G., and Cutler I. B. (1975) Am. Ceram. Soc. Bull., **54**, 195.

Lara-Curzio E., and Sternstein S. (1993) Composites Sci. & Tech., **46**, 265.

Lindemanis A. (1983) in Emergent Process Methods for High Technology Ceramics, Plenum Press, New York

Mann A. B., Balooch M., Kinney J. H., and Weihs T. P. (1999) J. Amer. Ceram. Soc., **82**, 111.

Milewski J. V., Gac F. D., Petrovic J. J., and Skaggs S. R. (1985) J. Mater. Sci., **20**, 1160.

Milewski J. V., Sandstrom J. L., and Brown W. S. (1974) in Silicon Carbide-1973, University of South Carolina Press, Columbia, SC, p. 634.

Peebles L. H. (1995) Carbon Fibers, CRC Press, Boca Raton, FL.

Petrovic J. J., Milewski J. V., Rohr D. L., and Gac F. D. (1985) J. Mater. Sci., **20**, 1167.

Pollack J. T. A. (1972) J. Mater. Sci., 7, 787.

Riggs J. P. (1985) in Encyclopedia of Polymer Science & Engineering, 2nd ed., vol. 2. John Wiley &Sons, New York, p. 640.

Sayir A., and Farmer S. C. (1995) in Ceramic Matrix Composites, MRS proceedings, Mater. Res. Soc., Pittsburgh, vol.365, p.11.

Sayir A., Farmer S. C., Dickerson P. O., and Yun H. M. (1995) in Ceramic Matrix Composites, MRS proceedings, Mater. Res. Soc., Pittsburgh, vol.365, p.21.

Simon G., and Bunsell A. R. (1984) J. Mater. Sci., **19**, 3649.

Singer L. (1979) in Ultra-High Modulus Polymers, Applied Sci. Pub., Essex, England, p.251.

Singer L. (1981) Fuel, **60**, 839-841.

Suwa Y., Roy R., Komarneni S. (1985) J. Am. Ceram. Soc., **68**, C-238.

Towata A., Hwang H. J., Yasuoka M., Sando M., and Niihara K. (2001) Composites A, **32A**, 1127.

Watt W. (1970) Proc. Roy. Soc., **A319**, 5.

Watt W., Johnson W. (1969) App. Polymer Symposium, **9**, 215.

Wax S. G. (1985) Amer. Cer. Soc. Bull., **64**, 1096.

Weber J. K. R., Felten J. J., Cho B., and Nordine P. C. (1998) Nature, **393**, 769.

Weibull W. (1951) J. App. Mech., **18**, 293.

Wilson D. M. (1990) in Proc. 14th Conf. On Metal Matrix, Carbon, and Ceramic Matrix Composites, NASA Conference Publication, No. 3097, Part I, pp. 105-117.

Wilson D. M., and Visser L. R. (2001) Composites A, **32A**, 1143.

Yajima S., Okamura K., Hayashi J., and Omori M. (1976) J. Amer. Ceram. Soc., **59**, 324.

Yajima S. (1980) Phil. Trans., R., Soc., London, **A294**, 419.

Yamamura T., Ishirkawa T., Shibuya M., Hiasyuki T., and Okamura K. (1988) J. Mater. Sci., **23**, 2589.

第 3 章

基体材料

有多种金属及其合金可用作制造金属基复合材料 (metal matrix composite, MMC) 的基体材料。本章回顾了一些常见金属的键合及结构的基本概念和原理, 此外, 总结了一些最常见的金属的特性, 这些金属通常在 MMC 中用作基体材料。

3.1 金属中的键合和晶体结构

金属的特征在于金属键合, 即价电子不与固体中的特定离子结合, "电子海" 围绕着带正电的原子核, 围绕原子核的这种电子云造成的结果是金属中的电子键是无方向性的。键合的这种无方向性是很重要的, 因为它使得金属的许多性能是各向同性的。

当从熔融状态冷却下来时, 大多数金属在低于熔点时呈现出晶体结构。当以非常高的冷却速率 ($>10^6$ K/s) 冷却时, 某些金属和合金不会结晶, 并呈现出非晶结构。晶体和非晶结构之间的基本区别是有序度。完全结晶态具有高的有序度。金属离子非常小 (直径约为 0.25 nm), 因此在晶体结构中, 这些离子以非常规则的和密堆的方式排列。由于无方向键合, 人们可以用刚球模型模拟原子的排列。

完全相同的硬质球体有两种形成密排结构堆垛排列方式: 面心立方 (face centered cubic, FCC) 和密排六方 (hexagonal close packed,

HCP)。在很多种金属中还观察到第 3 种排列, 即体心立方 (body centered cubic, BCC)。BCC 结构比 FCC 或 HCP 结构更疏松, 图 3.1 显示了这 3 种情况下的原子排列。HCP 和 FCC 结构都是紧密堆积的结构, 立方体的边或六边形的边为晶格常数 a, 两者之间的差异源于密排面间的堆垛方式。图 3.2(a) 显示了第 1 层 (A 层) 在一个密排结构中的堆垛排列。对于第 2 层紧密堆垛的原子, 可以选择将原子放置在位置 B 或 C 上, 这些都是等效位置。FCC 和 HCP 结构之间的区别在于原子的第 3 层的位置。假设第 2 原子层为 B 位构型, 则第 3 层可以为 A 位或 C 位构型。事实证明, ABABAB···(或 ACACAC···) 的堆垛顺序得到 HCP 结构, 而 ABCABCABC··· 的堆垛顺序得到 FCC 结构。在 ABCABCABC 堆垛 (FCC) 顺序中断的情况下, 可能会形成堆垛层错或面缺陷, 从而可在 FCC 结构中获得一种 HCP 结构区域。

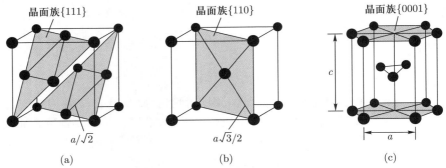

图 3.1　金属中常见的 3 种晶体结构: (a) 面心立方 (FCC); (b) 体心立方 (BCC); (c) 密排六方 (HCP)

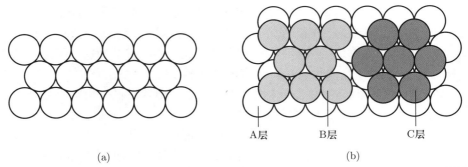

图 3.2　(a)A 层密排原子; (b) A 层之上的 B 层和 C 层位置, FCC 具有 ABCABC 堆垛, 而 HCP 为 ABA··· 堆垛

3.2 金属中的结晶缺陷

大多数金属在固态下为晶体。理想情况下, 金属晶体的原子以非常有序的方式排列在三维点阵中。这种完美的晶体在实践中很少能见到, 通常都存在各种缺陷。事实证明, 晶体材料的许多重要和令人关注的特性是由于在晶格点阵中存在这些不完美的瑕疵或缺陷所致。这些缺陷称为晶格缺陷, 它们可以是零维、一维、二维或三维的。零维缺陷是在所有 3 个空间方向上的间隙位置处缺少原子或多余原子。常见的例子是空位和间隙原子。一维或线缺陷仅在一个空间方向上具有原子扩展, 线缺陷最重要的例子是位错。二维缺陷在两个空间方向有原子扩展, 例如晶界、孪晶界和相间界面。三维缺陷延伸到 3 个空间方向, 例如第二相颗粒和气孔。这些缺陷可产生于不理想的加工条件下。

除了几何差异外, 晶体中零维缺陷和其他高维缺陷之间还有非常重要的物理差异。考虑到所涉及的自由能, 晶体在给定的温度的热平衡状态下, 仅存在点缺陷 (即零维缺陷), 而位错、晶界等所体现的能量远高于热涨落所体现的能量。

一个位错可以用两个矢量来描述:

(1) 位错线矢量 t。它给出了在任何点上位错线的方向, 矢量 t 与位错相切。若是位错环, 矢量 t 沿环的长度延伸, 并且环的内外侧具有相反的方向。

(2) 伯格斯矢量 b。它表示一个位错位移的大小和方向, 这也是晶体的滑移面之上的部分相对于滑移面之下的部分的位移。位错环的伯格斯矢量 b 是常数, 而位错线矢量 t 可以连续改变方向。伯格斯矢量始终是原子间距的倍数, 因为晶格必须在滑移和未滑移区域保持原子匹配。

有两种特殊类型的位错:

(1) 刃型位错: 位错线矢量和伯格斯矢量垂直, 即成 90° 角;

(2) 螺型位错: 位错线矢量和伯格斯矢量平行。

位错控制材料的许多重要特性, 特别是位错在晶体材料的力学行为中占据着至关重要的地位。它们的存在减少了引起原子位移所需的力。从这个意义上说, 位错就像杠杆一样。它们可以用较小的力移动较大的距离而不是用较大的力移动较小的距离来完成一个既定量的功。因此, 通过位错的移动实现了晶体的塑性流变或塑性变形。塑性应变取决于与每个位错相关的位移, 即其伯格斯矢量、可动位错的密度以及位错移动的平均距离。当这些线缺陷在剪应力的作用下移动时, 会导致晶面之间发生滑移或滑动, 进而导致永久 (塑性) 变形。

除塑性变形外, 还有许多其他物理和化学性质会受到位错存在的影响。例如, 位错可以作为原子扩散 (可能影响蠕变行为)、沉淀反应和有序化过程的路径。它们也可能是固态相变非常有效的成核位置, 特别是在非常低的温度下影响导热性和导电性, 并影响超导体的电流承载能力。

平面或二维缺陷包括外表面、晶界和堆垛层错。将表面视为平面缺陷, 因为表面原子未键合到最多数目的相邻原子, 因此, 表面原子处于比内部原子更高的能量状态。小角度晶界由较小的取向错配 (小度数) 构成, 位错的简单排列形成了这样的边界。整齐的刃型位错壁形成倾斜边界, 而螺型位错形成扭曲边界。当晶粒之间的取向差太大而不能被位错容纳时, 会形成大角度的晶界, 这些大角度晶界比小角度晶界具有更高的能量。孪晶界是晶界的一种特殊类型, 在晶界上晶格具有镜像对称性。孪晶界可以由机械剪切 (变形孪晶) 或变形后退火 (退火孪晶) 形成。退火孪晶通常在 FCC 晶体中可以观察到, 而在 BCC 和 HCP 金属中可观察到机械孪晶。

3.3　金属的强化机制

金属可以通过多种方式强化, 由于这些机制中有许多会影响金属基体的行为, 进而影响复合材料的行为, 因此有必要对这些强化机制予以总结。需更全面地了解强化机制, 请参阅 Meyers 和 Chawla(2009)。

3.3.1　位错强化

位错的存在使内部产生应力场, 需要外界做功才能使位错移动通过其他位错的这种内部应力场。学界已经提出了各种理论来解释由位错密度增加而引起的强化, 例如, 对金属进行冷加工而导致的位错密度增加。尽管变形的金属 (多晶或单晶) 的位错分布是不均匀的, 但位错密度引起的强化导致流变应力与位错密度的平方根成正比

$$\tau = \tau_{\circ} + \alpha G b \sqrt{\rho}$$

式中, τ 是剪切流变应力; $\tau_{\circ}$ 是切应力; G 为剪切模量; b 为伯格斯矢量; ρ 为位错密度; α 为常数, 取值为 0.5 左右。例如, 在退火状态下, 铜的位错密度为 $\rho = 10^7 \ cm^{-2}$; 而在冷加工后, 铜的位错密度 ρ 随强度的增加而增大到 $10^{12} \ cm^{-2}$。

金属中的塑性变形通常通过位错运动而产生, 在 HCP 金属中, 塑性变形可通过孪生产生。位错的存在导致金属产生所谓的应变硬化或加工硬化, 有时也将其称为位错强化。位错运动的障碍 (其他位错、溶质原子、沉淀、晶界等) 在室温和中温下会产生强化作用。在高温下, 热能可以帮助克服这些障碍 (例如位错攀移)。

3.3.2 强化晶界

在中等温度下, 晶界是非常有效的强化源, 通常, 这称为 Hall–Petch 方程, 写为

$$\sigma_y = \sigma_{\mathrm{o}} + kd^{-1/2}$$

式中, σ_y 是屈服强度; σ_{o} 是切应力; k 是 Hall–Petch 系数; d 是平均晶粒尺寸。强度对晶粒尺寸的负平方根的这种关系仅在一定的晶粒尺寸范围上严格成立, 对非常小的晶粒尺寸, 特别是在纳米晶粒尺寸下, 该式不成立。d 的指数也可能随晶粒尺寸而变化。

3.3.3 强化溶质和沉淀

溶质原子 (固溶强化)、沉淀 (沉淀硬化) 和弥散体(弥散强化) 也会阻碍位错运动并强化金属。

对于某些金属合金, 尤其是铝、钢和镍基合金, 沉淀硬化是一种通用的强化方法。沉淀硬化 (也称为时效处理) 涉及从均匀的过饱和固溶体中沉淀出一系列亚稳和稳定的沉淀物, 各种结构对位错运动提供了不同程度的阻碍。图 3.3 中的透射电子显微图像显示了一个复合材料中的 2080 铝合金基体, 经 T6 热处理后形成沉淀物的例子。

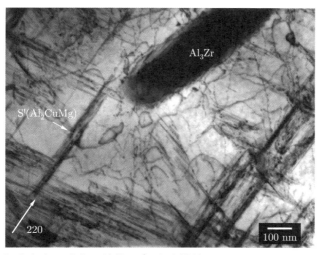

图 3.3　2080 铝合金中形成的沉淀物 (S′) 和弥散体 (Al$_3$Zr)(Ganesh 和 Chawla, 2004), 透射电子显微图像显示了受疲劳的 2080/SiC/10$_p$ 复合材料 (<220> 区轴) 基体中的沉淀组织, 位错运动受沉淀物和弥散颗粒的约束

该材料也经历了循环疲劳, 并且图 3.3 还展现了受颗粒阻碍的位错。图 3.4

示意性地显示了 2080 铝合金在 3 种不同温度下硬度随时效时间的变化。同时还显示出在时效处理期间出现的不同沉淀物类型, 峰值硬度或强度对应于半共格沉淀物的临界分散度。

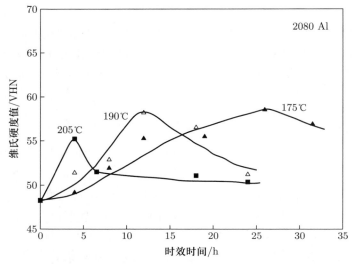

图 3.4　2080(Al–Cu–Mg) 铝合金硬度随时效时间变化的示意图。峰值硬度或强度对应于共格或半共格沉淀的临界分散。随着温度的升高, 达到峰值时效的时间缩短, 这是由于时效的加速

沉淀硬化或时效曲线的形状可如下解释。淬火瞬时仅仅是固溶强化为主, 而在时效开始, 共格区域出现在时效的初始阶段, 该区域只不过是基体的某些晶面上的溶质原子簇 (例如, 铝的 {100} 晶面族上的铜原子簇)。这些区域是过渡结构, 称为 Guinier–Preston(GP) 区。通常称其为区域而不是沉淀, 这是为了强调: 实际上, 这种区域代表一小簇溶质原子, 而尚未形成沉淀颗粒的形式。非常小的 GP 区与基体共格, 即点阵面以共格的方式穿过界面, 并且在基体中存在小的弹性–共格应变。随着时效时间的增加, 这些区域会因扩散而增大或变厚。随着它们的生长, 沉淀物和基体之间的错配应变增大。沿某些平面, 共格性会失去, 并且在界面处形成位错以吸收失配应变。因此, 与沿着特定平面的共格应变相关联的弹性能减小了。但是, 由于新形成的位错以及其他平面上的共格应变, 颗粒周围的总应变场增加了。这增加了位错运动的阻碍力并提高了合金的强度, 这些半共格区域或沉淀物的进一步生长会导致共格性完全丧失, 在沉淀物和基体之间形成不共格的界面。

当 GP 区尺寸随时间增加时, 其硬度增加, 位错更难切过它们。随着时效时间的进一步增加, 具有非共格界面的平衡沉淀开始出现, 颗粒周围的位错弯曲

(Orowan 弯曲) 机制开始起作用。峰值硬度或强度与共格或半共格沉淀物的临界分散度有关。在这一点上,切过和绕过沉淀物对强度的贡献大致相等。进一步时效将使粒子间距增加,并且由于位错弯曲变得容易而导致基体强度降低。

位错在剪应力的作用下在金属的特定滑移面上运动。如果有穿过滑移面的障碍物,如沉淀物或弥散体,则在该滑移面上运动的位错必然与这些障碍物相互作用。在施加的切应力 τ 的作用下,位错在滑移面内的障碍物之间弯曲,若忽略弯曲引起的位错方向的变化,则将位错弯曲成半径 r 所需的切应力为

$$\tau = \frac{Gb}{2r}$$

式中, G 是金属的剪切模量; b 是其伯格斯矢量,这种位错在颗粒周围弯曲的机制称为 Orowan 弯曲。

3.3.4 金属断裂

通常,金属具有很强的延展性,并通过称为微孔聚集的过程断裂,这一过程也称为韧窝断裂。微孔在沉淀颗粒、夹杂物等处成核,施加应力的情况下,这些微孔长大并聚集导致最终断裂,并在断口表面形成特征韧窝。图 3.5(a) 是该过程的示意图,而图 3.5(b) 则呈现了一个铝合金拉伸测试后所得到的实际断裂面的 SEM 形貌。注意在韧窝中心有微孔成核沉淀物的存在。

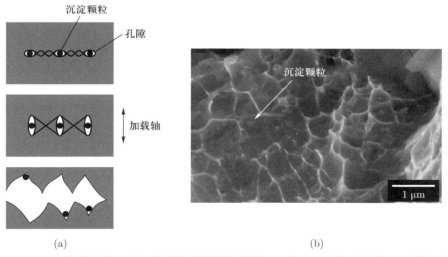

图 3.5　(a) 延性金属合金中沉淀颗粒处微孔的形核、生长和融合的示意图; (b) 铝合金断口上的特征韧窝,注意沉淀颗粒的存在,它们是微孔的成核位置 (Chawla 等, 2002)

3.4　通用基体材料

3.4.1　铝和铝合金

铝合金由于密度低, 强度、韧性和耐腐蚀性优异, 已广泛用于汽车和航空航天领域。特别值得一提的是 Al–Cu–Mg 和 Al–Zn–Mg–Cu 合金, 它们是非常重要的可沉淀硬化合金。

铝合金可以分为铸造合金、锻造合金或时效硬化合金, 铝合金的一些常见时效硬化或沉淀硬化处理如下。

(1) T4: 固溶和淬火, 然后在室温下时效或 "自然时效"。

(2) T6: 固溶和淬火, 然后在高于室温 (120~190 ℃) 的温度下进行时效或 "峰时效"。

(3) T7x: 固溶、淬火和过时效。

(4) T8xx: 固溶、淬火、冷加工和峰时效。

固溶温度通常在 440~540 ℃ 之间, 而淬火介质可以是水或合成淬火剂。

像大多数金属一样, 液态铝的黏度也很低, 因此易于铸造。液态铝的黏度与温度的关系由下式 (Smithells, 1976) 给出

$$\eta = 0.149\,2 \exp\left(\frac{1984.5}{T}\right)$$

式中, η 为黏度, 单位为 mPa·s; R 为气体常数 [$R = 8.314\,4$ J/(K·mol)]; T 为开尔文温度。在其熔点下, 纯铝的黏度 η 约为 12 mPa·s, 陶瓷颗粒或夹杂物的添加非常快地提高了黏度, 这对颗粒增强 MMC 的加工具有重要意义 (请参见第 4 章)。

3.4.2　钛合金

钛是最重要的航空航天材料之一, 纯钛的密度为 4.5 g/cm^3, 杨氏模量为 115 GPa。钛合金的密度可以在 4.3~5.1 g/cm^3 之间变化, 而杨氏模量可以在 80~130 GPa 之间变化。因此, 钛及其合金具有相对较高的比性能, 即强度/质量 (比强度) 和模量/质量 (比模量)。钛具有较高的熔点 (1672 ℃), 并且在高温下仍具有强度, 并具有良好的抗氧化性和耐腐蚀性。所有这些因素使其成为航空航天应用的理想材料。钛合金被用于喷气发动机 (涡轮和压缩机叶片) 和机身部件等, 但钛合金是一种昂贵的材料。

在诸如超音速军用飞机等极高的速度条件下, 飞机的外壳温度很高, 以至于铝合金不再是一种选择, 而钛合金可以在如此高的温度下使用。超音速飞机以超过 $2\,Ma$ 的速率飞行时, 其温度甚至高于钛合金所能承受的温度, 在这种情况下, 钛铝是候选材料之一。

钛具有两种晶型: α 钛具有 HCP 结构且在 885 ℃ 以下稳定; β 钛具有 BCC 结构且在 885 ℃ 以上稳定。铝提高 α → β 相变温度, 即铝是 α 相稳定元素, 其他大多数合金元素 (Fe、Mn、Cr、Mo、V、No、Ta) 降低 α → β 相变温度, 即它们稳定了 β 相。因此, 可以生产 3 种类型通用钛合金, 即 α、α + β 和 β 钛合金。Ti–6%Al–4%V 被称为航空业的 "主力"Ti 合金, 属于 (α + β) 两相组织。大多数钛合金是在 (α + β) 区域经热加工后使用, 这样做的目的是破碎组织并以极细的形式分布于 β 相基体。

钛对氧、氮和氢具有很高的亲和力, 钛中百万分之几的这种间隙原子会极大地改变力学性能, 特别是微观结构的变化可能导致严重的脆化, 这就是为什么无论用何种技术焊接钛时都需要保护其免受大气污染的原因, 真空电子束焊接技术经常被使用。

3.4.3 镁及其合金

镁及其合金形成另一组轻金属。镁是最轻的金属之一, 其密度为 1.74 g/cm³。镁合金, 尤其是铸件, 广泛用于汽车和飞机变速箱外壳、链锯外壳、笔记本计算机外壳、电子设备等。镁具有密排六方的结构, 这使得它在室温下通过滑移进行塑性变形的能力有限。

3.4.4 钴

钴 (Co) 是一种非常常见的金属基体, 用于碳化钨/钴复合材料, 也称为硬质合金, 用作切削工具和石油钻井的刀片。在硬质合金加工过程中, 钴以粉末形式使用。钴粉可以通过氢还原化学或钴液雾化方法生产。钴粉的化学和晶体结构不同于碳化钨/钴复合材料中的钴基体。液相烧结或高温高压压制的研磨和加工会影响最终钴基体的化学性质。

纯钴在 417 ℃ 以下以密排六方 (HCP) 结构稳定存在。高于此温度, 以高温面心立方 (FCC) 结构稳定存在。结果表明, 在碳化钨/钴复合材料加工过程中, 由于碳化钨中碳的溶解, 面心立方钴在室温下变得稳定。面心立方结构有更多的滑移系, 这导致钴有更高的延展性。在碳化钨/钴复合材料中, 少量的钴基体将碳化钨颗粒保持在原位并提供韧性, 这源自其塑性变形的能力。

3.4.5 铜

铜具有面心立方结构。由于其高导电性 (只有银和金比铜更好[①]), 它被广泛用作电导体。它还具有良好的导热性, 这使得它适用于热管理方面的应用。因为它有相对高的延展性, 所以可以很容易地铸造和加工。铜在复合材料中的

---

① 原文此处有误, 金的导电性低于铜。——译者注

主要应用之一是作为铌基超导体的基体材料。铜锌合金 (黄铜) 和铜锡合金 (青铜) 是固溶强化合金, 是最早被使用的合金金属之一。

3.4.6　银

银是另一种面心立方结构金属。它是一种非常好的电导体和热导体, 具有很高的延展性和良好耐腐蚀性。它的新用途是在一些高温氧化物超导体中作为基体材料。

3.4.7　镍

镍也是一种面心立方金属, 这使它具有良好的延展性。更重要的是, 镍基合金表现出优异的综合性能。镍基高温合金, 主要是镍–铁–钴合金, 具有优异的高温抗蠕变性能, 使其适用于涡轮叶片。

3.4.8　铌

虽然铌合金在金属基复合材料中不常用作基体材料, 但它们用作超导复合材料中的超导体细丝。我们将在 3.5 节中对这些合金作简要的描述。

3.4.9　金属间化合物

金属间化合物 (有时称为金属化合物) 是由两种不同的金属按照化合价规则结合而成的。一般来说, 金属间化合物的键合不是金属键, 而本质上是离子键和共价键。这种合金被称为金属间化合物 (Villers 和 Calvert, 1985; Sauthoff, 1995)。

金属间化合物通常由化学计量组成, 在相图中表现为线形化合物。一些金属间化合物的组成范围很广。通常, 金属间化合物具有复杂的晶体结构, 并且由于它们的离子键和共价键而易脆断。一些金属间化合物被认为具有相当独特的属性, 如高温强度和硬度、低密度和优异的抗氧化性。作为制造复合材料的基体材料, 相比于传统材料, 它们有提高服役温度的潜力。

金属间化合物可以有无序或有序的结构。有序金属间合金具有以长程有序为特征的结构, 即不同的原子占据晶格中的特定位置。正因为它们的有序结构, 金属间化合物中的位错运动比无序合金中受到更多的限制。这导致其在高温下保持高强度 (在某些情况下甚至增加), 这是一个非常理想的特征。例如, 铝镍化合物在 800 ℃ 以下的强度显著提高。但是, 金属间化合物的一个不良特征是具有极低的环境温度延展性。

一种重要的无序金属间化合物是二硅化钼 ($MoSi_2$)。它具有高熔点, 在高于 1200 ℃ 氧化气氛中的温度下表现出良好的稳定性。它通常用作电炉中的加热元件。而其高抗氧化性来自高温下形成的一层二氧化硅保护膜。

3.5 超导性

因为金属基复合材料的主要应用之一是丝状超导复合材料, 所以我们简要描述了相关超导现象的材料。

某些金属和合金在冷却到临近绝对零度一个很小度数范围内时会失去所有对电流流动的阻力。这种现象被称为超导, 表现出这种现象的材料被称为超导体。与普通金属不同, 这些超导体可以承载一个很高的电流密度而没有任何电阻。超导体可能承载的电流量是相同尺寸的普通铜线或铝线的 100 倍。这反过来又可以在电动机和发电机等设备中加以利用, 并在电力线中传输电力。超导体可以产生非常高的磁场, 常用于高能物理和聚变能项目中。其他应用领域包括磁共振成像 (magnetic resonance imaging, MRI)、磁流体发电机、旋转电机、磁悬浮车辆和通用磁体。

传统超导体需要在液氦 (4.2 K) 中冷却, 这个用途非常昂贵。然而, 在 1986 年, 发现了一种新的陶瓷超导体, 其临界温度高于液氮 (77 K)。这些材料被称为高温超导体, 这种现象被称为高温超导 (high temperature superconductivity, HTS)。与金属或半金属的低温超导体不同, 这些新的化合物是陶瓷。第一个被发现的高温超导临界温度为 35 K(−238 ℃)。然后在 1987 年, 发现一种化合物在 94 K(−179 ℃) 时变成超导体。这一发现特别有意义, 因为这种化合物可以用廉价易得的液氮冷却。随后发现铋系化合物、铊系和钇系化合物具有更高的临界温度。高温超导体可以在高达 140 K(−133 ℃) 的温度下发挥功用, 相比需要液氦作为冷却介质的传统或低温超导体, 用液氮进行冷却作业更为经济和有效。

在 2001 年, 另一种被发现的低温超导体成分是硼化镁 (Nagamatsu 等, 2001), 其 39 K 下的 T_c 略高于铌基金属超导体。

铌钛合金是重要的低温超导体之一。低温超导体必须冷却到 20 K 以下才能成为超导材料。它们被广泛应用于核磁共振成像机器, 以及高能物理和核聚变领域。其他商业用途受到与液氦相关的高制冷成本的极大限制, 而液氦是将材料冷却到如此低的温度所必需的。

3.5.1 超导体的类型

1911 年, Onnes 在水银中发现了超导现象。从那时起, 已经发现了许多元素和数百种固溶体或化合物, 它们在低于临界温度 T_c 时显示出电阻完全消失的现象。图 3.6 显示了普通金属和超导材料的电阻率随温度的变化。T_c 是临界温度, 是每种材料的特征常数, 超过这个温度, 材料就成为普通导体。Kunzler

等 (1961) 发现了 Nb₃Sn 的高临界磁场能力, 从而开辟了实用的高磁场超导磁体领域。当技术发展到把超导物质以超薄细丝的形式置于铜基体中时, 超导体就进入了经济可行性的领域。

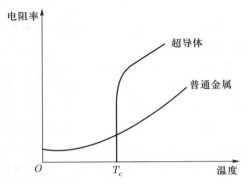

图 3.6　普通金属和超导材料的电阻率随温度的变化

超导体在技术上最重要的特性是它们能够在没有常规 I^2R(I 是电流, 单位是安培; R 是电阻, 单位为欧姆) 功率损耗的情况下承载电流, 直到超过临界电流密度 J_c。这个临界电流是外加电场和温度的函数。20 世纪 80 年代商业上可获得的超导体, 在温度为 4.2 K 和外加磁场 $H = 5$ T 条件下其临界电流密度为 $J_c > 10^6$ A/cm²。有三个参数限制了超导体的性质, 即临界温度 (T_c)、临界电流密度 (J_c) 和临界磁场 (H_c); 如图 3.7。只要材料没有进入图 3.7 所示的阴影区域, 它将表现为超导体。

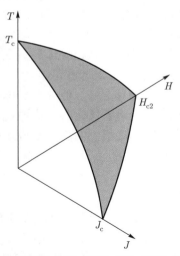

图 3.7　通过 3 个关键参数描述超导状态: 磁场 (H), 温度 (T) 和电流密度 (J)。只要材料不跨入阴影区域, 它将表现为超导体

超导体有两种类型。

(1) 第一类超导体: 它们的特点是 T_c 值低, 在 H_c 时会突然失去超导性。

(2) 第二类超导体: 在磁场 H_{c2} 内, 它们总体表现为抗磁材料。但在这个磁场以内, 磁场逐渐浸渗到材料中, 与此同时, 超导性逐渐丧失, 直到在临界磁场 H_{c2} 时, 材料恢复到正常状态。超导体的所有主要应用都涉及第二类超导体的使用。

3.5.2 磁通和磁通钉扎

当来自强磁场的磁力线, 即磁通线, 试图穿透第二类超导体的表面时, 我们就得到了磁通点阵。这种周期性点阵, 由磁力线的管状区域组成, 源于每条磁力线中的微小磁矩, 它们相互排斥, 以有序的方式自组织排列, 通常是密排六方排列。超导体中需要有磁通钉扎, 因为磁通运动有时被称为 "磁通蠕动", 是一个能量耗散过程。无论热源是什么, 当磁力线运动时都会产生热量。超导体的任何扰动, 比如外加磁场的运动或变化, 都会导致超导体中磁力线的重新排列。不管磁通运动的来源是什么, 超导体中的磁通运动都会导致温度升高。这将导致临界电流的降低和更多的磁通运动。最终结果是超导体被加热到 T_c 以上, 恢复到正常状态。对这一问题的一个实际的解决方案是将超导体制成超薄细丝的形式, 这样磁通运动所消耗的能量 (热量) 就太小而不会导致这种失控行为, 如图 3.8。磁通钉扎是通过超导体晶体结构中的缺陷 (如晶界或杂质) 产生的。高纯度铜或银基体为电流提供了高导电性的旁路。在失超的情况下, 也就是说, 当超导体恢复到正常状态时, 金属基体承载电流而不会变得过热。超导体将再次被冷却到 T_c 以下, 并再次承载电流。这就是低温稳定性或低温稳定性设计概念, 即将超导体嵌入大体积分数的低电阻率金属基体中, 冷却剂与所有绕组接触。

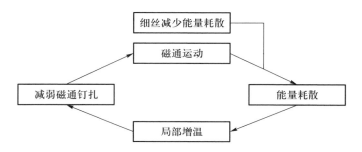

图 3.8　低温稳定化设计概念: 细丝减少了由于磁通量运动而耗散的能量

3.5.3 延性合金: 铌钛合金

铌钛合金提供了超导和力学性能的良好结合。市场上有一系列合金组分: 英国的 Nb–44 %Ti, 美国的 Nb–46.5 %Ti, 德国的 Nb–50 %Ti。图 3.9 显示了铌钛相图以及与临界温度和上临界场随合金成分的函数关系。注意超导合金的范围 (46 wt%∼50 wt%Ti)。在所有这些合金中, 通过机械加工和退火处理的适当组合, 在 4.2 K 的 J_c 和 7 T 外加磁场下, J_c 大于 1000 A/mm^2。通过位错胞壁和沉淀物, 可在这些合金中获得强磁通钉扎和高 J_c。沉淀物的磁通钉扎在铌钛合金中变得很重要。由于铌钛相图表明在这些合金中有 α 钛沉淀, 所以嵌入在铜基体中的极细超导细丝提供了磁通稳定性, 并减少了由磁场变化引起的损耗, 这在铌钛合金中十分重要。

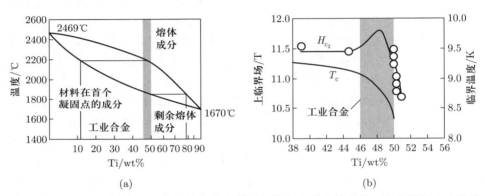

图 3.9　(a)Nb–Ti 相图, (b) 临界温度和上临界场随合金成分的变化。注意超导合金的范围 (46 wt%∼50 wt%Ti)(Hillmann, 1981)

3.5.4 A-15 超导体: Nb$_3$Sn

对于涉及大于 12 T 的更高磁场的应用, 具有 A-15 晶体结构的有序金属间化合物比铌钛型合金更合适。Nb$_3$Sn 的 T_c 为 18 K, 很容易理解, T_c 越高, 制冷成本越低。Nb$_3$Sn 是最广泛应用于高温、高磁场的超导体。这些金属间化合物的一个特征是它们相当脆 (通常, 约 0.2% 的应变破坏, 具有非常小的塑性)。与之相比, 铌钛可以冷加工到面收缩量超过 90%。最初, 通过锡扩散到铌衬底中, 或者通过化学气相沉积, 将 Nb$_3$Sn 化合物制成丝或带的形式。钒带上的 V$_3$Ga 也以这种方式生产。但这些带状超导体存在一些主要缺点: (a) 由于带状几何形状具有一个宽度, 从而引起的磁通量不稳定性; (b) 在带宽方向上的挠性受限。后来, 由于认识到磁通稳定性可以由极细细丝形式的超导体获得, 所以通过细丝复合来获得 A-15 超导体的方法便被采纳。复合材料路线的这一突破来自 20 世纪 70 年代。Tachikawa(1970) 表明 V$_3$Ga 可以在分布于铜–镓基体中的钒丝上产生, 而 Kaufmann 和 Pickett(1970) 证明 Nb$_3$Sn 可以在分布于青铜 (铜–锡) 基体中的铌丝上获得。一些重要的超导复合材料体系的加工过程将在第 4 章中叙述, 而关于它们的应用将在第 12 章中给出。

参考文献

Chawla N., Williams J. J., and Saha R. (2002) Metall. Mater. Trans., 33A, 3861.

Ganesh V. V., and Chawla N. (2004) Metall. Mater. Trans., 35A, 53–62.

Hillmann H. (1981) in Superconductor Materials Science, Plenum, New York, p.275.

Kaufmann A. R., and Pickett J. J. (1970) Bull. Am. Phys. Soc., 15, 833.

Kunzler J. E., Bachler E., Hsu F. S. L., and Wernick J. E. (1961) Phys. Rev. Lett., 6, 89.

Meyers M. A., and Chawla K. K. (2009) Mechanical Behavior of Materials, 2nd edition, Cambridge University Press, Cambridge.

Nagamatsu J., Nakagawa N., Muranaka T., Zenitani Y., and Akimitsu J. (2001) Nature, 410, 63.

Sauthoff G. (1995) Intermetallics, VCH Publishers, New York, NY.

Smithells Metals Reference Book (1976) Butterworths, Boston, p. 944.

Tachikawa K. (1970) in Proceedings of the 3rd ICEC, Illife Science and Technology Publishing, Surrey, U.K., 1970.

Villers P., and Calvert L. D. (eds.) (1985) Pearson's Handbook of Crystallographic Data forIntermetallic Phases, vol. 1,2,3 ASM, Metals Park, OH.

第 4 章
制备技术

金属基复合材料 (metal matrix composite, MMC) 可以通过包括液态、固态或气态的工艺制造。我们在下面描述一些重要的制备工艺技术。

4.1 液态工艺

金属基复合材料的液态制备主要是将液态金属基体加入增强材料或将两者结合在一起。在加工中使用液态工艺路线有一系列优点，主要包括近净成形 (与固态工艺如挤压或扩散结合相比)、更快的加工速度以及相对较低的温度, 这与熔化大多数轻金属如铝和镁有关。最常见的液相处理技术可细分为 4 大类:

铸造或液相浸渗: 这包括液态金属对纤维或颗粒预制件的浸渗。在直接引入短纤维或颗粒的情况下, 由液态金属和陶瓷颗粒或短纤维组成的熔融混合物, 通常通过搅拌的方法获得颗粒的均匀分布。在离心铸造中, 可以获得承载增强颗粒的梯度分布。这非常有利于需要从加工或性能角度定制增强物分布的应用。

挤压铸造或压力浸渗: 这种方法包括对纤维或颗粒预制件进行压力辅助液相浸渗。该工艺特别适用于复杂形状的零件、选择性或局部增强的零件, 以及生产速度至关重要的场合。

喷射共沉积: 在此工艺中, 液态金属被雾化或喷射, 而颗粒喷射器将陶瓷颗粒引入喷射流, 以生产具有复合颗粒的粉末状混合物。

原位自生工艺: 在这种情况下, 增强相是通过合成反应或共晶合金受控凝固而原位形成的。

我们现在详细讨论这些制备工艺的每个细节。

4.1.1　铸造或液相浸渗

1. 传统铸造

MMC 的铸造通常可以用铸造铝合金的传统设备来完成。由于在没有压力的情况下难以浸渗纤维预制件, 这种方法通常用于颗粒增强材料。将颗粒和基体混合物浇铸成锭, 然后进行二次机械加工, 如挤压或轧制, 这种工艺应用于复合材料 (如图 4.1)。

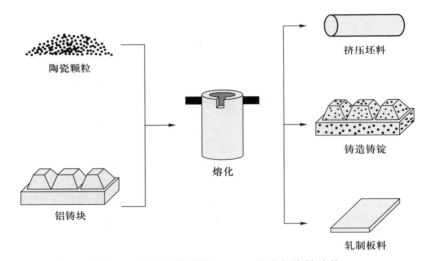

图 4.1　处理颗粒增强 MMC 的常规浇铸路线

MMC 的铸造需要对现有的传统铸造工艺进行一些改进, 总结如下:

(1) 必须使用与增强体反应最小的合金。铝硅合金 (硅含量高达 9%) 通常与碳化硅增强材料一起使用。图 4.2 表明, 随着温度的升高, 需要增加硅的含量, 以防止不良影响的化合物 Al_4C_3 的形成 (见第 5 章)。

(2) 复合材料熔体经常需要搅拌, 如图 4.3 (Mehrabian 等, 1974)。碳化硅的密度 (3.2 g/cm^3) 高于铝的密度 (2.5 g/cm^3), 因此若不搅动熔体, 颗粒会下沉。磁场中的交变电流 (Katsura, 1982) 和机械振动 (Pennander 和 Anderson, 1991) 也已被用于改善液体基体中增强物的润湿性和浸润性。

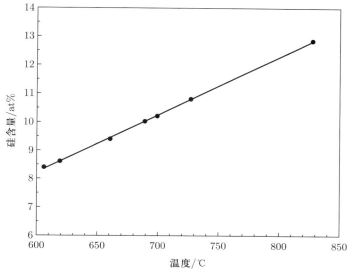

图 4.2 在给定温度下, 防止在 Al–Si–SiC 复合材料中形成 Al₄C₃ 所需的 Si 含量 (Lloyd, 1997)

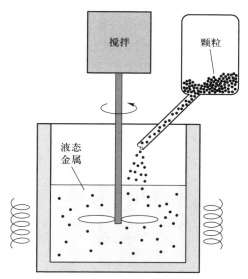

图 4.3 含陶瓷颗粒复合熔体的搅拌是为尽量减少加工过程中颗粒的沉降

根据液体中固体颗粒的大小和浓度, 有几种实用模型是将液体的黏度描述为固体颗粒体积分数 V_p 的函数。在微粒浓度极低的情况下, 可以使用 Einstein (1906) 的公式:

$$\eta_c = \eta_m(1 + 2.5V_p)$$

式中, η_c 是悬浮液的黏度; η_m 是液体 (即未增强的金属) 的黏度; V_p 是颗粒的体积分数。在颗粒浓度较高的情况下, Guth 和 Simha (1936) 提出了一个修正方程, 该方程考虑了固体颗粒之间的相互作用:

$$\eta_c = \eta_m \left(1 + 2.5V_p + 14.1V_p^2\right)$$

Thomas (1965) 从经验数据的拟合中提出了对这个方程的修正:

$$\eta_c = \eta_m \left(1 + 2.5V_p + 10.05V_p^2\right)$$

在光滑球形粒子浓度非常高的情况下, Kitano 等 (1981) 给出了以下经验公式:

$$\eta_c = \eta_m(1 - V_p/A)^{-2}$$

式中, $A=0.68$。鉴于含陶瓷颗粒的液态金属的黏度肯定会随着颗粒的加入而增加, 复合熔体的温度应保持在一定限度以上 (对于铝硅/碳化硅复合材料而言约 745 ℃), 以防止熔体变得高度黏稠。用惰性气体覆盖熔体将减少熔体的氧化。

2. 离心铸造

在离心铸造中, 可以通过在铸造过程中引入离心力来实现增强体的最佳放置, 以获得增强体体积分数一定的梯度分布 (Divecha 等, 1981), 如图 4.4。例如, 在刹车盘中, 盘件表面需要耐磨性, 但轮毂区域不需要。因此, 有些区域的增强并不太重要, 例如轮毂区域, 这样加工起来更加容易。

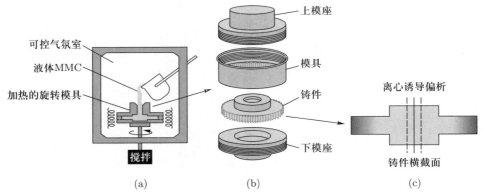

图 4.4　(a) 离心铸造工艺示意图; (b) 旋转模具; (c) 带有有意偏析增强体的成品铸件的横截面

图 4.5 显示了离心铸造刹车盘不同点的微观结构, 显示了纯铝合金基体区域、界面区域和强化区域。据报道, 离心铸造是一种相对便宜的工艺, 具有成本低至 2 美元/kg 用于制造复合材料的潜力。

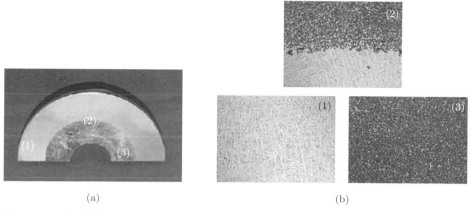

图 4.5   (a) 含选择性放置增强体的离心铸造刹车盘; (b) 盘件的微观结构区域的离心铸造
制动转子: (1) 富含基体; (2) 界面; (3) 富含增强体 (由 Herling D. 提供)

3. 无压液体浸渗 (Lanxide^{TM} 工艺)

另一种无压浸渗工艺包括对增强预制件的反应性浸渗和非反应性浸渗。在此工艺中, 如图 4.6 所示, 颗粒填料被纯铝或铝镁合金浸渗。当使用纯铝时, 镁

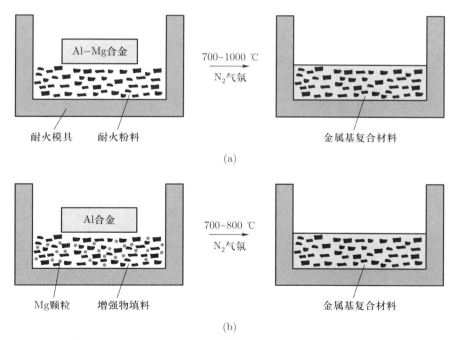

图 4.6   MMC 的无压浸渗: (a) 对颗粒预制件的合金基体浸渗; (b) 金属合金颗粒和陶瓷
颗粒预制件的纯基体浸渗

颗粒也可以与增强颗粒混合形成铝–镁合金基体。特别要说明的是, 由于无压工艺涉及高温下的长时间浸渗 (Aghajanian 等, 1989) , 因此该工艺要在 N_2 气氛中进行以尽量减小界面反应。当用纯 Al 浸渗时, 浸渗温度在 700~800 °C 之间, 而铝镁合金的浸渗是在 700~1000 °C 之间进行的 (Lloyd, 1997)。典型的浸渗速率小于 25 cm/h。

4. 挤压铸造或压力浸渗

挤压铸造或压力浸渗就是通过加压将液态金属基体压入短纤维或颗粒的预制件中。与传统铸造相比, 这种方法的主要优点是具有较短的工艺时间 (这对于大批量生产材料特别有意义), 能够制造相对复杂形状的零件, 由于施加压力而尽量减小残余孔隙率或缩孔, 并且同样由于工艺时间更短, 增强体和基体之间的界面反应产物最少。在浸渗发生之前, 必须准备好增强预制件。图 4.7 展示了制造预制件的两个过程: 压制成形 [图 4.7(a)] 和吸铸成形 [图 4.7(b)]。在压制成形过程中, 将含水的纤维浆料充分搅拌并倒入模具中, 施加压力以挤

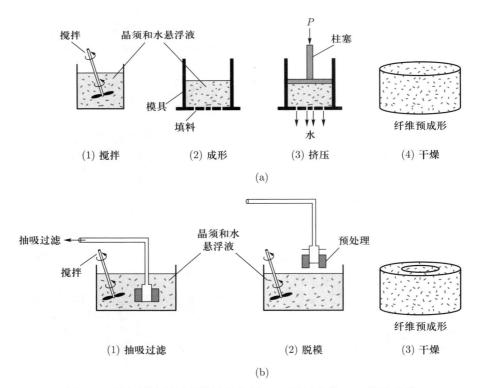

图 4.7　制备颗粒预制件的过程包括: (a) 压制成形; (b) 吸铸成形

出水分, 并使预制件干燥。在另一个过程中, 对充分搅拌的混合物进行吸铸, 该混合物由增强体、纤维和水组成。然后将混合物脱模并干燥。

为了对预制件进行浸渗, 显然熔融金属必须具有相对低的黏度和与增强体良好的润湿性。液相浸渗过程的示意图如图 4.8 所示。将增强预制件放入模具中, 并将液体倒入位于液压机底座上的预热模具中。浸渗是通过机械力或使用加压惰性气体实现的。通常使用 70~100 MPa 的外加压力。为了使界面反应最小化并获得细晶基体, 预制件的温度最好低于基体液相线温度。

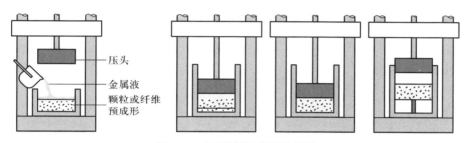

压头
金属液
颗粒或纤维
预成形

图 4.8　挤压铸造过程示意图

挤压铸造也可用于获得增强体体积分数相对较高 (> 40 %) 的复合材料 (Saha 等, 2000)。在常规铸造中, 在高体积分数增强体中实现均匀的颗粒堆垛和分布是有问题的。图 4.9 显示了用 50 %碳化硅颗粒增强的 6061 铝基复合材料的微观结构, 我们注意到组织中颗粒间距很小, 没有任何残留孔隙。

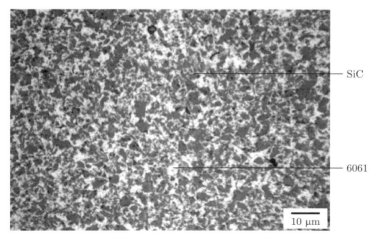

SiC

6061

10 μm

图 4.9　6061/SiC/50$_p$ 复合材料的微观结构。请注意, 较大的粒子体积分数和相对小的粒子间距 (Saha 等, 2000)

虽然挤压铸造技术主要用于浸渗低熔点金属, 如铝, 但连续纤维增强金属间化合物基复合材料, 如 Al_2O_3 增强 TiAl、Ni_3Al 和 Fe_3Al 等, 也会用这种方法制造 (Nourbakhsh 等, 1990)。该过程类似于不连续增强金属基复合材料的过程。在坩埚中熔化基体合金与强化润湿的增强物的混合物, 纤维预型件被单独加热, 然后将熔融金属倾倒在纤维上, 同时通过氩气施加压力以浸渗预制件。

4.1.2　喷射共沉积

喷射沉积可用于制造基于粉末的金属合金 (Lavernia 等, 1992)。金属或合金被水或惰性气体熔化并雾化, 液体迅速凝固, 形成细小的固体粉末。将这项技术进行改进, 通过向基体合金中射入增强颗粒或使颗粒与基体合金共沉积即可获得复合材料, 如图 4.10。这种技术的优点是生产率高, 可接近 6~10 kg/min, 凝固速度非常快, 可尽量减少颗粒和基体之间的反应。但沉积后的坯料不完全致密, 因此需要进行二次加工, 以使复合材料完全致密化和均匀化。液滴中颗粒的分布在很大程度上取决于增强体的尺寸以及增强体在此过程中的哪一位置点被射入基体 (Lloyd, 1997)。例如, 晶须太细, 以至于不能找到最佳射入和分散到液滴中的方法。当颗粒在熔体雾化后立即注射到基体中时, 基体仍然是液体, 因此颗粒能够将自己包裹在液滴中, 并获得颗粒在基体中相对均匀的分布, 如图 4.11(a)。如果在该过程的后期即基体液滴为半固体时射入颗粒, 则颗粒不那么容易进入基体, 导致颗粒沿着基体液滴颗粒的围边驻留, 如图 4.11(b)。当然, 具有后一种颗粒尺寸分布的复合材料会由于颗粒高度聚集具有较差的性

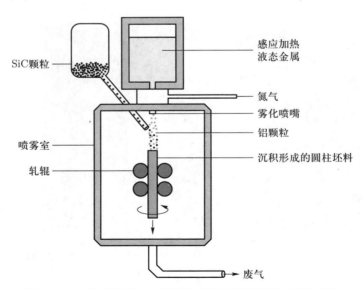

图 4.10　SiC 颗粒和 Al 液滴的喷射共沉积以形成复合颗粒

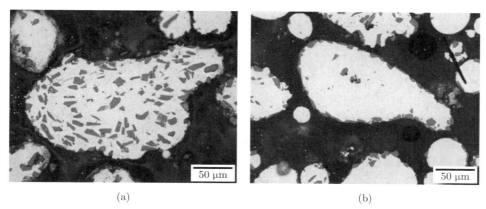

图 4.11　通过喷射共沉积获得的复合颗粒的微观结构: (a) 处于液相状态时, 用于射入的颗粒分布均匀;(b) 由于液体中的颗粒射入半固态基体液滴而导致的颗粒位于基体液滴的边缘 (由 Lloyd D. J. 提供)

能。这一工艺相当灵活机动, 因为金属和增强物的喷雾器可以定制, 以获得原位层叠材料, 甚至是功能梯度材料。然而, 由于关键设备制造成本高, 因此该工艺相当昂贵。

4.1.3　原位自生工艺

原位自生工艺分为两大类, 反应工艺和无反应工艺。在反应工艺中, 允许两种组分通过放热反应形成增强相。XD 工艺就是这种工艺的一个典型例子 (Martin Marietta, 1987)。先在基体合金中生成相当高体积分数的陶瓷颗粒, 然后将该母合金用基体合金稀释成所需的增强体体积分数的复合材料。典型的例子包括以 TiB_2 和 TiC 为自生增强颗粒的材料, 它们由以下反应形成:

$$2B + Ti + Al \longrightarrow TiB_2 + Al$$

和

$$C + Ti + Al \longrightarrow TiC + Al$$

诸如反应温度等工艺变量可用于制备所需尺寸的增强颗粒, 通常在 $0.25 \sim 1.5$ μm 范围内, 基体由铝、镍或金属间化合物组成。另一种结合喷射共沉积和反应的工艺是用含碳气体雾化 Al–Ti 合金 (在足够高的温度下) 以形成碳化钛颗粒 (Chawla, 2012)。

一般来说, 原位自生反应工艺的优点是, 该反应消除了通常有关颗粒润湿的典型问题, 从而通常形成相对干净和坚固的界面 (Christodolou 等, 1988)。然而, 能够实施原位自生反应工艺的有益的复合化体系的数量是有限的, 而所形成的相对较细尺寸分布的颗粒可以显著增加熔体的黏度。

　　无反应原位自生工艺是利用两相系统, 如共晶或偏晶合金, 原位生成纤维和基体 (McLean, 1983)。如图 4.12 所示, 进行受控定向凝固以分离两相。预制和均质化的材料在石墨坩埚中熔化, 并放置到在真空或惰性气氛中的石英管中, 加热通常用感应加热进行, 热梯度通过冷却坩埚获得。也可以使用电子束加热, 特别是当使用活性金属如钛时。人们可以通过控制凝固速率来控制微观结构的细化, 即增强体的尺寸和间距 (在恒定的体积分数下)。这些凝固速率相当缓慢, 通常在 1～5 cm/h 的范围内, 因为人们需要保持稳定的凝固生长前沿。图 4.13 显示了原位自生复合材料微观结构的横截面。基体被局部蚀刻, 露出纤维。相对于晶粒内的纤维, 晶界处的纤维由于更早的成核和生长而稍微粗糙一些。

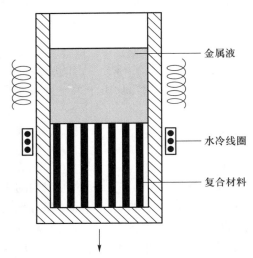

图 4.12　用定向凝固工艺获得原位自生复合材料的示意图

图 4.13　原位自生复合材料的微观结构的横截面: (a) 较低的放大倍率; (b) 较高的放大倍率。基体已被局部蚀刻以显出纤维。请注意, 由于晶核和晶粒的生长较早, 相对于晶粒内的纤维, 晶界的纤维稍粗一些 (由 Andrews J. B. 提供)

4.1.4 浸渗机理

液态基体透过颗粒或纤维预制件的浸渗可以被认为是多孔介质的液相浸渗。因此,透过多孔增强体的浸渗特性将由液体的毛细作用和预制件的渗透性来调控。流体对多孔介质的渗透性问题已在多个方面进行了讨论。在金属基复合材料中,考虑速度为 v_1 的液相透过小体积 ΔV 的浸渗,如图 4.14(Michaud, 1993)。总体积包括纤维、基体和孔隙的体积,因此体积分数的总和 V_f、V_m 和 V_p 等于 1。固体预制件的速度 v_s 通常指预制件变形速率,可忽略不计,因此 $v_s = 0$。一部分液态金属 (体积分数为 g_s) 在浸渗过程中会逐渐固化,因此复合材料中固体物质的体积分数 (纤维加固化金属) 就由 $V_{sf} = V_f + g_s V_m$ 得出。

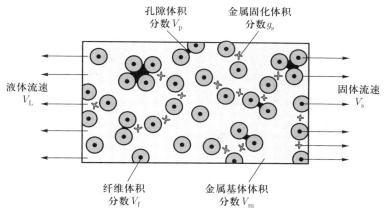

图 4.14　与金属基体透过多孔增强预制件的液相浸渗相关的参数示意图 (Michaud, 1993)

我们现在可以根据以上描述的参数, 用 Forchheimer 方程讨论液相浸渗过程:

$$f - \nabla P = \left[\frac{\eta V_m (1 - g_s)}{K} + B\rho_m \sqrt{(v_1 - v_s)^2}\right](v_1 - v_s)$$

式中, f 是体积重力、离心力或电磁力; P 是施加在体积中的平均压力ΔV; η 是液态金属的黏度; ρ_m 是液态金属的密度; v_1 和 v_s 分别是液体和固体的速度; K 被称为预制件的渗透率; B 是一个常数。K 是增强体预制件微观结构、润湿特性、反应性能等,以及基体体积分数 V_m 和凝固金属特性的函数。然而,应该注意的是, K 不取决于浸渗液体的性质。特征长度为 d(如纤维直径) 的预制件的相关雷诺数由下式给出

$$Re = \frac{d\rho_m \sqrt{(v_1 - v_s)^2}}{\eta V_f}$$

式中, V_f 是纤维体积分数, 其他符号和上述的意义相同。当 Re 低于雷诺数的临界值 $\mathrm{Re_{critical}}$ 时 (对于这里考虑的预制件, 大约等于 1), 可以忽略 Forchheimer 方程中的第二项, 我们得到达西定律:

$$v_l - v_s = \frac{K}{\eta V_m (1 - g_s)} (f - \nabla P)$$

上式等号左边可以认为是流体的体积密度 [即体积/(面积 × 时间)]。可见, 达西定律类似于电导率的欧姆定律, 即浸透率类似于电导率。因此, 一般来说, 较高的浸透率、较低的黏度和施加较高的压力将有助于液态基体更快地浸渗到增强体预制件中。

对基体浸渗过程中的热传递分析非常重要, 因为随着液态金属的浸渗和凝固, 它会向周围环境释放热量。这个热流将导致系统温度升高, 允许进入的熔体保持液态, 进而渗透预制件。在实际过程中, 当预制件或部分凝固的复合材料发生足够的冷却时, 或者当预制件完全填充时, 液体流动停止。一般来说, 体积元素 ΔV 内的热传递由传导、对流、界面反应的放热特性和总凝固金属的比例 g_s 决定。这种热传递的控制方程是 (Michaud, 1993)

$$\nabla \cdot (k_c \nabla T) = \rho_c c_c \frac{\partial T}{\partial t} + \rho_m c_m V_m (1 - g_s) v_l \cdot \nabla T +$$

$$(\rho_f c_f V_f + \rho_m c_m V_m g_s) v_s \cdot \nabla T - \rho_m \Delta H \frac{\partial (g_s V_m)}{\partial t} - \dot{Q}$$

式中, k_C 是复合材料的热导率, ΔH 是金属凝固的潜热; $\dot{Q}$ 是化学反应热释放速率; ρ 和 c 分别表示密度和热容, 下标 f、m 和 c 分别表示增强材料、金属和复合材料。

在分析液相浸渗过程时, 也需要考虑传质。由于大多数浸渗过程所涉及的时间尺度相对较短, 因此, 在 ΔV 范围内扩散对质量流量的贡献可以忽略不计。相反, 由于金属中溶质的溶解或排斥 (对于合金而言) 以及界面化学反应期间的消耗, 对流起着更为突出的作用。质量传输的支配关系是

$$\frac{\partial \overline{C}}{\partial t} = -\nabla \cdot [(1 - g_s) C_l v_l + g_s C_s v_s] + r_A$$

式中, $\overline{C}$ 是基体平均成分; r_A 是化学反应引起的溶质变化率; C_l 和 C_s 分别是液相和固相的成分, 由给定温度下的合金相图确定。

4.1.5　液相工艺中的微观结构演变

复合材料的微观结构取决于预制件浸渗过程中发生的局部凝固和冷却过程。一般来说, 液态金属在与处于较低温度的预制件接触时会凝固。图 4.15 显示

了浸渗前沿、预制件中的温度分布和基体中的晶粒尺寸分布的示意图 (Morten-sen 和 Jin, 1992)。在浸渗前沿, 金属将首先凝固 (区域 1), 而在预制件的中间 (区域 2), 温度相对恒定。然而, 靠近浸渗液口(区域 3) 的半固态金属将持续与液态金属接触。而二元共晶合金的情况更复杂, 二元合金基复合材料的浸渗前沿、温度分布和液态金属成分如图 4.15 所示。温度梯度与纯金属的温度梯度相似, 但在浸渗前沿会发生大量的溶质偏析, 因此剩余浸入液体中的溶质将被耗尽。

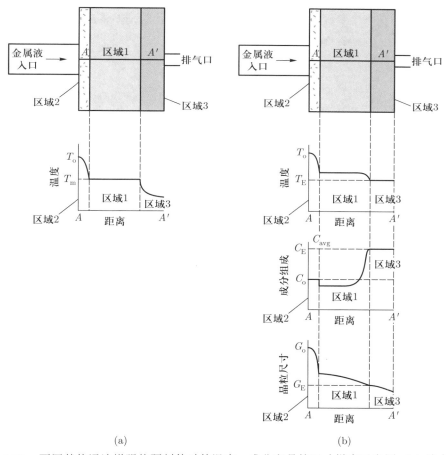

图 4.15 不同基体浸渗增强体预制件时的温度、成分和晶粒尺寸梯度示意图: (a) 纯金属基体; (b) 合金金属 (Mortensen 和 Jin, 1992)

晶粒尺寸分布也会受到局部温度分布和冷却速率的影响。对于纯合金的浸渗, 如图 4.15 区域 1 中, 由于熔融金属与较冷的增强体预制件接触而导致基体快速凝固, 所以基体晶粒尺寸得到了细化。在大多数用液相工艺制备金属基

复合材料 (Mortensen 和 Jin,1992) 中, 增强体不会导致异质形核。例如, 在大多数铝基复合材料中, 晶粒尺寸通常比增强体尺寸大得多。例外情况出现在铝硅基复合材料中, 初生硅相优先在增强体处成核。因此, 在这些复合材料中, 与未增强的合金相比, 复合材料具有更细的硅相分布。图 4.16 显示了用 10％和 20％碳化硅颗粒增强的 6061 基复合材料的晶胞尺寸 (Lloyd, 1989)。请注意, 在所有冷却速率下, 复合材料比未增强的合金具有更细的整体微观结构。

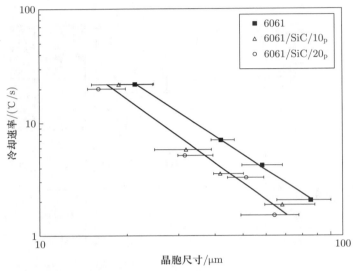

图 4.16　10％和 20％SiC 颗粒增强 Al 6061 基复合材料中冷却速率与基体晶胞尺寸的关系 (Lloyd, 1989)。注意在所有冷却速率下, 由于增强颗粒的钉扎, 复合材料的微观结构整体比未增强的合金细

在某些情况下, 特别是在涉及纤维增强体的情况下, 增强体实际上阻碍了液态金属的热对流, 导致比未增强合金有更大程度的柱状枝晶生长 (Cole 和 Bolling, 1965)。在区域 2 中, 由于更高的温度和稍低的冷却速率, 晶粒尺寸略大。最终在浸渗液口处会产生较粗的微观结构, 因为该区域将是最后一个凝固的区域, 冷却速率相对较慢。图 4.17 显示了 Saffil(Al$_2$O$_3$) 纤维增强的 Al–4.5Cu 基体的微观结构, 其中预制件中的基体微观结构比靠近浸渗液口的基体微观结构要细得多。

基体的微观结构不仅与温度和成分梯度有关, 还与液相流动速度和纤维间距有关。Shekhar 和 Trivedi(1989, 1990) 研究了含有纤维和颗粒的有机透明系统模型的凝固过程。在纤维增强体系中, 当纤维间距接近一次枝晶间距或胞间距时, 前进液头中的扰动会导致凝固形态变化。速度和纤维间距的影响 (由纤维间距 d 与一次枝晶间距 λ 的比来表示) 可以用微观结构图表示, 图 4.18(Trivedi

等, 1990)。对于非常大的纤维间距, 其形貌取决于液相流动速度, 随着速度的
增加, 从平面到胞状再到树枝状。当纤维间距很小时, 由于平界面结构和树枝
状结构都会转变为胞状结构, 因此胞状区更大。在中等间距处, 当 d/λ 略大于
1 时, 将观察到枝晶组织和较低的液相速度。

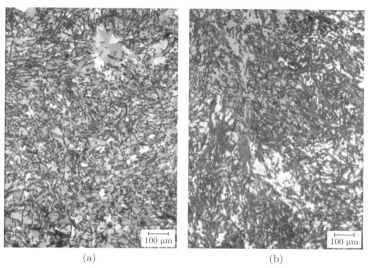

图 4.17 Saffil(Al$_2$O$_3$) 纤维增强的 Al–4.5 Cu 基体的微观结构。预制件 (a) 内的基体晶
粒尺寸比靠近浸渗液口(b) 的要细得多, 因为后者经过重熔和更缓慢的冷却速率
(Michaud V. C. 提供)

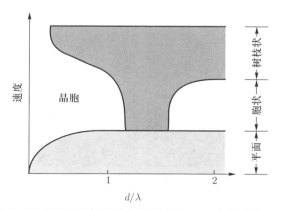

图 4.18 凝固前沿速度和纤维间距 (横坐标用纤维间距 d 与枝晶间距 λ 的比表示) 对基
体微观结构的影响。注: 对于很大的 d/λ, 随着速度的增加, 其形貌由平面到胞状再到树
枝状。当纤维间距很小时, 由于平面结构和树枝状结构都将转变为胞状结构, 因此胞状区
更大 (Trivedi 等, 1990)

4.1.6 铸造

在金属基复合材料的铸造过程中, 增强体 (颗粒或短纤维) 通常是可移动的, 因此需要考虑液体对增强体, 尤其是颗粒的运动或推移。如果颗粒被凝固中的液体推移, 则颗粒会被偏聚到已凝固的剩余液体中。例如, 在共晶体系中, 剩余的液体富含溶质。由此产生的微观结构取决于一次枝晶相对于颗粒尺寸的相对大小。对于以相对较慢速度冷却的复合材料, 枝晶尺寸远大于颗粒尺寸, 并且凝固的微观结构由多个高颗粒团簇区域组成, 如图 4.19(Lloyd, 1994)。对于更快的冷却速率, 基体的晶胞尺寸要小得多 (颗粒大小的顺序, 如上所示), 因此显著降低了颗粒推移的程度, 从而使颗粒分布更加均匀, 如图 4.20 所示。

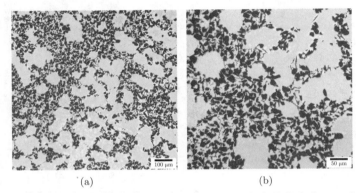

(a)　　　　　　　　　　　　　(b)

图 4.19　因颗粒推移效应, 缓慢冷却造成的增强体颗粒高度聚集分布: (a) 低倍放大率; (b) 较高放大倍数。(由 Lloyd D. J. 提供)

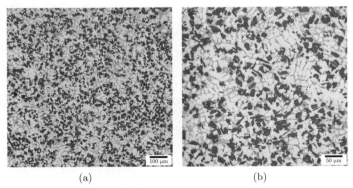

(a)　　　　　　　　　　　　　(b)

图 4.20　冷却速率越快, 增强颗粒的分布越均匀: (a) 较低的放大倍率; (b) 较高的放大倍率。(由 Lloyd D. J. 提供)

对颗粒增强型 MMC 中颗粒推移效应的实验研究表明, 有以下趋势: ①在共晶和过共晶基体合金中 (如 Al–Si), 在所有生长条件下都会发生颗粒捕获;

②在亚共晶铝合金系统中, 通常存在非平面的固液界面, 会发生颗粒推移; ③在一些系统中, 固液界面存在一个临界速度, 即 V_c。当低于该临界速度时, 发生颗粒推移; 当高于该临界速度时, 发生颗粒捕获。对于平面的固液界面, V_c 与颗粒直径 d 的关系如下式所示 (Mortensen 和 Jin , 1992):

$$V_c d^n = C$$

式中, C 是系统相关常数; 指数 n 在 0.5 和 3.0 之间变化。

对于颗粒推移, 通常提出两种判据。第一个与固体生长并与液体中的颗粒接触时的自由能变化有关。Uhlmann 等 (1964)、Potschke 和 Rogge(1989) 基于界面自由能提出了以下颗粒推移的判据:

$$\gamma_{ps} > \gamma_{pl} + \gamma_{sl}$$

式中, γ 是界面自由能, 下标 ps、pl 和 sl 分别表示颗粒/固体、颗粒/液体和固体/液体界面。这种模型一般只在界面速度很小的情况下才有效, 而且由于界面自由能很大程度上是未知的, 因此它不具有很大的实用价值。

一些研究者采取了一种不同的更实用的方法来预测颗粒推移的临界界面速度 (Uhlmann 等, 1964; Cisse 和 Bolling, 1971; Stefanescu 等, 1988; Shangguan 等, 1992; Kim 和 Rohatgi, 1999)。该方法基于实验观察结果, 即存在一个临界界面速度。当低于该速度时, 颗粒被推移, 而高于该速度时, 颗粒被捕获。Cisse 和 Bolling(1971) 对颗粒上的黏滞阻力与颗粒在固液界面前端施加的反作用力之间的平衡进行了建模, 得出了以下临界速度表达式:

$$V_c^2 = \frac{4kT\gamma_{si}a_o}{9\pi\eta^2 R^3} \frac{\alpha(1-\alpha)^3}{1-3\alpha}$$

式中, η 是液体的黏度; γ 是固液界面自由能; R 是颗粒的半径; a_o 是颗粒与固液界面之间的距离; k 是固液界面的曲率; α 是粒子半径与界面半径之比。Kim 和 Rohatgi(1999) 根据颗粒与液相的热导率之比、固液界面的温度梯度和表面张力以及液体的熔化热等对固液前沿的形状进行了建模。他们得出了以下表达式:

$$V_c = \frac{\Delta\gamma a_o(kR+1)}{18\eta R}$$

式中, $\Delta\gamma$ 是界面能差; $\Delta\gamma = \gamma_{sp} - \gamma_{lp} - \gamma_{sl}$。Kim 和 Rohatgi(1999) 表明他们的模型比其他模型更接近临界速度的实验测量值。然而, 他们的预测值仍然比实验值低 2 倍。这归因于以下事实: ①在计算中使用恒定的颗粒温度, 而实际上, 颗粒温度可能随时间变化; ②模型中未考虑颗粒形状、颗粒粗糙度和颗粒与界面之间的热对流等因素。

4.2　固态加工

与液相技术相关的主要缺点是难以控制增强体分布和获得均匀的基体微观结构 (Michaud, 1993)。此外, 在液相加工过程中的高温环境下, 基体和增强体之间可能发生不良的界面反应。这些反应会对复合材料的力学性能产生不利影响 (Chawla 等, 1998; Sahoo 和 Koczak, 1991)。因此, 人们对金属基复合材料的固态加工产生了兴趣。最常见的一些固态加工工艺均基于粉末冶金技术 (Ghosh, 1993)。这些工艺由于混合、搅拌容易并且可以达到致密化的效果, 通常用于不连续增强体。即, 将陶瓷和金属粉末混合后, 进行冷等静压而后热压至完全致密, 随后, 完全致密的压坯通常要进行二次加工, 例如挤压或锻造 (Lloyd, 1997)。一些降低成本的新方法 (例如烧结锻造) 旨在消除热压步骤, 其效果显著 (Chawla 等, 2003)。

4.2.1　粉末冶金工艺

粉末工艺涉及冷压、烧结和热压, 主要用于制造颗粒或晶须增强的金属基复合材料 (Hunt, 1994)。即混合基体和增强体粉末使其均匀分布。图 4.21 显示了 Al、50 wt％ Al–50 wt％ Cu 和 SiC 颗粒的混合物。50 wt％ Al–50 wt％ Cu 的加入使合金添加剂分布均匀, 而纯铝颗粒使冷压更容易。混合阶段之后是冷压, 以制成密度约为 80％且易于处理的冷压生坯, 如图 4.22 所示。冷压生

(a)　　　　　　　　　　　　　　　　(b)

图 4.21　Al、SiC 和 50wt％Al–50wt％Cu 颗粒的粉末混合物: (a) 二次电子图像; (b) 背散射电子图像, 显示了 Al–Cu 颗粒

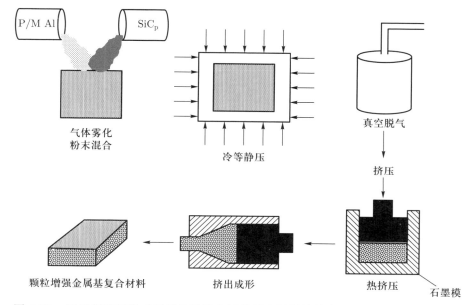

图 4.22　用于制造颗粒或短纤维增强金属基复合材料的粉末处理、热压和挤压工艺

坯装在容器中密封脱气, 除去颗粒表面吸收的水分。将金属粉末颗粒 (如 Al 颗粒) 与陶瓷颗粒 (如 SiC) 或其他 Al 颗粒结合时, 存在的问题之一是, 始终存在于 Al 颗粒 (或金属颗粒) 表面的氧化膜 (Kim 等, 1985; Anderson 和 Foley, 2001)。惰性气氛中脱气和热压有助于除去存在于颗粒表面上的铝氢化物, 使氧化膜更脆, 更容易受剪切破碎 (Estrada 等, 1991; Kowalski 等, 1992)。然后对材料进行单轴热压或热等静压, 以生产出完全致密的复合材料并进行挤压。在此过程中, 刚性颗粒或纤维不会变形, 从而导致基体明显变形。

增强体颗粒尺寸与基体颗粒尺寸的比值对于实现颗粒在基体中的均匀分布是非常重要的。

图 4.23 显示了 Al、SiC 颗粒尺寸比对复合材料微观结构的影响。随着 Al 颗粒尺寸的增大, SiC 颗粒被 "推移" 并填充在较大 Al 颗粒之间的间隙中, 从而形成更为聚集的微观结构, 如图 4.23(a) 所示。更接近 1 的粒径比会形成更加均匀的微观结构, 如图 4.23(b) 所示。我们可以用一个聚集参数来量化颗粒分布的均匀程度。有几种技术已被用于量化金属基复合材料中的颗粒 (如 SiC) 聚集度(Dirichlet, 1850; Lewandowski 等, 1989; Spowart 等, 2001; Yang 等, 2001)。一种重要的技术叫作网格划分, 对此将在第 7 章中详细介绍。测量每个粒子的最近邻距离是评估粒子聚集的最简单方法, 但它可能具有欺骗性, 因为平均最近邻距离忽略了微观结构中最近邻距离的分布。Yang 等 (2001) 表明平均最近邻距离的方差系数 (COV_d) 在描述粒子聚集时特别敏感和有效。该参

数对颗粒体积分数、尺寸和形态也相对不敏感。COV_d 可以用下式描述 (Yang 等, 2001):

$$COV_d = \frac{\sigma_d^2}{d}$$

式中, σ_d^2 是取样粒子的平均最近邻距离的方差; d 是取样粒子的平均最近邻距离的平均值。

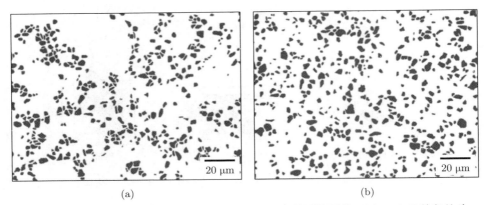

(a)　　　　　　　　　　　　(b)

图 4.23　不同 Al–SiC 粒径比下的 Al/SiC/15$_p$ 中的颗粒聚集: (a)Al–SiC 粒径比为 6.6($d_{Al} = 33$ μm, $d_{SiC} = 5$ μm); (b)Al–SiC 粒径比为 1.4($d_{Al} = 7$ μm, $d_{SiC} = 5$ μm)。注: 增加 Al–SiC 的粒径比会导致 SiC 更大程度的聚集

　　图 4.24 显示了由 COV_d 测得的聚集度与 Al–SiC 粒径比的关系。对于较大的粒径比, 即 Al 的粒径远大于 SiC 或者反之, 聚集度相对较高。值得注意的是, 最小聚集度 (COV_d) 趋向于大约为 1 的粒径比。

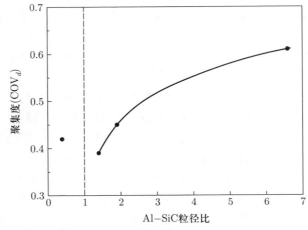

图 4.24　聚集度与 Al–SiC 粒径比的关系当粒径比接近 1 时, 聚集度趋于最小

4.2.2 挤压

挤压工艺被广泛用作金属基复合材料二次变形加工的一种手段 (Ghosh, 1993; Hunt, 1994; Lloyd, 1997)。由于挤压压力和温度的联合作用, Al/Al 和 Al/SiC 颗粒间产生剪切作用, 有利于 Al 颗粒表面氧化膜破裂, 并提高了颗粒与基体的结合力, 因而具有突出的优点。然而, 由于此过程具有相关较大应变, 故挤压主要用于强化具有不连续增强体的复合材料, 以最大程度地减少增强体断裂。即使这样, 在不连续增强材料中, 短纤维或颗粒的断裂也会经常发生, 这不利于复合材料的性能。

图 4.25 显示了 3 种类型的挤压: 直接挤压、传统挤压和静液挤压。在直接挤压中, 挤压的材料在一个带有挤压孔的平板上变形。这会导致一个 "金属死区", 即金属不能流动的区域。在传统挤压中, 模具是锥形的以尽量减少死区。然而传统挤压存在模具摩擦, 这将导致金属/模具界面处出现更高的变形应力。在金属基复合材料中, 这种影响尤其严重, 这是由于颗粒的存在以及在金属/模具界面处存在更大的剪切应力而导致材料的不连续。这会导致材料边缘参差不齐, 称为 "圣诞树" 效应, 如图 4.26。由于模具摩擦和剪应力的增加, 随着增强颗粒含量的增加, 这种情况更为突出。最后, 通过在高压流体中进行挤压, 模具摩擦影响可以降到最小。由于此时材料和模具之间的接触面积已最小化, 因此在坯料中产生的摩擦影响最小, 被挤压的材料接近流体静应力状态。

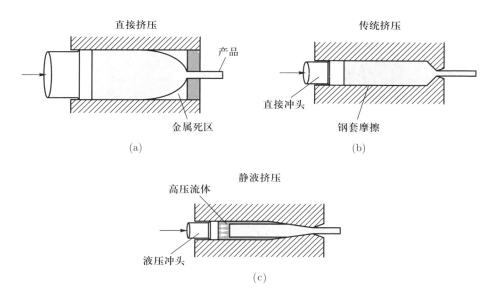

图 4.25　3 种类型的挤压工艺: (a) 直接挤压; (b) 传统挤压; (c) 静液挤压。静液挤压使模具摩擦和 "金属死区" 最小

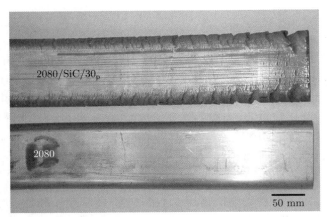

图 4.26　挤压铝 2080 合金与 2080/SiC/30$_p$ 的比较。由于复合材料中模具摩擦的增强，
边缘出现参差不齐或"圣诞树"效应

挤压过程中会发生一些微观结构变化，包括颗粒沿挤压轴排列、颗粒断裂
(取决于增强体颗粒尺寸及其应变)，以及基体晶粒的细化和再结晶 (Chawla 等，
1998；Tham 等，2002；Ganesh 和 Chawla，2004、2005)。图 4.27 显示了 SiC 颗
粒增强的铝合金在 3 种不同增强体体积分数 (10%、20% 和 30%) 下的显微组
织图像。注意增强体颗粒沿挤压轴的择优取向。

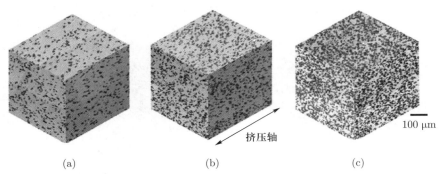

图 4.27　SiC 颗粒增强铝合金的 3 种增强体积分数分别为 10%(a)、20%(b) 和 30%(c)
注：增强体颗粒沿挤压轴的择优取向 (Ganesh 和 Chawla，2004)

对颗粒取向程度的定量分析 (定义为给定颗粒与纵轴或横轴的角度) 表明，
在给定颗粒体积分数的情况下，纵向平面内颗粒的排列程度远远高于横向平面
上的排列程度，如图 4.28。然而，随着颗粒体积分数的增加，纵向平面的取向度
降低。这可以通过以下说明来解释：颗粒的体积分数越大，可用于颗粒沿挤压
轴旋转和排列的平均自由程就越低。颗粒排列的各向异性对杨氏模量和抗拉强
度有深远的影响 (Logsdon 和 Liaw，1986；Ganesh 和 Chawla，2005)，这些在第

7 章中进行了描述。挤压引起的颗粒断裂会显著降低复合材料的强度, 经常会低于未增强合金的强度 (见第 6 章)。

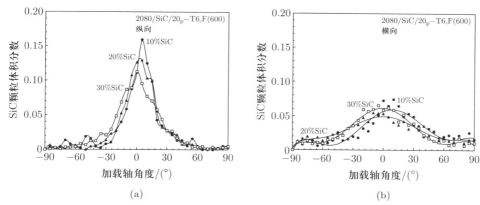

(a)   (b)

图 4.28 颗粒取向度的定量分析 (取向由给定颗粒与加载轴的角度定义): (a) 纵向; (b) 横向。在给定的体积分数下, 纵向平面中的颗粒排列程度要比横向平面中的排列程度高得多。(Ganesh 和 Chawla, 2004)

增强体颗粒的加入对金属基体晶粒尺寸有影响。如上所述, 随着硬质增强体颗粒的加入, 需要更大程度的塑性流动才能使颗粒周围的基体变形 (Chawla 等, 1998)。这也导致了基体晶粒尺寸的整体细化, 如图 4.29 所示。复合材料中的晶粒尺寸也是不均匀的, 靠近颗粒/基体界面处的晶粒尺寸较小, 并且随着距颗粒/基体界面距离的增加而尺寸增大。颗粒与基体之间挤压产生的较大程度的剪切有利于颗粒与基体之间形成非常强的机械结合。颗粒与基体之间的强

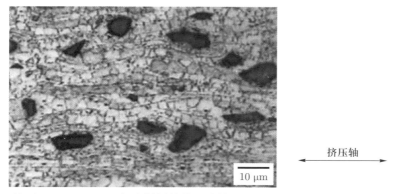

挤压轴

10 μm

图 4.29 挤压 2080/SiC/10$_p$ 复合材料的微观结构 (Ganesh 和 Chawla, 2004)。由于受到 SiC 颗粒变形的限制, 基体晶粒细化。热挤压过程中的动态再结晶导致颗粒/基体界面出现指状晶粒结构

机械结合在金属基复合材料强化中是非常理想的, 因为它最大限度地提高了从基体到颗粒的载荷转移程度, 从而增加了给定颗粒被加载至其断裂应力的概率 (Williams 等, 2002)。

在热挤压过程中, 颗粒还充当了新基体中晶粒再结晶的形核位置, 从而导致沿颗粒/基体界面的晶粒尺寸更细 (Liu 等, 1989; Humphreys 等, 1990)。这在复合材料中基体晶粒的取向成像图中可见, 如图 4.30 所示。宏观上, 基体呈现 {100}<111> 织构, 是变形加工 FCC 材料的典型特征。在垂直于挤压方向上, 织构是随机的, 表现出材料中的整体纤维状织构。仔细观察颗粒/基体界面上的晶粒取向可以发现, 由于动态再结晶, 界面处的晶粒是随机取向的, 如图 4.31 所示。然而, 远离界面的晶粒表现出典型的 {100}<111> 织构。

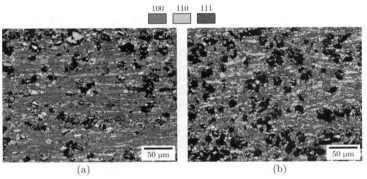

图 4.30   2080/SiC$_p$ 复合材料基体晶粒取向成像图: (a) 平行于挤压轴; (b) 垂直于挤压轴基体显示出 {100}<111> 织构, 为变形加工 FCC 材料的典型特征。在垂直于挤压方向上, 织构是随机的, 表现出整体纤维状织构。(参见书后彩图)

图 4.31   颗粒/基体界面处的晶粒取向表明: 由于动态再结晶, 界面处的晶粒随机取向。(参见书后彩图)

传统粉末冶金工艺的缺点是加工成本高。加工这些耐磨复合材料难度高,生产零件所产生的材料浪费大是形成高成本的主要原因。因此,虽然挤压工艺已用于制造要求非常高的复合材料,特别是在航空航天领域,但它不利于那些对低成本和高产量与性能同等重要的应用场合。

4.2.3　锻造

锻造是用于制造金属基复合材料的另一种常见的二次变形加工技术。同样这种技术在很大程度上仅局限于不连续增强复合材料。在传统锻造中,热压或挤压金属基复合材料产品被锻造成近净形状 (Helinski 等, 1994)。

已经开发出一种新的、低成本的烧结–锻造技术,通过这种技术,增强体粉末和基体粉末的混合物被冷压、烧结并锻造到几乎完全致密,如图 4.32(Chawla 等, 2003)。因此, 该技术的主要优点是通过锻造生产接近近净成形的材料,使加工操作和材料浪费实现最小化。类似的工艺主要用于制造大批量客车用钢制连杆 (James, 1985)。

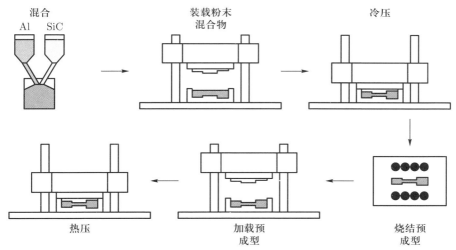

图 4.32　近净形烧结锻造工艺示意图。注: 增强体和基体粉末的粉末混合物经过冷压缩、烧结和锻造,几乎达到完全致密 (Chawla 等, 2003)

锻造复合材料的微观结构表现出一些垂直于锻造方向的 SiC 颗粒择优取向。与相似粒径的挤压复合材料的比较表明, 烧结–锻造复合材料中的取向不如挤压产生的明显 (Chawla 等, 2003)。这是意料之中的,因为在挤压过程中会引起大量的塑性变形。低成本的烧结–锻造复合材料具有可与挤压生产的材料相媲美的拉伸和抗疲劳性能 (Chawla 等, 2003)。

铝晶粒的形态也受到锻造的影响。晶粒呈"饼状",如图 4.33 所示,晶粒长轴垂直于锻造轴。观察到的各向异性似乎是由闭合模锻提供的横向变形约束直接导致的,因此晶粒无法在所有方向上均匀变形。

(a)　　　　　　　　　　　　　　　　　(b)

图 4.33　锻造后铝基体晶粒的形态 (Chawla 等, 2003): (a) 垂直于锻造轴; (b) 平行于锻造轴。后者表明, 晶粒呈"饼状", 晶粒长轴垂直于锻造轴

4.2.4　压制和烧结

一种相对便宜且简单的技术是复合粉末的压制和烧结。通常在一定温度范围内将复合粉末烧结以获得一定程度的液相。液相进入压坯中的孔隙,使复合材料致密化 (除非发生界面反应)。应特别提及的是 WC–Co 复合材料,通常称为硬质合金。它们实际上只不过是分布在软钴基体中的体积分数很高的 WC 颗粒。这些合金被广泛用于机械加工和岩石与石油钻探作业。它们之所以采用液相烧结法制备,是因为液态钴对 WC 的润湿性很好,接触角为 $0°$,几乎没有界面反应。图 4.34 显示了这种复合材料 (90％WC 和 10％Co) 的显微组织,注意 WC 颗粒的角度特性 (Deng 等, 2001)。

4.2.5　轧制和共挤

轧制是一种常用的技术, 用于生产由不同层状金属组成的叠层复合材料 (Chawla 和 Godefroid, 1984)。这种复合材料被称为箔层叠层金属基复合材料。轧制和热压也被用于制造铝箔和不连续增强金属基复合材料的层压板 (Hunt 等, 1991; Manoharan 等, 1990)。图 4.35 展示了制作叠层金属基复合材料的轧制结合工艺。已采用轧制结合工艺制备了两种或多种不同金属的叠层金属基复合材料,形成了一种二维复合材料。图 4.36 展示了轧制结合 Al 1100 和 Al 2024 叠层复合材料的透射电子显微 (TEM) 图像,其界面具有非常好的完整性 (Chawla, 1991)。在 Al 1100 层中观察到了较大的位错密度,在加工过程中,与 Al 2024 的变形相比,Al 1100 层所经历的变形程度更大。

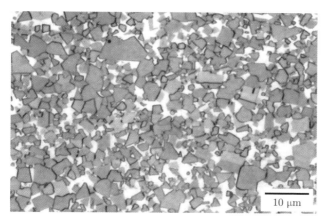

图 4.34 液相烧结 90%WC 增强 Co 基复合材料的微观结构。注意 WC 颗粒的角度特性 (Deng 等, 2001)

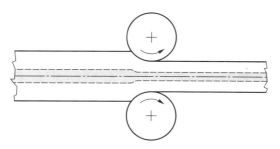

图 4.35 制造叠层金属基复合材料的轧制结合工艺,该工艺在层间产生冶金结合

变形加工金属基复合材料的其他例子是铜基体的铌基传统芯丝超导体和银基体的高温超导体。传统的铌基超导体主要有两种类型: Nb–Ti/Cu 和 Nb$_3$Sn/Cu。铌–钛 (~50-50) 组成一个韧性体系。Nb–Ti 棒插入铜棒坯上钻的孔中,抽真空、密封,并进行一系列拉拔操作,中间穿插适当的退火处理,以获得最终直径的复合超导体,如图 4.37 所示。对于 Nb$_3$Sn/Cu,使用一种被称为青铜法的工艺来制造这种复合材料。Nb$_3$Sn 是一种 A–15 型金属间化合物,由于其极高的脆性而不能像 Nb–Ti 一样进行加工。取而代之的是,该过程以青铜 (Cu–13%Sn) 基体开始; 将纯铌棒插入青铜的钻孔中,抽真空、密封,再进行如 Nb–Ti/Cu 那

样的拉丝操作, 如图 4.38 所示。关键的步骤是最后的热处理 (~700 ℃), 该热处理将锡从青铜基体中排出, 与铌结合形成具有一定化学计量比的超导 Nb₃Sn, 最后剩下铜基体。可以采用一种相似的工艺, 即所谓的氧化物粉末装管 (oxide powder in tube, OPIT) 法 (Sandhage 等, 1991) 来制造银基体高温超导复合材料。在此过程中, 将适当成分 (化学计量、相含量、纯度等) 的氧化物粉末装入金属管 (通常为银) 中, 密封并脱气, 如图 4.39 所示。通常线材的制备工艺采用模锻和拉拔, 而带材的制备工艺采用轧制。在变形中间或者变形之后进行热处理, 以形成所需要的相, 促进氧化物的晶粒的互连和晶体学排列, 并获得适当的氧化作用 (Sandhage 等, 1991)。

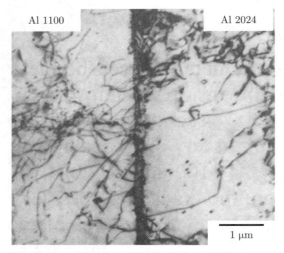

图 4.36 Al 1100 层和 Al 2024 层压复合材料的透射电子显微 (TEM) 图像显示其界面具有非常好的完整性 (Chawla, 1991)。在 Al 1100 层中观察到较大的位错密度, 并且比 Al 2024 层的软

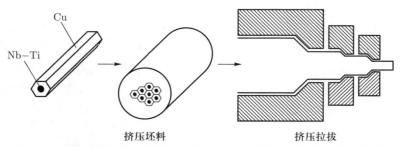

图 4.37 用于制造铌钛超导体的挤压–拉拔法。Nb–Ti 棒插入铜棒坯的孔中, 抽真空、密封, 并进行一系列的拉拔操作, 中间穿插适当的退火处理, 以获得最终的复合超导线

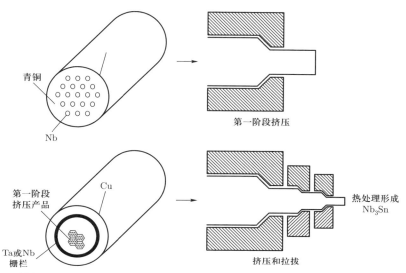

图 4.38　制备 Nb_3Sn/Cu 超导体的工艺。将纯铌棒插入青铜 (Cu–13％Sn) 基体中, 抽真空、密封, 并进行拉丝操作, 如 Nb–Ti/Cu。关键的步骤是最终的热处理 (~700 ℃), 该热处理把锡从青铜基体中排出, 形成一定化学计量比的超导 Nb_3Sn, 留下铜基体

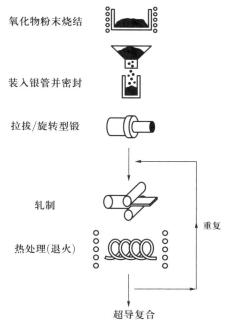

图 4.39　用于制备银基体高温超导复合材料的氧化物粉末装管 (OPIT) 法。将氧化物粉末装入在金属管 (通常是银) 内, 密封并脱气

现在, 我们简单介绍第二代 (second generation, 2G) 高温超导体 (high temperature superconductor, HTS) 的研究工作。该研究是继第一代高温超导体之后进行的, 主要涉及含有 $Bi_{1.8}Pb_{0.3}Sr_2Ca_2Cu_3O_{10}$ 的超导芯丝的银基体, 简称 BSCCO2223。人们认识到第二代超导体的驱动力是具有随机取向晶粒的高温超导体将会具有随机取向的晶界。这种取向错排的晶界形成了对超导电流流动的阻碍。如果晶粒能够取向排列, 即产生具有织构的高温超导体, 电流的流动将得到改善。经过大量的研究工作后, 上述想法方法得以实现, 即在具有织构化模板的衬底上外延生长钇–钡–铜–氧化物 (YBCO)。第二代高温超导线材是由带状的长条衬底组成, 该衬底具有高度织构化的表面。

美国橡树岭国家实验室 (Oak Ridge National Laboratory) 开发的一种技术被称为 RABiTS^{TM} (轧制辅助双轴织构衬底), 该技术可使超导相具有高度的晶粒取向 (Goyal 等, 1996; Goyal 等, 1999)。这种具有织构的晶粒结构是电流有效地流过超导体所必需的。RABiTS^{TM} 工艺制备用于高温超导线材的衬底, 这些衬底与高温超导材料具有化学兼容性, 并表现出明显的双轴织构。这种织构是在超导线材中的晶粒取向排列。这种工艺非常复杂。首先, 用特殊的轧制和热处理工艺制备诸如镍或镍合金的金属带。然后, 专门为这些织构化金属开发了缓冲层技术, 将其用于在镍合金和超导体之间提供一种化学屏障, 同时保持织构特征。即先用电子束蒸发或溅射沉积一层薄薄的钯层。然后通过脉冲激光沉积技术将金属氧化物缓冲层 [例如氧化铈和氧化钇稳定的氧化锆 (YSZ)] 涂覆在基带上。这些氧化物层保持双轴织构并在超导体和金属带之间提供一个化学屏障。这就是准备应用于超导体的 RABiTS^{TM} 衬底。然后, 用脉冲激光沉积技术将高温超导材料 YBCO 沉积在上述经过处理的金属带表面上。最后在其上沉积外延 YBCO 涂层, 该涂层具有高度的织构, 从而可获得所需的高超导电流密度。外延是指 YBCO 涂层的取向与下层衬底的取向相匹配。总之, 第二代 (2G) 高温超导线材由带状衬底构成, 在其上外延沉积一层 $YBa_2Cu_3O_7$ (YBCO) 薄涂层, 从而使 YBCO 的晶粒具有高度取向。这就是制造第二代高温超导线材的基本原理: 采用具有高度织构界面的长的衬底带和具有复制界面织构的外延 YBCO 涂层。这样就制备出具有高电流密度的超导体。

4.2.6 扩散连接

扩散连接是用于连接相同或不相同金属的常用固态处理技术。即在高温下, 原子从彼此接触的清洁的金属表面上相互扩散从而导致结合 (Partridge 和 Ward-Close, 1993; Guo 和 Derby, 1995)。这种技术的主要优点是能够处理多种基体金属, 并能控制纤维的取向和体积分数。其缺点是处理时间长、处理温度和压力高 (这使得工艺成本昂贵), 并受限于形状复杂的产品。扩散连接工艺

有很多变化, 它们都涉及同时施加压力和高温。其中包括:

(1) 箔-纤维-箔工艺: 将基体合金箔或粉末布 (基体粉末和挥发性有机黏结剂的混合物) 和纤维阵列 (复合丝) 按预定顺序堆叠, 如图 4.40 所示。叠层结构是通过真空热压获得的, 以便可进行扩散结合。也可以使用热等静压 (hot isostatic pressing, HIP) 代替单轴压制 (uniaxial pressing) 法。在热等静压中, 包壳中的气体压力使包壳内的复合材料块固结在一起。采用热等静压工艺, 在高温条件下施加高压对几何形状可变的零件相对容易。尽管该工艺也会生产波纹结构, 但显然更适用于扁平形状的产品。

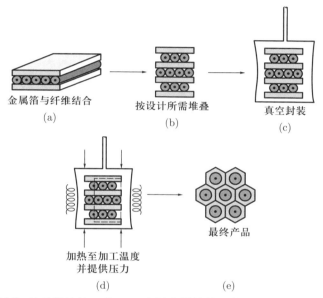

图 4.40　箔-纤维-箔扩散连接工艺: (a) 应用金属箔并切割成形; (b) 铺设所需层; (c) 真空封装并加热至制造温度; (d) 施加压力并保持固化循环; (e) 冷却、移除和清洁零件

(2) 基体涂层纤维工艺: 在这个工艺中, 通过等离子喷涂或某种类型的物理气相沉积 (physical vapor deposition, PVD) 工艺, 将基体材料涂覆在纤维上, 如图 4.41 所示。纤维间距的均匀性更容易控制, 对纤维的处理更容易, 不会产生对纤维强度有害的缺陷。根据纤维的柔韧性, 涂层纤维也可缠绕在滚筒上。由于基体体积分数取决于每根纤维上基体的厚度, 因此可以得到非常高的承载用体积分数 ($\sim$80 vol%)。应该注意的是, 纤维或纤维涂层可能会因高速液滴冲击而发生反应或破坏。

纤维分布对力学性能的控制非常重要。特别是纤维与纤维的接触或纤维之间距离太近而导致非常高的局部应力集中, 这将导致在复合工艺过程中的纤维断裂和基体损伤, 以及在外加载荷下复合材料的过早损伤、断裂和失效。

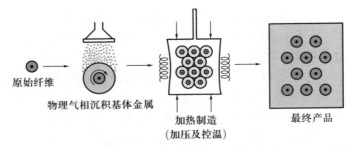

图 4.41　基体涂层纤维工艺通过等离子喷涂或物理气相沉积 (PVD) 工艺将基体材料涂覆在纤维上

4.2.7　爆炸冲击固结

爆炸冲击固结工艺是一种相当新颖的、高应变率的快速凝固技术 (Thadhani, 1988; Thadhani 等, 1991)。在这种技术中, 通过炸药与粉末接触或弹丸高速冲击产生的冲击波, 可以实现粉末的动态压实和合成, 如图 4.42 所示。这

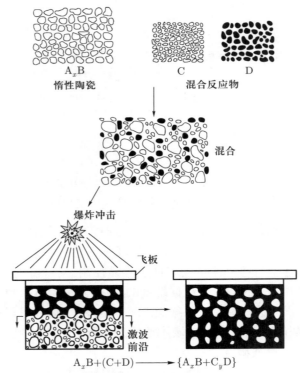

图 4.42　炸药与粉末接触或弹丸高速冲击产生的强大冲击波, 实现粉末的动态压实和合成

种工艺特别适合固化陶瓷或复合材料等硬质材料。图 4.43 展示了 Ti_3Al 颗粒增强 TiB_2 复合材料的光学显微图像。在该复合材料中,Ti_3Al 颗粒与 TiB_2 粉末混合。然后 TiB_2 在 Ti_3Al 颗粒周围形成连续的基体相。

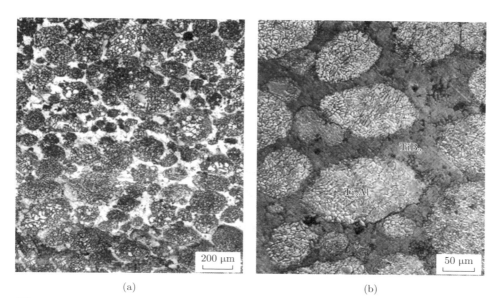

(a)   (b)

图 4.43 Ti_3Al 颗粒增强 TiB_2 复合材料的光学显微图像 (Thadhani 等, 1991)。Ti_3Al 颗粒与 TiB_2 粉末混合, 在 Ti_3Al 颗粒周围形成连续的基体相: (a) 低倍放大图; (b) 显示相位的高倍放大图

4.3 气态工艺

4.3.1 物理气相沉积

等离子喷涂是气态工艺的首要形式。如前所述, 等离子喷涂的主要应用是制备基体涂层纤维, 随后热压形成最终产品。此外, PVD 涂层制备叠层复合材料, 尤其是纳米级的层压复合材料, 已经取得很大的成功。PVD 工艺 (特别是基于溅射沉积的工艺) 为制造具有特定化学性质、结构、单层及界面厚度的纳米层状微观结构提供了一种相当广泛的可能性。其他重要的 PVD 工艺参数包括反应沉积 (Ji 等, 2001)、等离子辅助沉积 (O'Keefe 和 Rigsbee, 1994) 和衬底加热 (Misra 等, 1998)。

一些金属/金属层状体系, 如 Ni–Cu 和 Ni–Ti, 已经通过溅射沉积工艺在纳米尺度上取得了成功 (Misra 等, 1998; Misra 和 Nastasi, 1999)。图 4.44 显示了双层间隔为 5 nm 的纳米级 Cu–Ni 多层膜的例子 (Misra 等, 1998)。请注意其清晰的分层结构。相应的选区电子衍射图像 (插图) 显示了面心立方 Cu 和面心立方 Ni 之间 <001> 的生长方向和平行取向关系。控制内在残余应力是采用 PVD 方法合成纳米层压材料的一个挑战。一些对残余应力的控制是通过高能粒子轰击 (无论是原位还是用离子源后沉积) 来实现的。在磁控溅射的情况下, 负衬底偏压可能足以将残余应力从拉伸应力变为压缩应力 (Misra 和 Nastasi, 1999)。对于溅射的 150 nm 厚的铬膜, 用低轰击能量沉积的薄膜会产生拉伸残余应力并形成具有纳米级柱状孔隙/裂纹的微观结构。另一方面, 负偏压下溅射同一材料会产生一种纳米晶薄膜, 该纳米晶薄膜具有等轴晶粒结构和接近零的残余应力, 因此无晶间孔隙。

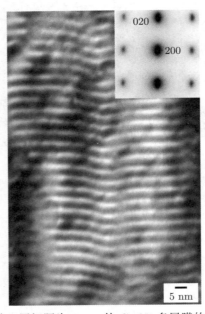

图 4.44　PVD 法制备的双层间隔为 5 nm 的 Cu-Ni 多层膜的 TEM 图像 (由 Misra A. 提供)。注意其清晰的分层结构

　　虽然金属/金属体系呈现出高的强度, 但金属/陶瓷体系具有结合陶瓷和金属两者优良性能的优势 (Chou 等, 1992; He 等, 1998; Meartini 和 Hoffman, 1993; Ding 等, 1995; Deng 等, 2005; Chawla 等, 2008)。人们对 Al–SiC 和 Al–Al$_2$O$_3$ 等体系进行了研究。Deng 等 (2005) 利用射频磁控溅射沉积法制备了纳米层状 Al–SiC 复合材料。Al 和 SiC 的沉积速率如图 4.45 所示。值得注意的是, 由于碳化硅的硬度较高, 对于给定的电子束能量, 从衬底上去除碳化硅原子更为困难, 导致其沉积速率比 Al 低。图 4.46 显示了 Al–SiC 纳米层复合材料的微观结构, 界面结合良好, 各层相对平坦。

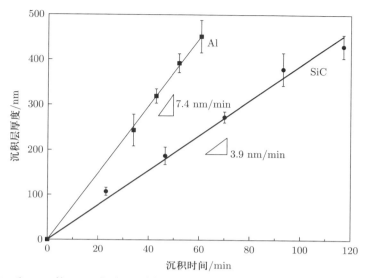

图 4.45　Al 和 SiC 的 PVD 沉积层厚度与沉积时间的关系 (Deng 等, 2005), 由于 SiC 较硬, 沉积速率较低

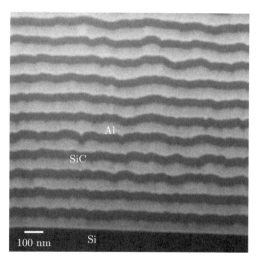

图 4.46　Al/SiC 纳米层复合材料微观结构的 SEM 图像 (Chawla 等, 2008), 这些层的厚度约为 50 nm。界面结合良好, 各层相对平坦

参考文献

Aghajanian M. K., Burke J. T., White D. R., and Nagelberg A. S. (1989) SAMPE Quarterly, 34, 817–823.

Anderson I. E., and Foley J. C. (2001) Surf. Int. Anal., 31, 599–608.

Chawla K. K. (1991) in Metal Matrix Composites: Mechanisms and Properties (R.K. Everett and R.J. Arsenault, eds.) Academic Press, New York, pp. 235–253.

Chawla K. K., and Godefroid L. B. (1984) Proceedings of the 6th International Conference on Fracture, Pergamon Press, Oxford, U.K., p. 2873.

Chawla K. K. (2012) Composite Materials: Science and Engineering, 3rd ed., Springer, New York.

Chawla N., Andres C., Jones J. W., and Allison J. E. (1998) Metall. Mater.Trans., 29A, 2843.

Chawla N., Williams J. J., and Saha R. (2003) J. Light Metals, 2, 215–227.

Chawla N., Singh D. R. P., Shen Y. -L., Tang G., and Chawla K. K. (2008) J. Mater. Sci., 43, 4383–4390.

Chou T. C., Nieh T. G., Tsui T.Y., Pharr G.M., and Oliver W.C. (1992) J. Mater. Res., 7, 2765–2773.

Christodolou L., Parrish P. A., and Crowe C. R. (1988) Mat. Res. Soc. Symp. Proc., 120, 29.

Cisse J., and Bolling G. F. (1971) J. Cryst. Growth, 11, 25–28.

Cole G. S., and Bolling G. F. (1965) Trans. Metall. Soc. AIME, 233, 1568–1572.

Deng X., Cleveland C., Karcher T., Koopman M., Chawla N., and Chawla K.K. (2005) J. Mater. Eng. Perf., 14, 417–423.

Deng X., Patterson B. R., Chawla K. K., Koopman M. C., Fang Z., Lockwood G., and Griffo A. (2001) Int. J. Refrac. Metals & Hard Mater., 19, 547–552.

Ding Y., Northwood D. O., and Alpas A. T. (1995) Mater. Sci. Forum, 189, 309–314.

Dirichlet G. L. (1850) J. Reine Angew. Math. 40, 209–227.

Divecha A. P., Fishman S. G., and Karmarkar S. D. (Sept. 1981) J. Metals, 9, 12.

Einstein A. (1906), A. Ann. Phys. 19: 289.

Estrada J. L., Duszczyk J., and Korevaar B. M. (1991) J. Mater. Sci., 26, 1631–1634.

Ganesh V. V., and Chawla N. (2004) Metall. Mater. Trans., 35A, 53–62.

Ganesh V. V., and Chawla N. (2005) Mater. Sci. Eng., A391, 342–353.

Ghosh A. K. (1993) in Fundamentals of Metal Matrix Composites, Butterworth-Hinemann, Stoneham, MA, pp. 3–22.

Goyal A., Norton D. P., Christen D. K., Specht E. D., Paranthaman M., Kroeger D. M., Budai J. D., He Q., List F.A., Feenstra R., Kerchner H. R., Lee D. F., Hatfield E., Martin P. M., Mathis J., and Park C. (1996) Appl. Supercon., 4, 403–427.

Goyal A., Feenstra R., List F. A., Norton D. P., Paranthaman M., Lee D. F., Kroeger D. M., Beach D. S., Morell J. S., Chirayil T. G., Verebelyi D. T., Cui X., Specht E. D., Christen D. K., and Martin P.M. (1999) JOM, July, 19–23.

Guo Z. X., and Derby B. (1995) Prog. Mater. Sci., 39, 411–495.

Guth E., Simha, R. (1936) Kolloid Z., 74 (3): 266.

He J. L., Li W. Z., Li H. D., and Liu C. H. (1998), Surf. Coatings Tech., 103, 276–280.

Helinski E. J., Lewandowski J. J., Rodjom T. J., and Wang P. T. (1994) in World P/M Congress, vol.7, (C. Lall and A. Neupaver, eds.), Metal Powder Industries Federation, Princeton, NJ, pp. 119–131.

Humphreys F. J., Miller W. S., and Djazeb M. R. (1990) Mater. Sci. Tech., 6, 1157–1166.

Hunt W. H., Osman T. M., and Lewandowski J. J. (Mar. 1991) JOM, 43, 30–35.

Hunt W. H. (1994) in Processing and Fabrication of Advanced Materials, The Minerals and Metal Materials Society, Warrendale, PA., pp. 663–683.

James W. B. (1985) Int. J. Powder Metall., 21, 163.

Ji Z., Haynes J. A., Ferber M. K., and Rigsbee J.M. (2001) Surf. Coatings Tech., 135, 109–117.

Katsura M. (1982) Japan Pat. 57–25275.

Kim J. K., and Rohatgi P. K. (1999) Metall. Mater. Trans., 29A, 351–358.

Kim Y. W., Griffith W. M., and Froes F. H. (1985) J. Metals, 37, 27–33.

Kitano T., Kataoka, T., and Shirota, T. (1981) Rheologica Acta, 20 (2): 207.

Kowalski L., Korevaar B. M., and Duszczyk J. (1992) J. Mater. Sci., 27, 2770–2780.

Lavernia E. J., Ayers J. D., and Srivatsan T. S. (1992) Int. Mater. Rev., 37, 1–44.

Lewandowski J. J., Liu C., and Hunt W. H. (1989) Mater. Sci. Eng., A107, 241–255.

Liu Y. L., Hansen N., and Jensen D. J. (1989) Metall. Trans., 20A, 1743–1753.

Lloyd D. J. (1989) Comp. Sci. Tech., 35, 159–179.

Lloyd D. J. (1994) Int. Mater. Rev., 39, 1.

Lloyd D. J. (1997) in Composites Engineering Handbook (P.K. Mallick, ed.), Marcel Dekker, New York, pp. 631–669.

Logsdon W. A., and Liaw P. K. (1986) Eng. Frac. Mech., 24, 737–751.

McLean M. (1983) Directionally Solidified Materials for High Temperature Service, The Metals Soc., London.

Martin Marietta Corp., U.S. Patent, 4,710,348 (1987).

Manoharan M., Ellis L., and Lewandowski J. J. (1990) Scripta Met. et Mater., 24, 1515–1521.

Meartini G. T., and Hoffman R. W. (1993) J. Elec. Mater., 22.

Mehrabian R., Riek R. G., and Flemings M. C. (1974) Metall. Trans., 5, 1899–1905.

Michaud V. C. (1993) in Fundamentals of Metal Matrix Composites, Butterworth-Heinneman, Stoneham, MA, pp. 3–22.

Misra A., Verdier M., Lu Y. C., Kung H., Mitchell T. E., Nastasi M., and Embury J.D. (1998) Scripta Mater., 39, 555.

Misra A., and Nastasi M. (1999) J. Mater. Res., 14, 4466.

Mortensen A., and Jin I. (1992) Inter. Mater. Rev., 37, 101–128.

Nourbakhsh S., Loang F. L., and Margolin H. (1990) Metall. Trans., 21A, 213.

O'Keefe M. J., and Rigsbee J. M. (1994) J. App. Polymer Sci., 53, 1631–1638.

Partridge P. G., and Ward-Close C. M. (1993) Int. Mater. Rev., 38, 1–24.

Pennander L., and Anderson C. -H. (1991) in Metal Matrix Composites–Processing, Microstructure and Properties, 12 th Riso Int. Symp. On Materials Science, (N. Hansen et al., eds.) 575.

Potschke J., and Rogge V. (1989) J. Cryst. Growth, 94, 726–738.

Saha R., Morris E., Chawla N., and Pickard S. M. (2000) J. Mater. Sci. Lett., 337–339.

Sahoo P., and Koczak M. J. (1991) Mater. Sci. Eng., A144, 37–44.

Sandhage K. H., Riley, Jr. G. N., and Carter W. L. (Mar. 1991) J. Miner. Metal. Mater. Soc., 43, 21.

Shangguan D., Ahuja S., and Stefanescu D. M. (1992) Metall. Trans., 23A, 669–680.

Shekhar J. A., and Trivedi R. (1989) Mater. Sci. Eng., A114, 133–146.

Shekhar J. A., and Trivedi R. (1990) in Solidification of Metal Matrix Composites, P. Rohatgi, ed., TMS, pp. 23.

Spowart J. E., Maruyama B., and Miracle D. B. (2001), Mater. Sci. Eng., A307, 51–66.

Srivatsan T. S., and Lavernia E. J. (1992) J. Mater. Sci., 27, 5965.

Stefanescu D. M., Dhindaw B. K., Kakar A. S., and Mitra A. (1988) Metall. Trans., 19A, 2847–2855.

Thadhani N. N. (1988) Adv. Mater. Manuf. Proc., 3, 493–549.

Thadhani N. N., Chawla N., and Kibbe W. (1991) J. Mater. Sci., 26, 232–240.

Tham L. M., Gupta M., and Cheng L. (2002) Mater. Sci. Eng., 326, 355–363.

Thomas D. G. (1965) J. Colloid. Sci., 20, 267.

Trivedi R., Han S. H., and Shekhar J. A. (1990) in Solidification of Metal Matrix Composites, P. Rohatgi, ed., TMS, p. 23.

Uhlmann D. R., Chalmers B., and Jackson K. A. (1964) J. Appl. Phys., 35, 2986–2993.

Williams J. J., Piotrowski G., Saha R., and Chawla N. (2002) Metall. Mater. Trans., 33A, 3861–3869.

Yang N., Boselli J., and Sinclair I. (2001) J. Micros., 201, 189–200.

第 5 章
界面

　　界面是一个非常通用的术语, 用于不同科学和技术领域, 表示两个实体相遇的位置。在复合材料中, 界面一词是指增强体和基体之间的边界面, 在该界面上, 化学成分、弹性模量、热膨胀系数 (coefficient of thermal expansion, CTE) 和热力学性质 (化学势) 等参数产生不连续性。界面 (纤维/基体或颗粒/基体) 在各种复合材料中非常重要。这是因为在大多数复合材料中, 单位体积的界面面积非常大。此外, 在大多数金属基复合材料 (metal matrix composite, MMC) 中, 增强体和基体不是热力学平衡的体系, 即存在界面反应的热力学驱动力, 这将导致系统能量的降低。所有这些因素使得界面对复合材料的性能有非常重要的影响。

　　从数学上讲, 界面是一个二维边界。实际上, 界面是一个有限厚度的区域, 可能由多层组成。多层边界区域在组件最初聚集在一起的高温下处于平衡状态。而在任何其他温度下, 由于各层的 CTE 失配, 在边界区域内都会存在复杂的应力场。这些应力将与弹性模量的差异、热膨胀系数的差异以及平衡 (或初始) 温度和最终温度之间的温差幅度成正比。从热力学角度来看, 边界区域的相将会趋向于发生变化, 从而使系统的自由能最小化。这可能涉及位错的产生、晶界迁移、裂纹成核和/或扩展。金属基复合材料中理想的界面应促进润湿, 并将增强体和基体结合到理想的程度。界面应保护陶瓷增强体,并允许载荷从软金属基体传递到强增强体上。

除了成分参数,我们还需要考虑一些表征界面区的其他参数,例如几何形状和尺寸,微观结构和形态,以及界面区中可能存在的不同相的力学、物理、化学和热特性。最初,复合材料系统的组分是根据它们的力学和物理特性来单独选择的。当把两种组分结合在一起制成一种复合材料时,这种复合材料很少是处于一个热力学平衡的系统中。很多时候,两种组分之间会存在一种产生几种界面反应的驱动力,导致复合体系达到一种热力学平衡状态。当然,热力学信息如相图可以帮助预测复合材料的最终平衡状态。关于反应动力学的数据,例如,一种成分在另一种成分中的扩散率,可以提供关于该体系趋于达到平衡状态的速率的信息。在缺乏热力学和动力学数据的情况下,必须进行实验研究,以确定各组分的相容性。

在本章中,我们首先描述了一些与金属基复合材料中界面相关的重要概念、金属基复合材料中的结合类型以及各种体系的实例,然后介绍了一些确定界面力学性能的试验。

5.1　界面的结晶性质

用晶体学术语来说,可以把两个晶相之间的界面描述为共格、半共格或非共格的。共格界面意味着界面两侧晶格平面之间的一一对应。任何两相的晶格常数都不可能完全相同。因此,为了保证跨越界面 (共格界面) 的晶格面的连续性,由于两相点阵面的应变,将导致形成一些与界面相关联的共格畸变。通常,在一些沉淀物和金属基体之间可观察到这种共格界面,其两相晶格常数的错配度非常小。例如,Al–Li 体系中 Al_3Li 沉淀物与铝基体相就是共格的。另一方面,非共格界面由相当无序的原子组成,以至于在边界上不发生晶格面的匹配,即在界面上不保持晶格面的连续性。因此,非共格边界或界面没有共格畸变,但是与这种界面相关的相当无序的原子造成与界面边界相关的能量很高。存在一种介于共格和非共格之间的情况,即我们可称之为半共格界面。半共格界面在相之间有一些晶格失配,这可以通过在界面引入位错来调节。从晶体学角度来看,人们在纤维、晶须或颗粒增强的金属基复合材料中遇到的大多数界面都是非共格的高能界面。因此,它们可以作为有效的空位阱,并提供快速扩散路径、偏析位置、不均匀沉淀位点以及无沉淀区位置。但是对于共晶复合材料和 XD 型颗粒复合材料的界面可能是例外,这两种复合材料的颗粒是通过放热反应的方式分散到金属基体中的,故其界面是半共格的。

5.2 润湿性

润湿性是指一种液体在一种固体表面铺展的能力。图 5.1 是液体在固体衬底上停留的两种情况。系统中存在三种比能量 (单位面积的能量): 固–气界面能 γ_{SV}、液–固界面能 γ_{LS}、液–气界面能 γ_{LV}。这里需要指出的是,表面张力这个量也用来表示表面能, 虽然严格来说, 表面能更适合用于固体的量。当把一滴液滴放在固体衬底上时,一个液–固界面和一个液–气界面就取代了一部分固-气界面。在热力学上, 如果能导致系统自由能的减少, 则液体将发生铺展, 即

$$\gamma_{SL} + \gamma_{LV} < \gamma_{SV}$$

图 5.1 定义了这些概念。关于润湿性的一个重要参数是接触角, 它是一个系统润湿性的量度。从水平方向上的力的平衡, 可以得出

$$\gamma_{SL} + \gamma_{LV} \cos\theta = \gamma_{SV}$$

$$\theta = \cos^{-1}\left(\gamma_{SV} - \gamma_{SL}\right)/\gamma_{LV}$$

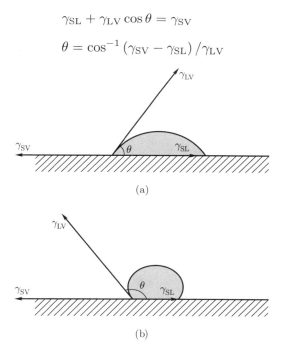

图 5.1　接触角 θ 是系统润湿性的一种量度, 由三种表面能之间的相互作用来定义: 固体–液体界面能 γ_{SL}, 固体–蒸气界面能 γ_{SV}, 液体–蒸气界面能 γ_{LV}

根据此式, 当 $\theta = 0°$ 时, 完全润湿; 当 $\theta = 180°$ 时, 完全不润湿。当 $0° < \theta < 180°$ 时, 局部润湿。需要注意的是, 一个给定系统的接触角会随温度、化学计量比、接触时间、界面反应、被吸附气体、基体的粗糙度和几何形状等变化。

值得强调的是, 润湿性仅描述液体和固体之间的密切接触的程度, 并不一定意味着界面上有强的化学结合。润湿性良好的两界面, 可能只存在一个低能量的弱物理结合。低接触角意味着良好的润湿性, 是强黏结的必要条件但不是充分条件。熔融金属对陶瓷增强体复合材料的润湿性对金属基复合材料的液态制体工艺非常重要。可以通过改变液体基体的成分来改变接触角, 从而改变其界面能的值。固体基体粗糙度的影响可以用 r 来评估, 定义为

$$r = \frac{真实表面面积}{平均平面面积}$$

一般来说, 当 $\theta < 90°$, 润湿性随粗糙度的增加而提高; 当 $\theta > 90°$ 时, 润湿性随粗糙度的增加而下降。

5.3　键的类型

在金属基复合材料中, 界面上有两种重要的结合类型:

(1) 机械结合 (mechanical bonding);

(2) 化学结合 (chemical bonding)。

下面给出了机械和化学结合的简要说明, 以及各种金属基复合材料系统的例子。

5.3.1　机械结合

大多数纤维具有由其制造工艺所产生的特征表面粗糙度或织构。此外, 当纤维引入基体制成复合材料时, 反而会使界面变得粗糙。基体与高低起伏的增强体表面 (由于粗糙度) 间的机械黏附是所有复合材料中界面的一个重要但通常被忽略的问题。结果表明, 界面粗糙度引起的机械结合在各种复合材料中都是非常重要的。重要的是要认识到, 只有当液体基体润湿增强体表面时, 增强体的这种表面粗糙程度才有助于结合。如果液体基体 (聚合物、金属或陶瓷) 不能渗透纤维表面的粗糙处, 那么基体在凝固时会留下界面空隙。在机械结合中, 界面粗糙度是一个非常重要的参数, 它转而由纤维表面粗糙度控制。顺带说明一下, 三种类型复合材料之间存在一些关键差异。在聚合物基复合材料 (polymer matrix composite, PMC) 和金属基复合材料中, 除希望有化学结合之外, 同时还希望有机械结合。在陶瓷基复合材料 (ceramic matrix composite, CMC) 中, 希望是机械结合而不是化学结合。而在纤维增强复合材料中, 机械结合主要是在纵向或纤维方向上有效。而与纤维垂直的横向上, 只会有很小的影响。

两表面之间的机械黏合可以导致它们之间的结合, 并且机械黏合在金属基复合材料中非常重要。理想的、平滑的界面只是一种理想化概念。真实复合材

料中的界面总是粗糙的，存在互锁现象。界面粗糙度只能被控制到一定程度，但总存在一些机械结合。考虑由陶瓷增强体和金属基体制成的金属基复合材料的情况，可以发现金属通常比陶瓷具有更高的 CTE。再考虑从加工温度冷却期间纤维径向上的可能出现的情况，发现从高温冷却时，复合材料中的金属基体比陶瓷纤维的径向收缩更大。这将导致即使在没有任何化学结合的情况下，基体通常也能机械地抓紧纤维。通过液体流动或高温扩散，基体渗透到纤维表面缝隙，这有助于机械结合。径向夹持应力 (radial gripping stress)σ_r 与界面剪切强度 τ_i 的关系式如下：

$$\tau_i = \mu \sigma_r$$

式中，μ 是摩擦系数，通常在 0.1 和 0.6 之间。一般来说，与化学结合相比，机械结合是低能量结合。

将基体机械黏合到增强体的气孔和粗糙表面中，这就形成机械结合。因此，表面粗糙度是机械结合的重要因素。然而，只有当液体基体润湿增强体表面时，粗糙度诱发的机械结合才会起作用。如果熔融金属基体不能渗透凹凸不平的纤维表面，那么基体就会凝固并留下界面孔隙！典型的例子有各种金属中的碳纤维和铝中的 Al_2O_3 纤维，均为机械结合。通过用硝酸对碳纤维表面进行化学处理可改善与碳纤维的机械结合。这称为氧化，可使纤维的比表面积增加。

我们举两个例子来说明机械夹持效应 (mechanical gripping effect) 在金属基复合材料中的重要性。Hill 等 (1969) 通过实验证实了铝基复合材料中钨丝上存在这种效应，而 Chawla 和 Metzger (1978) 观察到了 Al_2O_3/Al 界面的机械夹持效应。Hill 等沿着钨丝部分长度方向进行蚀刻以产生粗糙的界面。然后用真空液态金属浸渗技术将钨丝复合到铝基体中。他们通过复合材料的纵向拉伸实验评估了 3 种界面情况。在第一种情况下，使用未蚀刻的纤维，产生了光滑的界面，并在铝基体和钨纤维之间形成化学结合，从而获得高强度复合材料。在第二种情况下，他们在纤维涂覆了一层石墨层，石墨阻挡层阻止了反应的发生，使得两界面间没有化学结合，并且由于存在光滑界面，而几乎没有机械结合，因此复合材料的最终强度非常低。在第三种情况下，他们对钨丝进行蚀刻，并涂覆了一层石墨层。在这种情况下，虽然没有反应结合，但由于蚀刻产生了粗糙表面，存在机械黏合效应。结果表明，机械结合将复合材料的强度恢复到界面上有化学结合反应所达到的水平。Chawla 和 Metzger (1978) 比较了从铝到氧化铝的载荷转移与界面粗糙度的关系。他们选择抛光后的铝表面和粗糙的铝表面为研究对象，通过蚀坑引入粗糙度，通过阳极氧化铝电极制备氧化铝。当这种复合材料被拉伸时，裂纹出现在垂直于加载方向的氧化铝中。图 5.2 展示了线性裂纹密度数值 (每单位长度的裂纹数) 是氧化铝/铝复合材料在不同界面粗糙度下的应变关系。实心圆代表抛光衬底或光滑界面，实心正方点代表陡

峭的蚀坑 (10^6 个坑/cm^2) 或粗糙界面。不论是在具有粗糙界面还是光滑界面的复合材料中, 氧化铝中的裂纹在大致相同的应变下首先出现, 且裂纹密度最初都以相同的速率增加。然而, 对于光滑界面, 裂纹密度在基体中 8 ％应变以上保持不变; 而对于粗糙界面, 应变超过该值后裂纹密度继续增加, 即在粗糙界面下, 从铝到氧化铝的载荷转移优于光滑界面。因此, 粗糙界面处的机械结合对从软的铝基体到硬的氧化铝之间的载荷转移起到极其重要的作用。

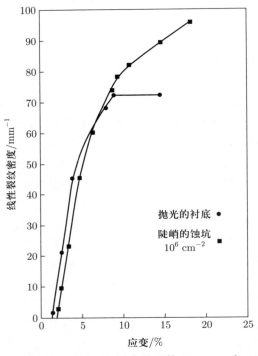

图 5.2　铝到氧化铝的载荷转移是界面粗糙度的函数 (Chawla 和 Metzger, 1978)。对于光滑界面, 裂纹密度在基体应变的 8% 以上保持恒定, 而对于粗糙界面, 超过该值后裂纹密度继续增加, 即在粗糙界面的情况下, 铝到氧化铝的载荷转移继续增加直到更高的应变值

粗糙度测量技术

　　在拉丝的过程中, 大多数纤维的表面印痕或条纹起源于喷丝头的表面边缘或模具的边缘。因此, 产生表面粗糙度的根源在于纤维的加工。这种粗糙度的特征是表面高度有相当接近和不规则的变化, 致使在一个假想的平均表面线附近出现波峰和波谷。有一整套可用于测量表面粗糙度的技术。如在机械轮廓仪中, 金刚石针在表面上滑动, 并记录针的上下运动。原子

力显微镜 (atomic force microscope, AFM) 可以提供比任何传统技术更强大的空间分辨率。最好的机械轮廓仪可以分辨低至 0.1 μm 的表面高度变化, 而 AFM 可以分辨小至 1 nm 的表面高度变化。

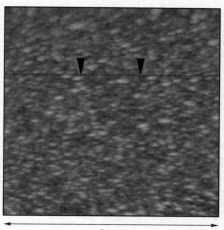

5 μm

扫描隧道显微镜 (scanning tunneling microscope, STM) 可用于表征导电表面。当电极以光栅模式扫描表面时, STM 检测表面和电极 (W 或 Pt) 之间电子的量子力学隧穿电流的变化。隧穿电流的大小随着电极和表面之间的距离而减小, 这可以用来提供关于表面形貌的信息。AFM 可以表征几乎任何材料, 包括电绝缘材料, 如玻璃或陶瓷。通常在微悬臂的末端使用硅或氮化硅针尖。此针尖和表面之间的原子力 (范德瓦耳斯力或静电力) 使微旋臂偏转, 偏转随距离表面的距离而减小。

波峰处的偏转较高, 波谷处的偏转较低。来自激光二极管的激光束通过光杠杆检测系统从悬臂的背面反射回来。传统上, 基于触针的表面光度仪可提供一个方向的高度信息。在这点上, AFM 可以被认为是一种高倍数轮廓仪, 具有较高的垂直和横向分辨率。AFM 由微处理器控制, 提供各种基于计算机的表面形貌图像。例如, 可以获得灰度图像, 其中 x 和 y 数据来自水平轴和垂直轴, 而 z 数据用于给出灰度。灰度是一种线性标度, 其中点的亮度与其高度成比例。较亮的点对应于较高的高度, 而较暗的点对应于表面上较低的高度。然后可以在灰度图像上画一条线, 并显示对应于该线的表面形貌轮廓。下图显示了 Nicalon 纤维表面的 AFM 图像, 以及与 AFM 图像中箭头之间的线相对应的粗糙度轮廓。

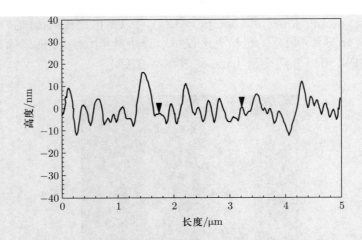

另一种可能是表面的三维表征,其中高度是通过沿垂直轴叠加灰度并将显示器旋转到一个方便的观看角度来表征的。Nicalon 纤维表面的三维图像如下图所示。通过添加计算机生成的光源来投射阴影,可以进一步增强三维效果。这称为照明模式,这里没有展示。

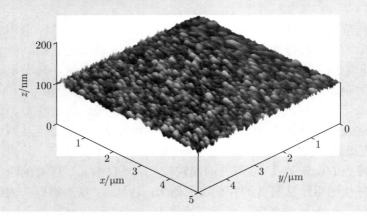

5.3.2　化学结合

因为扩散和化学反应动力学在高温下更快,所以金属基复合材料中的陶瓷/金属界面通常在高温下形成。要了解化学反应产物,以及它们的性质 (假如可能的话), 就必须了解反应的热力学和动力学, 以便控制工艺过程并获得最佳性能。

金属基复合材料中的化学结合包括通过扩散的原子交换。因此, 化学结合包括在界面处形成固溶体和/或化合物, 它可能导致形成包含固溶体的界面区和/或具有一定厚度的增强体/基体的界面反应区。

对于具有平面界面的无限扩散偶中的扩散控制生长, 有以下重要关系:

$$x^2 \approx Dt$$

式中, x 是反应区的厚度; D 是扩散系数; t 是时间。扩散系数与温度呈指数关系:

$$D = D_0 \exp[-\Delta Q/(kT)]$$

其中, D_0 是指数前常数, ΔQ 是速率控制过程的激活能; k 是玻尔兹曼常量; T 是温度, 单位为开尔文。严格地说, 对于包含小直径圆柱形纤维的复合材料, 由于扩散距离非常小, 无限扩散偶的假设是不成立的。然而, 作为一个近似, 可以将表达式写为

$$x^2 \approx Bt$$

其中, B 是一个赝扩散常数, 具有扩散系数的量纲, 即 $m^2 \cdot s^{-1}$。对于反应区厚度相比于纤维间距较小的复合材料, 可以使用这种近似关系。在这些条件下, 可以使用阿伦尼乌斯 (Arrhenius) 型关系:

$$B = A \exp[-\Delta Q/(kT)]$$

式中, A 是指数前常数。在给定的温度范围内, 根据 $\ln B$ 与 $1/T$ 的关系图可求得纤维/基体反应的激活能 ΔQ。反应区厚度与时间平方根的关系表明体积扩散的作用。图 5.3 示意地显示了温度对反应区厚度的影响随时间平方根的变化。随着温度的升高, 曲线的斜率增大。

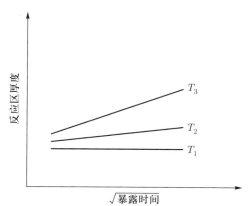

图 5.3 3 种不同温度下, $T_3 > T_2 > T_1$ 下, 纤维和基体之间反应区厚度随热暴露时间平方根变化的示意图

大多数金属基复合材料系统在热力学意义上是非平衡系统; 也就是说, 在纤维/基体界面上存在化学势梯度。这意味着, 在良好的动力学条件下, 也就是

在足够高的温度或足够长的时间下, 组分之间将发生扩散和/或化学反应。液态金属和增强体之间的长时间接触会导致显著的化学反应, 这可能会对复合材料的性能产生不利影响。例如, 熔融铝可与碳纤维反应生成 Al_4C_3 和 Si, 其反应式如下:

$$4Al + 3SiC \longleftrightarrow Al_4C_3 + 3Si$$

这个反应如双箭头所示, 可以向左或向右进行。当反应向右进行时, 它将 Si 注入熔融 Al 中, 这会产生重要的后果。基体合金成分的变化就是其中之一。铝合金中硅的加入也降低了合金的熔点, 事实上也将形成一个糊状区。反应动力学, 即反应时间和温度, 将控制硅的含量, 以防止反应的发生。在基体中加入高含量的硅, 例如 10% 的硅, 可以阻止该反应向右进行。这就是只有高硅铝合金才适合碳化硅颗粒通过铸造工艺制备复合材料的原因。Al_2O_3 在纯熔融铝中是稳定的。但在铝合金中, 它会与镁反应, 镁是铝中常见的合金元素。Mg 和 Al_2O_3 之间可以发生如下反应:

$$3Mg + Al_2O_3 \longleftrightarrow 3MgO + 2Al$$

$$3Mg + 4Al_2O_3 \longleftrightarrow 3MgAl_2O_4 + 2Al$$

在基体中 Mg 含量较高的氧化铝增强铝基复合材料中, MgO 易在界面处生成, 而当 Mg 含量较低时, 易产生尖晶石 ($MgAl_2O_4$)。(Pfeifer 等, 1990)

图 5.4 为氧化铝纤维与镁基体之间反应区的透射电子显微形貌, 此复合材料由液态金属浸渗工艺制备。因某种反应形成的界面层通常具有不同于任何一种组分的特性, 然而, 有时为了获得纤维和基体之间的强结合, 需要在界面处形成一定量的反应, 而反应层过厚会对复合材料的性能产生不利影响。

基体合金成分的重要性再怎么强调都不为过。例如, 在纯 Mg 基体中, SiC 颗粒是稳定的, 在界面处没有观察到反应。而在以铝和硅为主要合金元素的镁合金中, Al 和 SiC 之间会发生如上所述的界面反应。这样的反应会形成不良的 Al_4C_3, 并将 Si 引入基体中, 进而与 Mg 反应生成 Mg_2Si。另一个重要的复合材料体系是由 SCS–6 型碳化硅纤维和钛合金 (Ti–6Al–4V) 基体所组成, 此时其界面反应产物包括 TiC 和 Ti_xSi_y (Gabryel 和 McLeod, 1991)。

表 5.1 中总结了一些重要的金属基复合材料的界面反应产物。对在给定复合体系中形成的反应产物的结构和性质的理解是很重要的, 因为它们是决定复合材料最终性能的关键因素。例如, 碳纤维增强铝基复合材料在 700 ℃ 时会生成一种非常脆的金属间化合物 Al_4C_3, 此外它对环境湿度也非常敏感。而这种脆的金属间化合物会导致复合材料的灾难性失效, 因此避免在界面处形成这种脆性相是非常必要的。

图 5.4 连续纤维 α–Al_2O_3(F)/Mg 合金 (ZE41A) 基体 (M) 的界面透射电子显微明场相 (bright field, BF) 图像。RZ 表示界面反应区

表 5.1 一些重要金属基复合材料中的界面反应产物

增强体	基体	反应产物
SiC	Ti 合金	TiC, Ti_5Si_3
	Al 合金	Al_4C_3
Al_2O_3	Mg 合金	$MgO, MgAl_2O_4$(尖晶石)
Al_2O_3	Al 合金	无
B	Al 合金	AlB_2
ZrO_2	Al 合金	$ZrAl_3$
C	Al 合金	Al_4C_3
C	Cu	无
W	Cu	无
NbTi	Cu	无
Nb_3Sn		
各种氧化物	Ag	无

5.3.3 由于热失配导致的界面相互作用

复合材料中的热应力是由组成复合材料的各组分的热膨胀系数失配产生的。组分弹性常数的失配加剧了这一问题。在纤维增强复合材料中, 如果基体的热膨胀系数高于纤维的热膨胀系数, 高温冷却后会产生径向压缩, 即基体将对纤维形成夹持。基体对纤维的径向夹持会增加界面的强度, 从而增加复合材料的脆性倾向。这将导致纤维脱黏和拉出等有利于增强材料韧性有关的现象难以实现。

通常, 复合材料的制造过程会涉及界面相互作用, 从而导致组分性质和/或界面结构的变化。例如, 如果制造过程涉及从高温冷却到环境温度, 那么两个组分的膨胀系数的差异会导致大的热应力, 以致较软的组分 (通常是基体) 发生塑性变形。Chawla 和 Metzger (1972) 在钨增强单晶铜基体 (非反应组分) 中观察到, 在约 1100 ℃ 下将液态铜渗入钨纤维, 然后冷却到室温, 导致界面附近的铜基体中的位错密度比远离界面的高得多。界面附近基体中的高位错密度是由于界面附近的高热应力引起基体塑性变形导致的。其他研究人员在铝基体 SiC 晶须体系 (Arsenault 和 Fisher, 1983) 和铝基体短氧化铝纤维复合材料 (Dlouhy 等, 1998) 中观察到了类似的结果。如果采用粉末冶金工艺, 粉末表面的性质将影响界面的相互作用。例如, 粉末表面的氧化膜会影响其化学性质。各组分的形貌特征也会影响各组分之间可获得的原子接触程度。这可能导致界面上的几何不规则 (例如, 凸起和孔隙), 这可能是应力集中的来源。

5.4　界面黏结强度的测定

一旦选择了复合材料的基体和增强体, 界面区域的特征集合在决定复合材料的最终性能方面有着极其重要的作用。因此对界面区域进行全面的微观结构和力学性能表征是非常重要的。为达到此目的, 可以使用各种复杂的技术。对基体和增强体之间界面结合强度的定量测量是非常重要的。下面我们将介绍一些测量界面结合强度的重要技术。

5.4.1　弯曲测试

弯曲试验很容易实施, 但它们不能给出界面强度的真实测量值。以下我们将介绍几种弯曲试验。

(1) 横向弯曲试验。

纤维与样品边长垂直排列的三点弯曲试验构型称为横向弯曲试验。纤维有两种可能的排列方式, 一种是纤维平行于样品的宽度方向排列, 另一种是纤维垂直于纤维束的宽度方向排列。在任何一种试验构型下, 断裂都会发生在样品受拉伸应力作用的最外表面, 因此会使纤维/基体界面受到拉伸, 从而易于对纤维/基体界面的抗拉强度进行测量。这个横向弯曲强度为

$$\sigma = \frac{3PS}{2bh^2} \tag{5.1}$$

式中, P 是施加的载荷; S 是载荷跨度; b 是样品宽度; h 是样品高度。

(2) 纵向弯曲试验或短梁剪切试验。

该试验也被称为层间剪切强度 (inter laminar shear strength, ILSS) 试验。在该测试中, 纤维排列平行于三点弯曲杆的长度方向。在这种试验中, 最大剪应力 τ 出现在中间平面, 由式 (5.2) 给出:

$$\tau = \frac{3P}{4bh} \tag{5.2}$$

最大拉伸应力出现在最外表面, 由式 (5.1) 给出。用式 (5.2) 除以式 (5.1), 得到

$$\frac{\tau}{\sigma} = \frac{h}{2S} \tag{5.3}$$

根据式 (5.3), 我们可以通过使载荷跨度 S 无限小来最大化剪应力, 从而确保样品在剪切下失效, 裂纹沿中间平面扩展。如果纤维在剪切引起的破坏发生之前就在拉伸中破坏, 则该试验无效。而如果剪切和拉伸破坏同时发生, 试验也将无效。建议在试验后检查断裂面, 确保裂纹沿着界面扩展, 而不是穿过基体。

5.4.2 纤维拉拔和推出测试

人们设计了单纤维拔出或推出试验用于测量界面特性。这些试验给出了载荷与位移的关系曲线, 峰值载荷对应于纤维/基体脱黏, 摩擦载荷对应于纤维从基体中拔出。在此类试验分析中, 经常做的主要简化是将整个界面表面区域的载荷值平均, 以获得界面脱黏强度和/或界面摩擦强度。力学分析和有限元分析表明, 剪应力在靠近纤维末端处最大, 并在几个纤维直径的距离内迅速下降。因此, 可以推测, 界面剥离开始于纤维末端附近, 并沿着嵌入长度方向逐渐扩展。我们描述了这些测试的显著特征:

(1) 单纤维拉拔试验。

单纤维拉拔试验可以提供有关模型化复合材料体系的界面强度的有用信息, 但对于商业复合材料而言, 它们并不是很有用。此外, 在试验中, 应小心避免纤维错位和引入弯曲力矩。单纤维拉拔试验的力学机制是复杂的 (参见例如: Penn 和 Lee, 1989; Marshall 等, 1992; Kerans 和 Parthasarathy, 1991)。在各种测试中, 纤维从拉伸试验机中的基体中被拔出, 并得到一个载荷与位移的记录。

图 5.5 显示了这种测试的一个实验设置。一段长度为 l 的纤维嵌入在基体中。如图所示, 对纤维施加拉力, 并测量将纤维从基体中拔出所需的应力, 该应力是嵌入纤维长度的函数。将纤维拔出而不使其断裂, 所需的应力随着纤维嵌

入的长度线性增加, 直至纤维拔出长度达到临界长度 l_c。这个临界纤维长度是指用于能将载荷从基体传递到纤维的纤维长度。我们将会在第 6 章中讨论临界纤维长度的概念。当嵌入纤维长度为 $l > l_c$ 时, 纤维将在拉伸应力 σ 的作用下发生断裂。

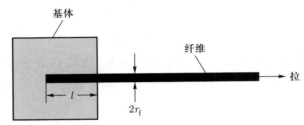

图 5.5　一根半径为 r 的纤维嵌入一个基体中并被拔出, 纤维上的纵向拉伸力在纤维/基体界面处产生剪切

当我们在纤维上施加拉力时, 会在纤维/基体界面产生剪切力。沿嵌入长度为 l、半径为 r_f 的纤维的一个简单应力平衡关系如下:

$$\sigma \pi r^2 = \tau 2\pi l r_f$$

当 $l < l_c$, 纤维被拔出, 界面剪切强度由下式给出:

$$\tau = \frac{\sigma r_f}{2l}$$

界面脱黏所需的载荷 P 通常作为嵌入纤维长度的函数进行测量。基于此, 可以表示为

$$P = \tau 2\pi r_f l$$

界面剪切强度 τ 可由计算 P–l 曲线的斜率求得。当 $l > l_c$ 时, 纤维断裂而不是被拔出。界面剪切强度是摩擦系数 μ 和界面上法向压应力 σ_r 的函数, 即 $\tau_i = \mu \sigma_r$。径向压应力的常见来源是从加工温度冷却过程中基体的收缩。但该分析中最值得怀疑的假设是沿纤维/基体界面作用的剪应力是一个常数。

单纤维拉拔样品的制作经常是最困难的部分, 因为它需要将单根纤维的一部分嵌入基体中。峰值载荷对应于界面的初始脱黏, 而后是界面处的摩擦滑动, 最后是纤维从基体中拔出, 在此过程中可观察到载荷随位移稳定下降。随着纤维被拉出, 载荷的稳定下降归因于界面面积的减小。因此, 该测试模拟了实际复合材料中可能出现的纤维拔出, 更重要的是, 提供了黏结强度和摩擦应力值。

纤维和基体的不同泊松收缩效应可导致在界面处产生一个径向拉伸应力。该径向拉伸应力无疑将有助于纤维/基体脱黏过程。泊松收缩效应的影响以及沿界面施加的剪应力不恒定的问题使纤维拉拔试验分析复杂化。纤维拉拔试验已被用来确定各种纤维增强陶瓷或玻璃基复合材料的界面剪切强度。

(2) 推出或压痕试验。

界面摩擦滑动是一个重要参数。许多研究者 (如 Marshall, 1984; Doerner 和 Nix, 1986; Eldridge 和 Brindley, 1989; Ferber 等, 1993; Mandell 等, 1986, 1987; Marshall 和 Oliver, 1987; Cranmer, 1991; Chawla 等, 2001) 使用在复合材料的纤维横截面上压入压头的技术来测量纤维增强复合材料的界面黏结强度。一种被称为纳米压痕仪的仪表化压痕系统已经得到商业化应用。这种仪器可以测量极小的力和位移。纳米压痕仪本质上是一个计算机控制的深度传感压痕系统。一个多世纪以来, 压痕仪器一直用于硬度测量, 但是具有高分辨率的"深度传感"仪器在 20 世纪 80 年代才开始使用 (Doerner 和 Nix, 1986; Weihs 和 Nix, 1991), 因此现在可以研究非常小体积的材料, 并且可以通过机械手段对微观结构变化进行非常局部的表征。尖头和圆形压头都可以用来移动垂直于复合材料表面排列的纤维。通过测量施加的力和位移, 可以获得界面应力。人们通常在复合材料系统的抛光横截面中装入几根纤维。大多数市售的纳米压头仪器能够通过 Berkovich 金字塔形金刚石压头精确地施加非常小的载荷, 该压头具有与维氏金刚石尖端压头相同的深度–面积比。纳米压头记录压头进入样品的总穿透深度。Berkovich 压头是一个三棱锥金字塔, 其位置由一个灵敏的电容位移计确定。电容计可以检测到小于 1 nm 的位移变化和小于 1 μN 的作用力。通过磁性线圈组件可以将压头移向样品或远离样品。

在推出试验中, 在纤维垂直于观察表面的薄样品中, 通过压头将纤维推出薄样品。这种纤维推出试验可以得到作用在纤维/基体界面的摩擦剪应力 τ。通过有效的推出试验, 会得到一个三区域曲线, 如图 5.6 所示。在第一个区域, 压头与纤维接触, 纤维滑动长度小于样品厚度 t。在这之后是一个水平区域, 纤维滑动长度大于或等于样品厚度。在第三区域, 压头与基体接触。从第二区域, 我们可以确定界面剪应力。为使这种关系有效, 样品的厚度应远远大于纤维直径。在水平区域 (区域 2), 界面剪应力为

$$\tau = \frac{P}{2\pi r_f t}$$

式中, t 为样品厚度。在图 5.6(b) 的第三区域, 由于压头与基体接触, 无法确定界面剪应力的值。

如果纤维与基体紧密结合, 则界面处裂纹尖端的能量将高到足以使纤维断裂。在这种情况下, 裂纹直接穿过界面, 进入纤维中, 复合材料以灾难性的方式失效。如果对纤维/基体界面进行定制设计, 使纤维与基体之间的结合较弱, 则

垂直于界面的裂纹会在界面处发生偏转, 使其失去能量。在这种情况下, 纤维相对于基体的脱黏和滑动就成为一种吸收能量的机制。

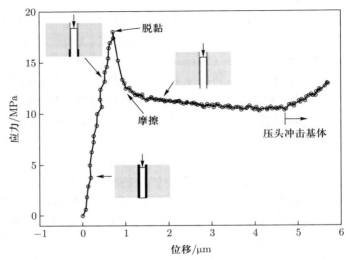

图 5.6　纤维推出过程中的应力–位移曲线。弹性加载后, 纤维逐渐脱黏, 然后发生界面滑动 (Chawla 等, 2001)

　　有几个重要的因素控制着纤维/基体的行为, 比如加工过程中的热残余应力, 它可以诱发从基体到纤维的径向夹紧应力和轴向应力。纤维与基体之间 CTE 的热失配是造成所有类型复合材料中残余应力的主要原因。如果基体收缩大于纤维, 则对纤维施加压缩夹紧应力, 而在基体上施加相反的拉伸应力。因此, 当对复合材料施加循环载荷时, 例如, 纤维承受拉伸–拉伸载荷, 基体则承受拉伸–压缩或压缩–压缩载荷。

　　纤维表面粗糙度也会对径向夹紧应力有显著影响, 因为基体会被机械地锚定在纤维上。这种机械结合会产生一个由粗糙度诱发的应变, 它可以通过纤维与基体之间的粗糙度幅值来估计。

　　为了减轻由 CTE 失配和纤维粗糙度引起的径向夹紧应力, 可以在纤维上涂上一层柔性纤维涂层。Eldridge 和 Ebihara 在 1994 年研究了界面夹紧应力、温度和环境对推出纤维时脱黏和滑动的影响。他们将 SCS–6Ti–24Al–11Nb (at.%) 系统从室温升高到 1100 ℃。图 5.7 显示, 在温度高于 300 ℃ 时, 纤维脱黏应力和摩擦滑动应力不断减小。界面剪切强度的降低是由于纤维表面残余压应力的消除和碳涂层在高温下的氧化作用所致。图 5.8 为低温和高温下被推出的纤维, 分别呈现相对粗糙和光滑的表面。

　　Eldridge 和 Ebihara(1994) 假设, 磨损程度对环境的敏感性可以归因于吸附物质对石墨润滑性能的依赖, 这些吸附物质存在于 SCS–6 纤维的外壳上, 因此, 它们充当了纤维和基体之间的弱界面。这在文献中已有详细记载 (Savage, 1948; Lancaster 和 Pritchard, 1981)。石墨在室温下的低摩擦磨损归因于水分形式的水和二次氧吸附 (Savage, 1948)。在没有吸附物质的情况下, 滑动石墨表面呈现 "粉尘" 磨损, 产生极细的碎片。在室温的空气中, 一旦 SCS–6 纤维/基体的界面脱黏, 在失效界面上产生的缺口将界面的两边暴露在环境中, 这两个表面可以平滑地滑动。

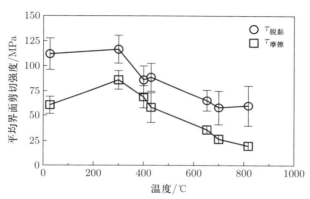

图 5.7   SCS–6/Ti–24Al–11Nb 中温度对纤维脱黏应力和摩擦滑动应力的影响 (Eldridge 和 Ebihara,1994)

图 5.8   低温 (a) 和高温 (b) 下被推出纤维的 SEM 图像, 分别呈现出相对粗糙和光滑的表面 (由 Eldridge J. I. 提供)

采用易脱黏和滑动特性的界面涂层是一项重要的界面工程技术 (Chawla, 2003)。具有层状结构的材料, 如石墨或六方氮化硼 (hBN) 是这类涂层的候选材料。Zhong 等 (2008) 研究了在氧化铝纤维/NiAl 复合材料中涂覆界面涂层的效果。他们分别在室温和 900 ℃ 下对含和不含 hBN 界面涂层的氧化铝纤维/NiAl 基复合材料进行纤维推出试验。hBN 界面涂层因具有层状结构,在室温和 900 ℃ 时的平均界面应力降低。

参考文献

Arsenault R. J., and Fisher R. M. (1983) Scripta Met., 17, 43.

Chawla K. K. (2003) Ceramic Matrix Composites, 2nd ed., Kluwer Academic Publishers,Boston.

Chawla K. K., and Metzger M. (1972) J. Mater. Sci., 7, 34.

Chawla K. K., and Metzger M. (1978) in Advances in Research on Strength and Fracture of Materials, Vol. 3, Pergaman Press, New York, p.1039.

Chawla N., Chawla K. K., Koopman M., Patel B., Coffin C., and Eldridge J. I. (2001) Composite Sci. & Tech., 61, 1923.

Cranmer D. C. (1991) in Ceramic and Metal Matrix Composites, Pergamon Press, New York, p.157.

Dlouhy A., Merk N., and Eggeler G. (1998) Acta Metall. Mater, 41, 3245.

Doerner M. F., and Nix W. D. (1986) J. Mater. Res., 1, 601.

Eldridge J. I., and Brindley P. K. (1989) J. Mater. Sci. Lett., 8, 1451.

Eldridge J. I., and Ebihara B. T. (1994) J. Mater. Res., 9, 1035.

Ferber M. K., Wereszczsak A. A., Riester L., Lowden R. A., and Chawla K. K. (1993) Ceram. Eng. Sci. Proc., 13, 168.

Gabryel C. M., and McLeod A. D. (1991) Met. Trans, 23A, 1279.

Hill R. G, Nelson R. P., and Hellerich C. L., in Proc. of the 16th Refractory Working Group Meeting, Seattle, WA, October, 1969.

Iosipescu N. (1967) J. Mater., 2, 537.

Kerans R. J., and Parthasarathy T. A. (1991) J. Amer. ceram. Soc., 74, 1585.

Lancaster J. K., and Pritchard J. R. (1981) J. Phys. D: Appl. Phys., 14, 747.

Mandell J. F., Grande D. H., Tsiang T. H., and McGarry F. J. (1986) in Composite Materials: Testing & Design, ASTM STP 327, ASTM, Philadelphia, 87.

Mandell J. F., Hong K. C. C., and Grande D. H. (1987) Ceram. Eng. Sci. Proc., 8, 937.

Marshall D. B. (1984) J. Amer. Ceram. Soc., 67, C259.

Marshall D. B., and Oliver W. C. (1987) J. Amer. Ceram. Soc., 70, 542.

Marshall D. B., Shaw M. C., and Morris W. L. (1992) Acta Met., 40, 443.

Penn L. S., and Lee S. M. (1989) J. Comp. Tech. & Res., 11, 23.

Pfeifer M., Rigsbee J. M., and Chawla K. K. (1990) J. Mater. Sci., 25, 1563.

Savage R. H. (1948) J. Appl. Phys., 19, 1.

Weihs T. P., and Nix W. D. (1991) J. Amer. Ceram. Soc., 74, 524.

Zhong Y., Hu W., Eldridge J. I., Chen H., Song J., and Gottstein G. (2008) Mater. Sci. Eng. A, 488, 372.

第 6 章
微观力学

在这一章中, 研究了多种计算金属基复合材料 (metal matrix composite, MMC) 弹性常数及物理常数的方法, 给定了复合材料中单组分和组分排列的相同常数, 以及由于组分间的热膨胀系数 (coefficient of thermal expansion, CTE) 失配而产生的热应力。事实上, 本章讨论的大多数材料都适用于所有类型的复合材料。具体来说, 我们提供了关于物理性能的微观力学描述, 如密度、热膨胀系数、热导率和电导率及其他弹性常数。最令人感兴趣的是用于预测复合材料弹性常数的方法或表达式, 因为在复合材料中普遍存在较高的各向异性。本书还介绍了传统的和基于微观结构的有限元技术以预测弹性常数和热力学常数。

本章首先简要回顾了弹性理论和纤维增强复合材料所需的很多独立弹性常数的概念。然后, 提供不同的方案给出的弹性常数的表达式, 接下来对复合材料的物理性能和热应力进行了描述。

6.1 纤维增强复合材料的弹性常数

利用胡克定律将二阶应力张量 $\boldsymbol{\sigma}_{ij}$ 和二阶应变张量 $\boldsymbol{\varepsilon}_{kl}$ 联系起来, 如式 (6.1) 所示:

$$\boldsymbol{\sigma}_{ij} = \boldsymbol{C}_{ijkl}\boldsymbol{\varepsilon}_{kl} \tag{6.1}$$

式中, C_{ijkl} 是一个四阶张量, 称为弹性刚度张量, 下标 i、j、k 和 l 的值为 1、2 和 3。应力张量和应变张量为二阶张量, 由 $3^2 = 9$ 个分量构成。刚度张量是四阶张量, 它有 $3^4 = 81$ 个分量。应力、应变和刚度是对称张量, 例如: $\sigma_{ij} = \sigma_{ji}$, $\varepsilon_{kl} = \varepsilon_{kl}$ 和 $C_{ijkl} = C_{klji} = C_{jilk} = C_{jikl}$。这些对称关系使得独立弹性常数的最大数量减少至 21 个。因此, 可以将式 (6.1) 中的胡克定律用更适合矩阵运算的缩略式进行如下简化和改写:

$$\boldsymbol{\sigma}_i = \boldsymbol{C}_{ij}\boldsymbol{\varepsilon}_j \tag{6.2}$$

类似地, 我们可以把胡克定律写成弹性柔度矩阵 $\boldsymbol{S}_{ij}$ 的形式:

$$\boldsymbol{\varepsilon}_i = \boldsymbol{S}_{ij}\boldsymbol{\sigma}_j \tag{6.3}$$

$\boldsymbol{C}_{ij}$ 和 $\boldsymbol{S}_{ij}$ 均为 6×6 的对称矩阵, 即 $\boldsymbol{C}_{ij} = \boldsymbol{C}_{ji}$ 和 $\boldsymbol{S}_{ij} = \boldsymbol{S}_{ji}$。此外, 刚度矩阵和柔度矩阵互为逆矩阵, 即:

$$\boldsymbol{CS} = \boldsymbol{I}$$

式中, $\boldsymbol{I}$ 是单位矩阵。描述材料弹性行为所需的独立常数的总个数完全随着对称元素的增加而减少。表 6.1 列举了不同对称系统的独立弹性常数。

表 6.1　不同对称系统的独立弹性常数

对称性	独立常数个数	常数
正交晶系	9	$C_{11}, C_{12}, C_{13}, C_{22}, C_{23}, C_{33}, C_{44}, C_{55}, C_{66}$
三角晶系	6	$C_{11}, C_{12}, C_{13}, C_{64}, C_{33}, C_{44}$
正方晶系	6	$C_{11}, C_{12}, C_{13}, C_{33}, C_{44}, C_{66}$
六方晶系	5	$C_{11}, C_{12}, C_{13}, C_{33}, C_{44}$
立方晶系	3	C_{11}, C_{12}, C_{44}
各向同性	2	C_{11}, C_{12}

对于各向同性材料, 只有两个独立的弹性常数, 而对于具有立方对称性的材料, 则需要 3 个独立的弹性常数。最一般的情况是三斜晶系 (表 6.1 未列出), 该晶系中不存在对称元素, 因此需要 21 个独立的弹性常数。对于具有立方对称性的材料, 可以将胡克定律写成以下扩展形式 (省略非对角线常数; 矩阵是对称的):

$$
\begin{bmatrix} \sigma_1 \\ \sigma_2 \\ \sigma_3 \\ \sigma_4 \\ \sigma_5 \\ \sigma_6 \end{bmatrix} =
\begin{bmatrix}
C_{11} & C_{12} & C_{12} & 0 & 0 & 0 \\
 & C_{11} & C_{12} & 0 & 0 & 0 \\
 & & C_{11} & 0 & 0 & 0 \\
 & & & C_{44} & 0 & 0 \\
 & & & & C_{44} & 0 \\
 & & & & & C_{44}
\end{bmatrix}
\begin{bmatrix} \varepsilon_1 \\ \varepsilon_2 \\ \varepsilon_3 \\ \varepsilon_4 \\ \varepsilon_5 \\ \varepsilon_6 \end{bmatrix}
$$

值得注意的是, 上述矩阵中只有 3 个独立常数。对于各向同性材料, 由于存在下述关联, 独立常数的个数从 3 减少到 2:

$$C_{11} - C_{22} = 2C_{44}$$

在实际工程应用中, 对于各向同性材料, 以下 4 个常数中的任意两个已知便可互相求解: 杨氏模量 (E)、泊松比 (ν)、剪切模量 (G) 和体积模量 (K)。这是由于 4 个常数之间存在下列关系:

$$E = 3K(1 - 2\nu)$$

$$G = \frac{E}{2(1 + \nu)}$$

$$K = \frac{E}{3(1 - 2\nu)}$$

$$\nu = \frac{E}{2G} - 1$$

因此, 各向同性材料的 4 个常数中只有两个是独立的。

一种单向纤维增强复合材料, 其纤维以随机的方式排列在横向截面上被认为是横向各向同性的, 即在 2–3 平面上不存在优选方向, 如图 6.1 所示。这种排列的纤维给我们提供了与六方晶体相同的元素, 即需要 5 个独立的弹性常数来充分描述这种复合材料的弹性行为。需要注意的是, 这是长纤维在基体中的分布方式导致的, 即使纤维和基体这两种成分可能在本质上是各向同性的。另一方面, 对于颗粒或晶须/短纤维增强复合材料, 增强体无法优选对齐排列, 故可以作为各向同性材料处理。下面介绍了获得复合材料弹性常数的各种方法, 并对单个组分的弹性常数进行了求解。

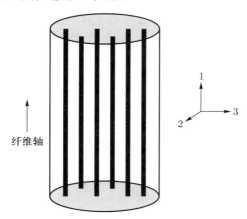

图 6.1　一种单向增强纤维增强复合材料, 纤维在横向 (2–3) 平面上随机排列。这种复合材料称为横向各向同性

6.1.1　材料强度方法

采用材料强度方法可以快速估算出复合材料的弹性常数。在此，我们对复合材料的各组分作均匀应变或均匀应力的简化假设，所得的常数 E_{11} 和 ν_{12} 的结果令人满意，但 E_{22} 和 G_{12} 明显低估。采用 E_{cl} 和 E_{11} 来交替表示沿纤维方向的纵向杨氏模量。同样地，E_{ct} 和 E_{22} 表示垂直于纤维轴方向的横向杨氏模量。单向排列的纤维增强复合材料的杨氏模量有两种简单的等应变模型和等应力模型，如图 6.2 所示，我们也能推导出主剪切模量和主泊松比的表达式。

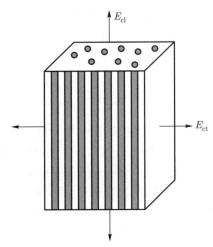

图 6.2　单向增强纤维增强复合材料的纵向 (E_{cl}) 和横向 (E_{ct}) 杨氏模量

1. 纵向杨氏模量

如果将等应变条件应用于沿纤维方向加载的单向纤维增强复合材料，则可得到复合材料的纵向杨氏模量 E_{cl} 或 E_{11}。等应变条件认为，纤维、基体和复合材料中的应变是相同的 (如图 6.2)，即

$$\varepsilon_{f} = \varepsilon_{m} = \varepsilon_{cl} = \frac{\Delta l}{l_{o}} \tag{6.4}$$

式中，ε 表示应变；Δl 表示长度的变化；l_o 是原始长度；下标 f、m 和 cl 分别表示轴向方向的纤维、基体和复合材料。

对于具有弹性的组分，可以使用胡克定律来处理作用在纤维和基体上的单轴应力：

$$\sigma_{f} = E_{f}\varepsilon_{cl} \quad 和 \quad \sigma_{m} = E_{m}\varepsilon_{cl}$$

式中，σ 表示应力；E 表示杨氏模量，下标含义与式 (6.4) 中相同。

施加在复合材料上的载荷 P_c 在纤维和基体之间分配, 即

$$P_c = P_f + P_m$$

式中, P_f 和 P_m 分别表示作用在纤维和基体上的载荷。将载荷转换成应力, 获得式 (6.5):

$$
\begin{aligned}
\sigma_{cl} A_c &= \sigma_f A_f + \sigma_m A_m \\
&= E_f A_f \varepsilon_{cl} + E_m A_m \varepsilon_{cl} \\
&= \left(E_f A_f + E_m A_m \right) \varepsilon_{cl} \\
\sigma_{cl} &= E_{cl} \varepsilon_{cl} = \left(E_f A_f / A_c + E_m A_m / A_c \right) \varepsilon_{cl}
\end{aligned}
\tag{6.5}
$$

由此得到式 (6.6):

$$E_{cl} = E_f V_f + E_m A_m \tag{6.6}$$

结果表明, 式 (6.6) 预测得到的纵向模量是相对合理的。如图 6.3 所示, 钨纤维增强铜复合材料的纵向杨氏模量随纤维体积分数的呈线性关系 (McDanels 等, 1965)。

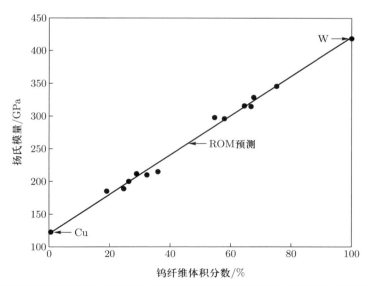

图 6.3   钨纤维增强铜复合材料的纵向杨氏模量随纤维体积分数的线性关系 (McDanels 等, 1965)

2. 横向杨氏模量

横向模量 E_{ct} 或 E_{22} 可通过等应力条件来估算, 即纤维、基体以及复合材料承受相同的应力, 如图 6.2 所示。因此:

$$\sigma_f = \sigma_m = \sigma_{ct} \tag{6.7}$$

式中, 下标 ct 代表复合材料横向, 其他下标含义与前文中给出的意义是一致的。

复合材料在厚度方向上的总位移 Δt_c, 为纤维位移 Δt_f 与基体位移 Δt_m 之和, 由此可以写出厚度方向上的位移关系:

$$\Delta t_c = \Delta t_m + \Delta t_f$$

假设复合材料的原始厚度为 t_c, 将上式除以 t_c, 即测量长度, 便可得到横向应变:

$$\varepsilon_{ct} = \frac{\Delta t_c}{t_c} = \frac{\Delta t_m t_m}{t_m t_c} + \frac{\Delta t_f}{t_f}\frac{t_f}{t_c}$$

$$\varepsilon_{ct} = \varepsilon_m \frac{t_m}{t_c} + \varepsilon_f \frac{t_f}{t_c} \tag{6.8}$$

此外, 纤维和基体的体积分数可表示为

$$V_m = \frac{t_m}{t_c} \quad \text{和} \quad V_f = \frac{t_f}{t_c}$$

引入胡克定律, 式 (6.8) 可写为

$$\frac{\sigma_{ct}}{E_{ct}} = \frac{\sigma_{ct} V_m}{E_m} + \frac{\sigma_{ct} V_f}{E_{ft}}$$

或

$$\frac{1}{E_{ct}} = \frac{V_m}{E_m} + \frac{V_f}{E_{ft}} \tag{6.9}$$

这里应该指出的是, 在计算横向杨氏模量时, 我们选用 E_{ft} 表示纤维的横向模量。当纤维各向异性时, 这一点尤为重要, 例如, 碳纤维。

3. 泊松比

若对一含有单向排列纤维的复合材料在平行于纤维的方向上加载, 如图 6.4 所示。复合材料会在纵向上 (方向 1) 被拉伸, 应变为 ε_1, 而横向上 (方向 2) 发生压缩, 应变为 ε_2。所有纤维在方向 2 上的总压缩为 $-\varepsilon_1 V_f \nu_f$, 其中 V_f 是纤维体积分数, ν_{f} 是纤维的泊松比。同时, 基体也会发生压缩 $-\varepsilon_1 V_{\mathrm{m}}\nu_{\mathrm{m}}$, 其中 V_{m} 是基体体积分数, ν_{m} 是基体的泊松比。

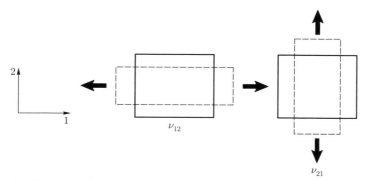

图 6.4 各向异性材料两个方向的泊松比。主泊松比 (ν_{12}) 表示轴向应力引起的横向应变。次泊松比 (ν_{21}) 表示横向应力引起的轴向应变

复合材料在方向 2 的总压缩应变如下式所示:

$$\varepsilon_2 = -\varepsilon_1 V_{\mathrm{f}}\nu_{\mathrm{f}} - \varepsilon_1 V_{\mathrm{m}}\nu_{\mathrm{m}}$$

$$= -\varepsilon_1\left(V_{\mathrm{f}}\nu_{\mathrm{f}} + V_{\mathrm{m}}\nu_{\mathrm{m}}\right)$$

将复合材料的主泊松比定义为 $\nu_{12} = -\varepsilon_2/\varepsilon_1$, 则有:

$$\nu_{12} = V_{\mathrm{f}}\nu_{\mathrm{f}} + V_{\mathrm{m}}\nu_{\mathrm{m}}$$

4. 剪切模量

在纵向剪切模量或主剪切模量的情况下, 纤维和基体都受到相同的剪应力, 如图 6.5 所示。请注意在图中, 纤维被束缚在一起, 从而显示的是所有纤维的总剪应变。纤维和基体的剪应变可分别用下式表示:

$$\gamma_{\mathrm{m}} = \frac{\tau_{\mathrm{m}}}{G_{\mathrm{m}}}$$

和

$$\gamma_{\mathrm{f}} = \frac{\tau_{\mathrm{f}}}{G_{\mathrm{f}}}$$

复合材料中的总剪切位移 Δ, 用下式表示:

$$\Delta = \gamma t$$

式中, γ 表示复合材料的平均剪应变; t 表示复合材料的厚度。总剪切位移可以用所有组分的剪切位移之和表示:

$$\Delta = \Delta_{\mathrm{f}} + \Delta_{\mathrm{m}}$$

或

$$\Delta = \gamma_{\mathrm{f}} t_{\mathrm{f}} + \gamma_{\mathrm{m}} t_{\mathrm{m}}$$

$$\gamma = \frac{\Delta}{t} = \gamma_{\mathrm{f}} V_{\mathrm{f}} + \gamma_{\mathrm{m}} V_{\mathrm{m}}$$

剪应变 γ, 是由剪应力除以剪切模量 G_{12} 获得, 即

$$\tau/G_{12} = V_{\mathrm{m}}\tau/G_{\mathrm{m}} + V_{\mathrm{f}}\tau/G_{\mathrm{f}}$$

或

$$1/G_{12} = V_{\mathrm{m}}/G_{\mathrm{m}} + V_{\mathrm{f}}/G_{\mathrm{f}}$$

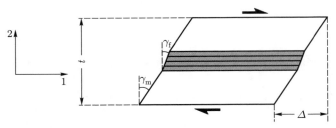

图 6.5　在平行于纤维剪切载荷下的单向纤维增强复合材料

6.1.2　微观力学方法

本节主要包括了以下 3 项重要技术:

(1) 自洽场法;

(2) 变分微积分法;

(3) 数值法。

下文简要地描述上述方法以及一些关键结论。

自洽场法: 上述材料强度方法涉及对均匀应力 (等应力) 或均匀应变 (等应变) 的粗略简化。自洽 (self–consistent, SC) 模型通过引入一个简化的相几何形态改善内应力及应变场。然而, 值得注意的是, 在这些技术中, 人们仍然是将微观结构进行近似, 而实际的微观结构并未被使用。在本书第一版中, 相的几何形态是由嵌入在由一个均质基体材料制成的圆柱体中的单根纤维表示。这个外圆柱体被嵌入到一个无穷大的均质材料中, 其性能被视为具有复合材料

的平均性能。在第二版中, 使用了三圆柱模型。围绕在纤维周围的圆柱体具有基体的性质。而最外层圆柱体具有复合材料的平均性能。圆柱体的半径由纤维体积分数决定。在无限远处施加均匀载荷, 将均匀应变场引入纤维, 然后便可从该应变场中获得弹性常数。所获得的结果与基体中的纤维排列方式无关, 并且一般来说, 纤维体积分数 (V_f) 较低时, 这些结果是可靠的; V_f 适中时, 结果相对合理; V_f 过高时, 计算结果与实际出现很大偏差 (Hill, 1964)。

变分微积分或能量方法: 涉及变分微积分的能量方法可用于获得复合材料性能的边界条件, 这些技术也被称为边界方法。复合材料 (异质体系) 的有效弹性常数 (或柔顺性) 是从具有相同自由能的均质系统的有效弹性常数中得到的。简单地说, 可以将这些方法所涉及的原理描述如下。在变形下的线弹性固体, 可以用应力场来表示储存在这个固体中的应变能:

$$U_s = \frac{1}{2} S_{ij} \sigma_j$$

以及用应变场表示

$$U_c = \frac{1}{2} C_{ij} \varepsilon_j$$

对于均质材料来说, 这两个表达式是等价的, 而对于异质材料则是不等价的。对于异质材料 (即复合材料), 这两个表达式的差值可以被利用以获得上边界和下边界。具体来说, 最小功定理给出了下边界, 而最小势能定理给出了上边界。有大量相关研究方向的文献, 例如, Paul(1960)、Hermans(1967)、Hashin 和 Rosen(1964) 以及 Whitney 和 Riley(1966)。

这些边界方法不能准确地预测材料性能, 而是给出了弹性常数的上边界和下边界。只有当上下边界重合时, 才能准确地确定这些性能。很多时候, 上下边界并不是非常接近。只有当这些边界足够接近时, 才能安全地将它们用作材料行为的指标。事实证明, 单向排列的纤维增强复合材料的纵向特性就是这样, 如纵向常数 (E_{11}, ν_{12}), 其上下界非常接近; 但对于横向常数和剪切特性 (E_{22} 和 G_{12}), 它们上下界差距很大。

Hill(1965) 推导出纤维增强复合材料的弹性常数的边界条件。尤其是对纵向杨氏模量 E、平面应变下的体积模量 (k_p)、泊松比 (ν) 和两相的剪切模量 (G) 设置了严格边界条件, 但未对纤维排列形式及几何形状作出限制。平面应变下的体积模量 k_p 是指纵向应变为 0 的横向膨胀模量, 由下式获得:

$$k_p = \frac{E}{2(1 - 2\nu)(1 + \nu)}$$

纵向模量 E_{cl} 的边界条件为

$$4V_f V_m (\nu_f - \nu_m)^2 / (V_f/k_{pm} + V_m/k_{pf} + 1/G_m)$$

$$\leqslant E_{cl} - E_f V_f - E_m V_m \leqslant 4V_f V_m (\nu_f - \nu_m)^2 / (V_f/k_{pm} + V_m/k_{pf} + 1/G_f) \quad (6.10)$$

从式 (6.10) 可以很容易地证明, E_{cl} 与混合定律 (rule of mixtures, ROM) 的偏差是非常小的。如果代入实际复合材料的参数值, 如铝基体中的碳化硅纤维, 我们会发现 E_{cl} 与 ROM 的偏差值 <2%。值得注意的是, 混合定律的结果偏差来自 $(\nu_f - \nu_m)^2$ 因子。当 $\nu_f = \nu_m$ 时, 可利用混合定律计算出精确的 E_{cl}。数值模拟也证实 Hill 边界是单向纤维增强复合材料在轴向载荷作用下线性弹性行为的最佳通用边界 (Rossoll 等, 2005)。

对于单向排列纤维增强复合材料的泊松比, Hill 表明:

$$\begin{aligned} \nu_{12} > \nu_f V_f + \nu_m V_m, \quad 满足 \quad (\nu_f - \nu_m)(k_{pf} - k_{pm}) > 0 \\ 且 \quad \nu_{12} < \nu_f V_f + \nu_m V_m, \quad 满足 \quad (\nu_f - \nu_m)(k_{pf} - k_{pm}) < 0 \end{aligned} \quad (6.11)$$

如果 $\nu_f < \nu_m$ 且 $E_f \gg E_m$, 那么, ν_{12} 将小于 ROM 预测值 $(= \nu_f V_f + \nu_m V_m)$。这容易看出, ν_{12} 的上下边界距离不像 E_{cl} 的上下边界那么接近。这是因为 $(\nu_f - \nu_m)$ 出现在 ν_{12} 的情况下 [式 (6.11)], 而 $(\nu_f - \nu_m)^2$ 出现在 E_{cl} 的情况下 [式 (6.10)]。如果 $(\nu_f - \nu_m)$ 很小, 上下边界就足够接近, 边界可用式 (6.12) 表示:

$$\nu_{12} \approx \nu_f V_f + \nu_m V_m \quad (6.12)$$

将 Hashin 和 Rosen (1964) 以及 Hill (1965) 的成果总结如下。对于横向各向同性复合材料, 纤维沿方向 1 和平面 2–3 为横向 (等速在 OPIC) 平面上排列, 可给出 5 个独立模量的方程。

(1) 平面应变体积模量, k_{23}:

$$k_{23} = \frac{k_f k_m + G_m (\nu_f k_f + \nu_m k_m)}{G_f + \nu_m k_f + \nu_f k_m}$$

式中, k_m 和 k_f 分别是基体和纤维的平面应变体积模量。平面应变体积模量定义为

$$k = K + \frac{1}{3}G$$

(2) 面内剪切模量 G_{12}:

$$G_{12} = G_m \frac{G_f (1 + V_f) + G_m V_m}{G_f V_m + G_m (1 + V_f)}$$

(3) 纵向杨氏模量 E_{11}:

$$E_{11} = E_{\mathrm{f}}V_{\mathrm{f}} + E_{\mathrm{m}}V_{\mathrm{m}} + \left[4V_{\mathrm{f}}V_{\mathrm{m}}\left(\nu_{\mathrm{m}} - \nu_{\mathrm{f}}\right)^2\right] / \left[V_{\mathrm{f}}/k_{\mathrm{m}} + V_{\mathrm{m}}/k_{\mathrm{f}} + 1/G_{\mathrm{m}}\right]$$

在大多数实际用途中, 上述表达式中的最后一项可以忽略不计。

(4) 纵向泊松比 ν_{12}:

$$\nu_{12} = \nu_{\mathrm{f}}V_{\mathrm{f}} + \nu_{\mathrm{m}}V_{\mathrm{m}} + \left[V_{\mathrm{f}}V_{\mathrm{m}}\left(\nu_{\mathrm{f}} - \nu_{\mathrm{m}}\right)\right]\left[1/k_{\mathrm{m}} - \left(1/k_{\mathrm{f}}\right)/\left(V_{\mathrm{f}}/k_{\mathrm{m}}\right) + V_{\mathrm{m}}/k_{\mathrm{f}} + 1/G_{\mathrm{m}}\right]$$

(5) 横向平面剪切模量 G_{23}:

在这种情况下, 上下边界是不一致的。下边界是

$$G_{23\mathrm{L}} = G_{\mathrm{m}} + \cfrac{V_{\mathrm{f}}}{\cfrac{1}{G_{\mathrm{f}} - G_{\mathrm{m}}} + \left(K_{\mathrm{m}} + 2G_{\mathrm{m}}\right)\cfrac{V_{\mathrm{m}}}{2G_{\mathrm{m}}\left(k_{\mathrm{m}} + G_{\mathrm{m}}\right)}}$$

上边界是

$$G_{23\mathrm{U}} = G_{\mathrm{m}} + \frac{\left(\alpha + \beta_{\mathrm{m}}V_{\mathrm{f}}\right)\left(1 + \rho\nu_{\mathrm{f}}^3\right) - 3\nu_{\mathrm{f}}\nu_{\mathrm{m}}^2\beta_{\mathrm{m}}^2}{\left(\alpha - \nu_{\mathrm{f}}\right)\left(1 + \rho\nu_{\mathrm{f}}^3\right) - 3\nu_{\mathrm{f}}\nu_{\mathrm{m}}^2\beta_{\mathrm{m}}^2}$$

式中,

$$\alpha = \frac{\gamma + \beta_{\mathrm{m}}}{\gamma - 1} \qquad \rho = \frac{\beta_{\mathrm{m}} - \gamma\beta_{\mathrm{f}}}{1 + \gamma\beta_{\mathrm{f}}}$$

$$\gamma = \frac{G_{\mathrm{f}}}{G_{\mathrm{m}}} \qquad \beta_{\mathrm{m}} = \frac{1}{3 - 4V_{\mathrm{m}}} \qquad \beta_{\mathrm{f}} = \frac{1}{3 - 4V_{\mathrm{f}}}$$

对于颗粒增强复合材料, Hashin (1962) 提出了一种复合球组合模型, 其中复合材料由球形颗粒及其周围基体壳层组装的单元组成。在每个球形单元中, 颗粒和基体的体积分数是相同的, 但球形单元可以是任意大小的。图 6.6 展示了这种组合模型。Hashin 用变分微积分法对该模型进行了分析, 得到了一个体积模量的封闭解和有效剪切模量的上下边界。体积模量 K 定义如下:

$$K = \frac{K_{\mathrm{p}}K_{\mathrm{m}} + \dfrac{4}{3}G_{\mathrm{m}}\left(V_{\mathrm{p}}K_{\mathrm{p}} + V_{\mathrm{m}}K_{\mathrm{m}}\right)}{V_{\mathrm{p}}K_{\mathrm{m}} + V_{\mathrm{m}}K_{\mathrm{p}} + \dfrac{4}{3}G_{\mathrm{m}}}$$

式中, K、G 和 V 分别表示体积模量、剪切模量和体积分数, 下标 p 和 m 分别表示颗粒和基体。Hashin 和 Shtrikman (1963) 以及 Rosen (1973) 还分析了具有任意相几何形态且指定了相体积分数的宏观各向同性颗粒增强复合材料。

Hashin 和 Shtrikman 给出了体积模量 K 和剪切模量 G 的上下边界, 如下所示:

$$K_{\text{upper}} = K_{\text{p}} + (1 - V_{\text{p}}) \left(\frac{1}{K_{\text{m}} - K_{\text{p}}} + \frac{3V_{\text{p}}}{3K_{\text{p}} + 4G_{\text{p}}} \right)^{-1}$$

$$K_{\text{lower}} = K_{\text{m}} + V_{\text{p}} \left[\frac{1}{K_{\text{p}} - K_{\text{m}}} + \frac{3\left(1 - V_{\text{p}}\right)}{3K_{\text{m}} + 4G_{\text{m}}} \right]^{-1}$$

$$G_{\text{upper}} = G_{\text{p}} + (1 - V_{\text{p}}) \left[\frac{1}{G_{\text{m}} - G_{\text{p}}} + \frac{6V_{\text{p}}\left(K_{\text{p}} + 2G_{\text{p}}\right)}{5G_{\text{p}}\left(3K_{\text{p}} + 4G_{\text{p}}\right)} \right]^{-1}$$

$$G_{\text{lower}} = G_{\text{m}} + V_{\text{p}} \left[\frac{1}{G_{\text{p}} - G_{\text{m}}} + \frac{6\left(1 - V_{\text{p}}\right)\left(K_{\text{m}} + 2G_{\text{m}}\right)}{5G_{\text{m}}\left(3K_{\text{m}} + 4G_{\text{m}}\right)} \right]^{-1}$$

式中, $K_{\text{m}} < K_{\text{p}}$ 且 $G_{\text{p}} < G_{\text{m}}$。当 $K_{\text{m}} > K_{\text{p}}$ 和 $G_{\text{p}} > G_{\text{m}}$ 时, 则符号相反[①]。将颗粒增强复合材料认为各向同性材料, 通过以下关系式, 可得到复合材料杨氏模量的上下边界 E_{c}。

$$E = \frac{9K}{1 + 3K/G}$$

此时, 利用该关系可以很容易地获得杨氏模量的边界。当 $0.5 < E_{\text{p}}/E_{\text{m}} < 3$ 时, 上下边界足够接近, 可得到误差在 10% 以内的一个真实模量值。

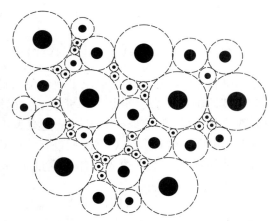

图 6.6　一种由球形颗粒组合而成的复合材料, 它们被各自的基体壳层包围。在每个单元中, 相的体积分数保持恒定; 单个单元可以是任意大小

---

① 当 $K_{\text{m}} > K_{\text{p}}$ 和 $G_{\text{p}} > G_{\text{m}}$ 时, K、G 的计算公式第二项方括号中 $1/(K_{\text{m}} - K_{\text{p}})$ 和 $1/(G_{\text{m}} - G_{\text{p}})$ 的符号需加负号。　　——译者注

6.1.3 半经验表达式

Halpin 和 Tsai (1967)、Halpin 和 Kardos (1976) 采用经验方法建立了一组广义方程, 与复杂的微观力学方程相比, 其在计算单向复合材料参数方面取得令人满意的结果。并且这组广义方程包含可调的拟合参数, 特别适用于低纤维体积分数下复合材料常数的模拟。此外, 对于含有取向短纤维或晶须的复合材料, 方程还提供了用于其性能估算的方法。但是, 可调参数必须从实验数据中得到, 或者必须满足一些解析解。一种使用单一方程的形式是

$$\frac{p}{p_{\mathrm{m}}} = \frac{1 + \zeta\eta V_{\mathrm{f}}}{1 - \eta V_{\mathrm{f}}}$$

$$\eta = \frac{\dfrac{p_{\mathrm{f}}}{p_{\mathrm{m}}} - 1}{\dfrac{p_{\mathrm{f}}}{p_{\mathrm{m}}} + \xi} \tag{6.13}$$

式中, p 代表复合材料的各类模量, 如 E_{11}、E_{22}、G_{12} 或 G_{23}; p_{f} 和 p_{m} 分别是相应的基体和纤维模量; V_{f} 是纤维体积分数; η 由实验测量获得, 主要取决于边界条件 (纤维几何形态、纤维分布和加载条件)。ξ 是拟合参数, 可使式 (6.3) 与实验数据相吻合。当 $V_{\mathrm{f}} = 0$ 时, 则有 $p = p_{\mathrm{m}}$, 当 $V_{\mathrm{f}} = 1$ 时, $p = p_{\mathrm{f}}$, 以这种方式获得两者对应的性能极值来构造式 (6.3) 中的函数 ξ。此外 η 的形式为

$$p = p_{\mathrm{f}}V_{\mathrm{f}} + p_{\mathrm{m}}V_{\mathrm{m}}, \quad \xi \to \infty$$

$$1/p = V_{\mathrm{m}}/p_{\mathrm{m}} + V_{\mathrm{f}}/p_{\mathrm{f}}, \quad \xi \to 0$$

这两个极值便是复合材料性能的边界, 尽管并不一定是严格的界限。例如, 复合材料的横向模量 E_{ct} 或 E_{22}, 可以写作:

$$\frac{E_{\mathrm{ct}}}{E_{\mathrm{m}}} = \frac{1 + \xi\eta V_{\mathrm{f}}}{1 - \eta V_{\mathrm{f}}}$$

$$\eta = \frac{\dfrac{E_{\mathrm{f}}}{E_{\mathrm{m}}} - 1}{\dfrac{E_{\mathrm{f}}}{E_{\mathrm{m}}} + \xi}$$

将这些表达式与精确的弹性解进行比较, 可以得到 ξ 的值。值得注意的是, 原则上, ξ 可取 $0 \sim \infty$。ξ 可以被用于衡量纤维增强复合材料的 "有效性"。当 ξ 较小时, 纤维的有效性低于 ξ 较大时。当计算 E_{ct} 时, $\xi = 1$ 或 2 分别适用于六方或四方排列的纤维。同时这些表达式还可指出 η 的一些极限值。ηV_{f} 项表示纤维体积分数有所降低。对于均质材料来说, $\eta = 0$。当纤维硬度很高

时, 取 $\eta = 1$, 而对应非常复杂的杂质 (如孔隙), $\eta = -1/\xi$。图 6.7 展示了不同计算模型下 SiC 颗粒增强 2080Al 复合材料的杨氏模量 E 随 SiC 颗粒体积分数的变化图, 如 Hashin–Shtrikman 表达式和 Halbin–Tsai 表达式的上下边界, 以及纵向和横向下测量的实验值 (Ganesh 和 Chawla, 2005)。需要注意的是, Hashin–Shtrikman 表达式和 Halpin–Tsai 表达式将复合材料视为一个各向同性材料。实验结果表明, 由于挤压变形导致增强颗粒发生排列, 使得纵向模量高于横向模量。实验值处在 Hashin–Shtrikman 表达式上下边界之间。图 6.8 显示了复合材料相似的特性, 在这个例子中增强颗粒是均匀分布在 WC/Co 复合材料中 (Koopman 等, 2002)。

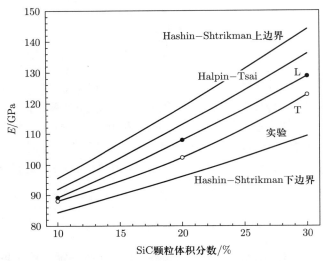

图 6.7 杨氏模量 E 随 SiC 颗粒体积分数的变化趋势图, 图中展示了 Hashin–Shtrikman 表达式、Halpin–Tsai 表达式的下边界和上边界, 以及在纵向 (L) 和横向 (T) 测量得到的实验值 (根据 Ganesh 和 Chawla, 2005)。实验结果表明, 由于挤压使得颗粒发生排列现象, 导致纵向模量和横向模量存在差异。Hashin–Shtrikman 表达式和 Halpin–Tsai 表达式将复合材料视为各向同性, 这在本例中并不完全正确

6.1.4 Eshelby 方法或等效均质掺杂技术

Eshelby(1957) 阐述了一个弹性椭球夹杂物嵌入弹性基体中受到位移影响的问题, 且距离该夹杂物无限远的地方具有均匀的应变场。Eshelby 的技术为无限介质中含有夹杂物的一般问题提供了解决方案。它包括用一个由基体构成的夹杂物 (因此使用 "等效均质掺杂" 这一表述) 代替真实夹杂物, 但同时又存在适当的错配应变, 将其称为等效变换应变。计算所得应力场与真实夹杂物的应力场相同。利用简单的术语, 我们将这一技术概述如下:

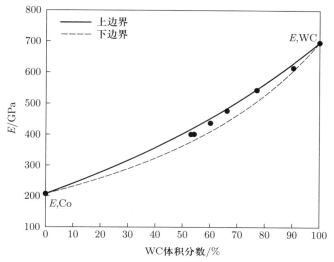

图 6.8　WC–Co 复合材料的杨氏模量 E 随 WC 体积分数的变化趋势图
(根据 Koopman 等, 2002)

(1) 从无应力, 均匀的基体中切割出一块材料, 在基体材料上留下一个孔;

(2) 允许被切割的材料发生形状变化, 相当于一个转换应变 ε^{t};

(3) 将应变转换后的夹杂物填入原始孔中, 防止界面滑动, 然后释放牵引力。这需要应用表面牵引力, 以便将应变转换后的夹杂物装回原来的孔中。

相对于初始形状, 夹杂物中产生了一个约束应变 ε^{c}。Eshelby 张量 $\boldsymbol{S}$ 通过以下表达式将约束应变 ε^{c} 与转换应变 ε^{t} 联系起来:

$$\varepsilon^{c} = \boldsymbol{S}\varepsilon^{t}$$

Eshelby 张量是一个与包含夹杂物 (或增强体) 长径比和基体泊松比相关的函数。增强体 (短纤维、晶须或颗粒) 用长椭球体表示。在笛卡儿坐标系下, 这种夹杂物的方程是

$$\frac{x^2 + y^2}{a^2} + \frac{z^2}{c^2} = 1$$

式中, c/a 代表夹杂物的长径比, 且 $c/a > 1$。

Eshelby 分析得到的一个重要的一般性结果是, 对于椭球形夹杂物而言, 夹杂物中产生的应力和应变是均匀的。基体和夹杂物中的应变因此是代数相关的。可以将夹杂物中的应力 σ_{i} 表示为夹杂物的弹性应变 ε_{i} 和材料的刚度 C_{m} 的函数关系:

$$\sigma_{i} = C_{m}\left(\varepsilon^{c} - \varepsilon^{t}\right)$$

119

在复合材料中, 椭圆形夹杂物或增强体通常比基体更硬, 即增强体具有弹性常数 C_i。夹杂物是与基体不同的材料, 需要用等效应变替换 ε^t。通过适当的重新排列, 夹杂物中产生的应力为

$$\sigma_i = C_m \left(\varepsilon^c - \varepsilon^t_{eq} \right)$$

由于 $C_i \neq C_m$, 故 $\varepsilon^c \neq \boldsymbol{S}\varepsilon^t_{eq}$。然而, 我们可以找到一个等效均质变换应变 ε^t, 使得等效夹杂物类似于非均匀性, 即

$$C_i \left(\varepsilon^c - \varepsilon^t_{eq} \right) = C_m \left(\varepsilon^c - \varepsilon^t \right)$$

或

$$C_i \left(\boldsymbol{S}\varepsilon^t - \varepsilon^t_{eq} \right) = C_m(\boldsymbol{S} - \boldsymbol{I})\varepsilon^t \tag{6.14}$$

依据式 (6.14), 可以得到任意形状变化下的变换应变 ε^t_{eq} 和刚度错配度 $(C_i - C_m)$ 的关系:

$$\varepsilon^t = [(C_i - C_m)\,\boldsymbol{S} + C_m]^{-1}\,C_i\varepsilon^t$$

式 (6.15) 给出了增强体中的应力:

$$\sigma_i = C_m(\boldsymbol{S} - \boldsymbol{I})\,[(C_i - C_m)\,\boldsymbol{S} + C_m]^{-1}\,C_i\varepsilon^t \tag{6.15}$$

这一表达式可以计算出夹杂物中的内应力。当夹杂相浓度较小时, 该方法是有效的。否则, 来自其他夹杂物的场的相互作用将会影响基体和增强体中的平均场。Eshelby 张量的主要优点是它可以确定夹杂物中的应力和应变, 而不必担心基体中复杂的应力场。根据几何形状和选定的载荷工况, 去确定全部应力场值是一个极其困难的命题。

如果复合材料中含有任意长径比的椭球形夹杂物, 则 Eshelby 方法是非常适用的。然而, 任意形状的增强体通常会导致在局部场中奇点和问题。一般来说, 如果出现颗粒或纤维聚集, 平均方案会对某些增强体形状就会失效。最后但并非最不重要的一点是, 当其中一个相 (例如 WC/Co 复合材料) 发生约束塑性变形时, 颗粒形状和空间分布的影响可能变得非常显著。

6.1.5　数值模拟方法

作为解析分析的一种替代方法, 特别是当组分的几何结构和复合材料的热力史被纳入性能模拟时, 有限元法 (finite element method, FEM) 等数值模拟技术已经变得十分流行。一种常见的方法就是使用单元体模型, 将一个或多个增强体、纤维或颗粒嵌入基体中, 用以模拟具有周期性增强体阵列的复合材料。需要注意的是, 在实际复合材料中, 颗粒通常含有尖角, 因此球形颗粒不一定是

模拟的现实选择。基于微观结构的有限元技术已经应用, 该技术能够综合考虑颗粒形态和颗粒聚集的 "真实" 微观结构, 以作为使用有限元技术进行分析的基础 (Chawla 等, 2003, 2004)。图 6.9 展示了基于微观结构的模型和两个不同的单元体模型。

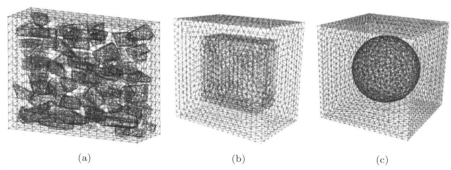

(a)　　　　　　　(b)　　　　　　　(c)

图 6.9　不同类型数值模型的比较: 基于微观结构 (a)、矩形棱柱单元体 (b) 以及球形单元体 (c)(根据 Chawla 等, 2004)

Chawla 等 (2003) 将面向对象的有限元技术应用于从真实系统图像 (显微照片) 中获取的颗粒增强 MMC。其中, 增强体颗粒体积分数和排列方式 (相对于加载轴) 对弹性性能各向异性的影响被重点研究。Chawla 等 (2004) 对 Al/SiCp 复合材料的有效杨氏模量进行了数值模拟预测, 如表 6.2 所示。结果表明单位圆柱颗粒比球形颗粒具有更大的硬化效应。显然, 剪切滞后型载荷转移机制 (见第 7 章) 在平面界面上比在球形界面上更有效。

表 6.2　各种有限元模型预测的杨氏模量与实验值的对比 (Chawla 等, 2004)

方法	杨氏模量/GPa
单元体, 矩形棱柱	113
单元体, 球形	100
3D 微观组织	107.4±0.4
实验 (Ganesh 和 Chawla, 2004)	107.9±0.7

通过比较复合材料中典型棱柱形 (矩形) 单元体和球形单元体模型的杨氏模量的预测结果, 可以看出使用三维 (3D) 微观结构模型的优势, 如表 6.2 所示。采用棱柱形矩形单元体和球形单元体分别得到了最高和最低的模拟模量和强度。这是由于棱柱形、矩形颗粒的载荷转移程度高于球形颗粒。由于实际的微观结构包含了 SiC 颗粒沿加载方向的固有长径比和排列, 来自材料两个不同区域的三维微观结构模型显示出更高的强化程度。Chawla 等 (2004) 将同

一复合材料的所有预测模量与实验拉伸数据进行比较, 结果表明 3D 微观结构模型的结果与实验测定的杨氏模量值 (108 GPa) 具有很好的相关性 (Ganesh 和 Chawla, 2004)。此外, 颗粒形状对结果也具有重要影响。与椭球形颗粒相比, 角形颗粒可以更好地转移载荷, 但也会在尖角处产生应力集中 (Williams 等, 2012)。

6.2　物理性质

在这一节中, 我们提供了一些重要的物理性质的表达式, 如密度、热膨胀系数、电导率和热导率。

6.2.1　密度

材料的密度是指单位体积的质量。密度是混合定律 (ROM) 适用于任一复合材料而不考虑组分分布的一个性质。复合材料的质量是各组分质量的总和。因此:

$$m_c = m_m + m_r \tag{6.16}$$

式中, m 为质量; 下标 c、m、r 分别代表复合材料、基体和增强体。即使在复合材料中存在孔隙的情况下, 式 (6.16) 也是成立的。对于复合材料的体积, 可以写成:

$$V_c = V_m + V_r + V_v \tag{6.17}$$

式中, V 为构件的体积; 下标 c、m、r、v 分别代表复合材料、基体、增强体和孔隙。复合材料的质量分数和体积分数存在如下两个关系:

$$M_m + M_r = 1$$

$$V_m + V_r + V_v = 1$$

对于复合材料的密度, 可写成:

$$\rho_c = \frac{m_c}{V_c} = \frac{m_r + m_m}{V_c} = \frac{\rho_r V_r + \rho_m V_m}{V_c} = \rho_r V_r + \rho_m V_m \tag{6.18}$$

复合材料密度的实验测量经常用于检测复合材料中是否存在孔隙。值得指出的是, 如果复合材料的组分之间存在界面反应时, 反应产物应作为复合材料的附加组分处理。

6.2.2 热膨胀系数

除极少数例外, 大多数材料受热膨胀, 即体积增大。这源于材料在不同温度下会发生不同程度的原子或分子振动。这些振动的振幅随温度而升高而增大。首先回顾材料热膨胀系数 (coefficient of thermal expansion, CTE) 的基本表达式, 我们就可以用体积 CTE 来描述体热膨胀系数 β, 定义为

$$\beta_{ij} = \frac{1}{V} \left(\frac{\delta V}{\delta T} \right)$$

式中, V 是物质的体积; T 是它的温度。体积 CTE 的两个指标表明它是一个二阶张量。同样, 我们定义线膨胀系数 α 为

$$\alpha_{ij} = \frac{\delta \varepsilon_{ij}}{\delta T}$$

式中, ε 是应变; α 是另一个二阶对称张量, 热膨胀系数在一个很大的温度范围内不是一个恒定值。在小范围温度波动内 (ΔT), 应变可写为

$$\varepsilon_{ij} = \alpha_{ij} \Delta T$$

回想一下应变张量的对角项之和表示体积变化是有指导意义的, 即

$$\beta = \varepsilon_{11} + \varepsilon_{22} + \varepsilon_{33} = 3\alpha$$

$$\alpha = \frac{1}{3} \left(\varepsilon_{11} + \varepsilon_{22} + \varepsilon_{33} \right)$$

对于小应变来说

$$\beta_{ij} = 3\alpha_{ij}$$

在矩阵表达式中, 可以写成 (省略非对角项)

$$\begin{vmatrix} \varepsilon_{11} & \varepsilon_{12} & \varepsilon_{13} \\ & \varepsilon_{22} & \varepsilon_{23} \\ & & \varepsilon_{33} \end{vmatrix} = \begin{vmatrix} \alpha_{11} & \alpha_{12} & \alpha_{13} \\ & \alpha_{22} & \alpha_{23} \\ & & \alpha_{33} \end{vmatrix} \Delta T$$

在简并表达式中, 上述表达式的形式如下:

$$\begin{vmatrix} \varepsilon_1 \\ \varepsilon_2 \\ \varepsilon_3 \\ \varepsilon_4 \\ \varepsilon_5 \\ \varepsilon_6 \end{vmatrix} = \begin{vmatrix} \alpha_1 \\ \alpha_2 \\ \alpha_3 \\ \alpha_4 \\ \alpha_5 \\ \alpha_6 \end{vmatrix} \Delta T$$

123

复合材料的热膨胀系数表达式。通常情况下，复合材料的热膨胀系数不同于仅依靠简单的混合定律 (ROM) $(\alpha_{\mathrm{f}} V_{\mathrm{f}} + \alpha_{\mathrm{m}} V_{\mathrm{m}})$ 获得的热膨胀系数，这是因为具有与基体不同膨胀系数的增强体的存在，相当于在基体上引入了一个机械约束。约束的程度也取决于增强体的特性，例如，纤维会对基体造成比颗粒更大的约束。

如今，研究者们已经提出很多模型预测纤维和颗粒复合材料的热膨胀系数 (CTE)。文献中都可以找到各种复合材料膨胀系数的实验测定方法以及常规热膨胀特性的分析方法。比如 Turner (1946), Kerner (1956), Rosen 和 Hashin (1970), Schapery (1968), Marom 和 Weinberg (1975)，以及 Vaidya 和 Chawla (1994)。

1. 单向排列纤维复合材料

在纤维增强复合材料中，需要两个热膨胀系数: 纵向膨胀系数 α_{cl}、横向膨胀系数 α_{ct}。纤维的膨胀系数一般低于基体的膨胀系数。因此，纤维对基体进行了机械约束，导致 α_{cl} 通常比 α_{ct} 小。当 V_{f} 较低时，纤维复合材料的横向膨胀系数 α_{ct} 可能大于基体自身的热膨胀系数。长而硬的纤维阻止了基体在纵向上的膨胀，这就迫使基体在横向上比通常情况下膨胀得更多。Schapery (1968) 确定单向纤维增强复合材料的热膨胀系数的界限。这些边界在纵向上很窄。在本文分析中做出以下假设:

(1) 纤维与基体之间的结合是理想的机械式结合，即不允许发生化学反应;

(2) 纤维是理想连续排列;

(3) 各组分的性质不随温度发生变化;

(4) 各组分的泊松比没有很大差别。

纤维增强复合材料的膨胀系数表达式如下。复合材料的纵向膨胀系数为

$$\alpha_{\mathrm{cl}} = \frac{\alpha_{\mathrm{m}} E_{\mathrm{m}} V_{\mathrm{m}} + \alpha_{\mathrm{f}} E_{\mathrm{f}} V_{\mathrm{f}}}{E_{\mathrm{m}} V_{\mathrm{m}} + E_{\mathrm{f}} V_{\mathrm{f}}} \tag{6.19}$$

横向膨胀系数为

$$\alpha_{\mathrm{ct}} \cong (1 + \nu_{\mathrm{m}}) \alpha_{\mathrm{m}} V_{\mathrm{m}} + (1 + \nu_{\mathrm{f}}) \alpha_{\mathrm{f}} V_{\mathrm{f}} - \alpha_{\mathrm{cl}} \bar{\nu}$$

$$\bar{\nu} = \nu_{\mathrm{f}} V_{\mathrm{f}} + \nu_{\mathrm{m}} V_{\mathrm{m}} \tag{6.20}$$

当纤维体积分数较低，$V_{\mathrm{f}} < 0.2$ 或 0.3 时，可以近似为

$$\alpha_{\mathrm{ct}} \cong (1 + V_{\mathrm{m}}) \alpha_{\mathrm{m}} V_{\mathrm{m}} + \alpha_{\mathrm{f}} V_{\mathrm{f}}$$

若复合材料在三维方向含有随机取向的短纤维或晶须, 则膨胀的各向异性可以减小。对于这种复合材料, 各向同性热膨胀系数为

$$\alpha \cong \frac{\alpha_{cl} + 2\alpha_{ct}}{3}$$

2. 颗粒增强复合材料

可以认为颗粒增强复合材料是统计学意义上的均质材料, 即假设颗粒在基体中均匀分布。如图 6.10 所示。两相的体积分数分别为

$$V_1 \quad \text{和} \quad V_2 = 1 - V_1$$

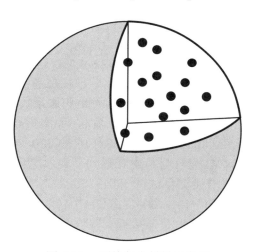

图 6.10 颗粒复合材料示意图

分散在基体中的球形颗粒组成的复合材料的体积热膨胀系数 (CTE) 如下 (Kerner, 1956):

$$\beta_c = \beta_m V_p + \beta_p V_p - (\beta_m - \beta_p) V_p \cdot \frac{\dfrac{1}{K_m} - \dfrac{1}{K_p}}{\dfrac{V_m}{K_p} + \dfrac{V_p}{K_m} + \dfrac{0.75}{G_m}}$$

Kerner 的公式与混合定律没有明显的差别, 这是因为颗粒对基体的约束远比纤维要小得多。Schapery 的解 (Schapery, 1968) 给出了热膨胀系数的上边界和下边界, 上边界为

$$\alpha_c = V_p \alpha_p + V_m \alpha_m + \frac{4G_m}{K_c} \cdot \frac{(K_c - K_p)(\alpha_m - \alpha_p) V_p}{4G_m + 3K_p}$$

下边界为

$$\alpha_c = V_p\alpha_p + V_m\alpha_m + \frac{4G_p}{K_c} \cdot \frac{(K_c - K_m)(\alpha_p - \alpha_m)V_m}{4G_p + 3K_m}$$

式中, K_c 为复合材料的体积模量, 由 Hashin–Shtrikman (Hashin 和 Shtrikman, 1963) 模型获得。

Turner 还给出了颗粒增强复合材料的线性热膨胀系数的表达式

$$\alpha_c = \frac{\alpha_m V_m K_m + \alpha_p V_p K_p}{V_p K_p + V_m K_m}$$

Turner 公式计算的膨胀系数通常比基于混合法则获得的值更低。

上述模型已被广泛用于预测颗粒增强金属基复合材料的实验行为。Elomari 等 (1997) 研究了碳化硅颗粒体积分数在 47%∼55% 范围内的碳化硅颗粒增强纯铝基复合材料的热膨胀系数 (CTE)。碳化硅颗粒在基质浸渗前的预氧化可以减少界面反应。在他们的研究中, 混合定律预测的膨胀系数最高, 随后是 Kerner、Schapery 和 Turner, 其中 Turner 的预测值最低。而实验数据则介于 Kerner 和 Schapery 预测值之间。Sadanandam 等 (1992) 在 SiC(10, 20%)、Al$_2$O$_3$(20%) 和 TiC(20%) 增强的 2124 Al 复合材料中观察到了类似趋势。Vaidya 和 Chawla (1994) 测量了几种颗粒增强复合材料 (2014/SiC/17$_p$, 2014/Al$_2$O$_3$/17$_p$, 8090 (Al-Li)/SiC/15$_p$、6061/SiC/15$_p$、6061/B$_4$C/15$_p$) 的 CTE。尽管 Kerner 模型的预测比实验值低得多, 但依旧是最接近实验值的。他们将此归因于这样一个事实, 即当约束项较小时, Kerner 模型接近混合规则近似, 即当增强体为颗粒形式时, 其带来的约束远没有纤维增强体的约束强。

Chawla 等 (2006) 以二维微观结构为模型基础, 研究了挤压态 SiC 颗粒增强 Al 基复合材料的热膨胀行为, 如图 6.11(a) 所示。碳化硅颗粒的形貌和分布对复合材料的应力状态有很大的影响 [图 6.11(b)]。颗粒/基体界面处的应力最大, 而颗粒间距离较近的基体也处于高热应力状态。连接复合材料中颗粒的高应力区域的 "网络" 结构也被观察到。对复合材料在 3 个不同方向上的热膨胀系数: 纵向 (平行于挤压轴)、横向 (垂直于挤压轴但在挤压平面内) 和短横向 (垂直于挤压轴且在挤压平面外) 进行了测量。如图 6.12(a) 所示, 3 个方向均显示出 Turner 的预测值低于实验值, 而 Schapery 边界略高于实验值。与使用上述分析模型相比, 采用基于微观结构的模型, 可以获得与其实验结果更好的一致性。然而, 由于模型的二维特性, 预测值略高于实验值, 如图 6.12(b) 所示。

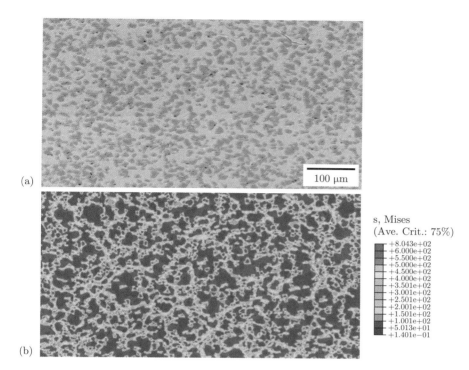

图 6.11 (a) 用作挤压态 SiC 颗粒增强铝基复合材料热膨胀行为有限元建模基础的 2D 微观结构; (b) 热膨胀后的 von Mises 应力分布。复合材料的应力状态受 SiC 颗粒的形态和分布的影响很大 (Chawla 等, 2006)。(参见书后彩图)

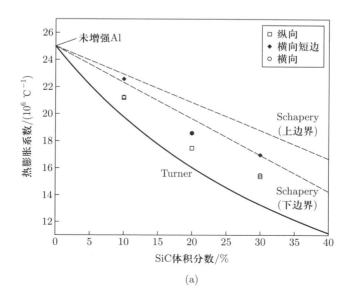

(a)

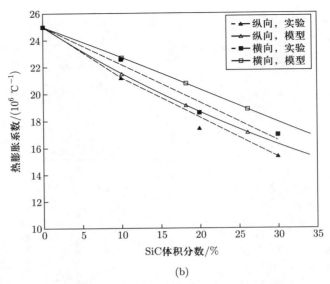

(b)

图 6.12　(a) 实验测定的 2080 Al/SiC$_p$ 基复合材料的 CTE 对比, Schapery 和 Turner 的分析预测; (b) 基于 2D 微观结构的有限元模拟预测。基于微观结构的模型更充分地反映了各向异性对 CTE 的影响 (Chawla 等, 2006)

3. 界面对复合材料热膨胀系数的影响

正如上面所描述的, 大多数模型所预测的复合材料的热膨胀系数值都小于简单混合定律 (ROM) 给出的值。复合材料的 CTE 通常小于 ROM 预测值, 因为陶瓷颗粒 (通常是低膨胀系数) 的存在对金属基体的膨胀形成了一定限制 (通常是高膨胀系数)。对此, 需要重点指出的是, 界面对 CTE 值造成了一定的影响, 特别是对于非常小的颗粒尺寸时, 界面的影响更甚。

Xu 等 (1994) 研究了颗粒大小对 Al/TiC$_p$ 复合材料热膨胀系数的影响, 其中 TiC 颗粒的大小不同。这一材料体系中, 两者界面是半共格状态 (Mitra 等, 1993)。颗粒体积分数维持在 15％左右, 此时增强颗粒的粒径有两种, 0.7 µm 和 4 µm。图 6.13 显示了这两种复合材料 (空心圆和实心三角形) 的 CTE 值。图 6.13 中还绘制了纯铝和碳化钛的 CTE 值。粒径为 4 µm 颗粒增强的复合材料的 CTE 自始至终显示出高于粒径为 0.7 µm 的颗粒增强的复合材料的 CTE。值得注意的是, 4 µm 颗粒增强的复合材料的 CTE 非常接近混合定律 (ROM) 获得的值, 而 0.7 µm 颗粒复合材料的 CTE 则不然, 这意味着 0.7 µm 颗粒对铝基体的约束大于 4.0 µm 颗粒。TiC 颗粒与基体之间存在非常良好的界面结合。虽然在界面区没有观察到化合物的形成, 但在界面区观察到晶格畸变。应变局域化区域的厚度在 10 ~ 50 nm 之间变化 (Mitra 等, 1993)。这种界面点阵畸变会影响复合材料的 CTE 值。由于界面面积与颗粒大小有关, 这种晶格畸变层的体积将取决于颗粒大小。因此, 颗粒粒径对复合材料 CTE 的影响会随着颗粒粒径和形状的不同而变化。对于一定的颗粒体积分数, 粒径越小, 界面区的体积分数越大。图 6.14(a) 展示了在一定颗粒体积分数下, 粒径对界面区大小的影响。两种颗粒粒径的复合材料, 其界面区的体积分数 V_i 的定量比较如图 6.14(b) 所示。假设畸变层厚度为 25 nm, V_i 会是 3%, 这非常重要。该界面区将会受到约束并使其与颗粒一起膨胀或收缩, 因此相比金属基体的 CTE, 该区域的 CTE 会更接近于颗粒的 CTE。为了解释颗粒尺寸对颗粒增强金属基复合材料 CTE 的影响, 设定该复合材料由一个基体相、一个颗粒增强体和一个界面区组成, 且界面区的 CTE 不同于基体的 CTE。在这种近似情况下, 基体膨胀时受到的约束嵌入到界面区项中。故这个三组分复合材料的 CTE 可写成如下式 (6.21):

$$\alpha_c = \alpha_p V_p + \alpha_m V_m + \alpha_i V_i \tag{6.21}$$

式中, 下标 c、p、m 和 i 分别表示复合材料、颗粒、基体和界面区。界面区体积分数 V_i 由界面面积和晶格畸变层厚度计算得到。采用式 (6.21) 的方法, 假设 α_i 相同而 V_i 不同, 获得了在 4.0 μm 和 0.7 μm 颗粒复合材料的最佳 CTE 曲线, 如图 6.13 中的带有数据点的实线。界面区的表观 CTE 值也显示在图 6.13 中。预测结果 [式 (6.21)] 与实验结果的一致性证实了颗粒尺寸对颗粒增强复合材料 CTE 的影响。

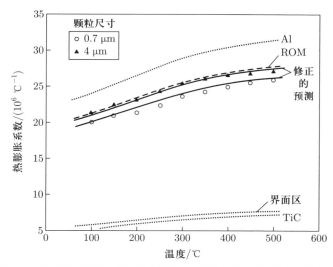

图 6.13 不同粒径 TiC 颗粒增强铝复合材料的 CTE 与温度的关系 (根据 Xu 等, 1994)。4 μm 颗粒复合材料的 CTE 始终高于 0.7 μm 颗粒复合材料的 CTE。修正的混合定律 (ROM) 较为精确地预测了实验结果, 包括界面的 CTE

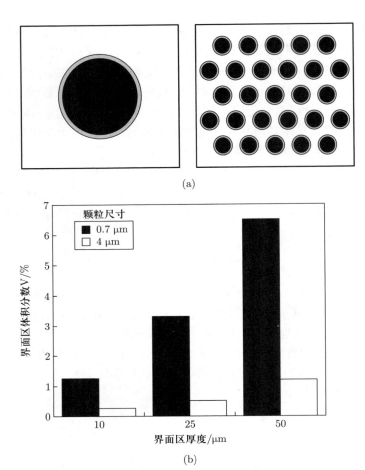

图 6.14　(a) 颗粒尺寸对界面区体积分数的影响示意图。粒径越小, 界面面积越大。(b) Al–TiC$_p$ 复合材料界面区体积分数的定量测量。界面区越大, 对复合材料的 CTE 的影响越大 (Xu 等, 1994)

较低的 CTE 也可能是由颗粒与基体之间的界面相引起的。Elomari 等 (1997) 研究了 SiC 颗粒增强纯铝基复合材料的 CTE 行为, 碳化硅颗粒在基体浸润前被氧化, 以将界面反应减少到最低。在颗粒上形成一层薄薄的二氧化硅涂层, 使其 CTE 比未氧化材料的 CTE 低。此外, 颗粒尺寸的减小 (即氧化物形成的表面积增大) 也会导致 CTE 的降低。

4. 影响复合材料 CTE 的其他因素

除界面外, 颗粒增强复合材料的热膨胀系数还受其他因素的影响。这包括在加热或冷却过程中由于增强体和基体之间的 CTE 失配而产生的塑性、增强体断裂、残余应力以及增强体之间接触点的局部应力。例如, Lee 等 (1991) 指出, 实验测量的铝合金/SiC_p 复合材料的 CTE 低于 Paul(1960) 建立的模型的预测值。他们假设不规则形状的 SiC 颗粒产生的热应力场相对于完美球形颗粒可能形成不同的热应力场。此外, 在颗粒/基体的界面处可能会形成不可压缩的塑性层, 进而导致基体直至整个复合材料具有较低的热膨胀。

CTE 也可能受到颗粒断裂的影响。Elomari 等 (1996) 研究发现颗粒增强 MMC(6061/Al_2O_3/10_p 和 20_p) 的 CTE 随着颗粒断裂而增加。颗粒断裂的增加导致 CTE 增加, 这可能是由于具有断裂面的材料增加了膨胀适配性且更易膨胀。残余应力对 CTE 也具有重要影响。Chang 等 (2000) 研究了 40 vol% Al_2O_3 颗粒增强铝基复合材料的 CTE 行为。发现水淬样品的热膨胀系数低于炉冷样品。这归因于水淬样品中存在热残余应力。温度在 100 ℃ 以上, CTE 增加且更接近 Kerner 的预测。这是由于残余应力随着温度的升高而减小。Shen 等 (1994) 采用单元体有限元法模拟了 SiC 颗粒增强铝基复合材料的热膨胀行为。实验表明, 残余应力增加了复合材料的表观 CTE, 因为金属基体中的残余应力具有拉伸分量。Shen 等 (1994) 还表明, 与拉伸刚度相比, CTE 对颗粒分布 (聚集) 的敏感性要小得多。这是因为, 对于弹性变形各向同性复合材料, 有效 CTE 为 (例如, 根据 Hashin–Shtrikman 和 Schapery):

$$\alpha = \alpha_2 + (\alpha_1 - \alpha_2)\frac{1/K - 1/K_2}{1/K_1 - 1/K_2}$$

式中, K 为体积模量, 下标 1 和 2 表示延性相和脆性相。从上式可以看出, CTE 高度依赖于 K, 且 K 对复合材料基体中颗粒的分布相对不敏感。有趣的是, 相的连续性对 CTE 有显著影响。例如, 当脆性相连续时, 延性相的膨胀受到了额外限制。在颗粒接触点或预先存在的加工诱导空隙处的微孔形核和扩展也可能导致应变随温度产生偏差, 此时会造成 CTE 略有增加 (Balch 等, 1996)。

6.2.3 热导率

热导率是另一个非常重要的热力学参数。后面阴影插页中给出了导热系数的一般背景。由在铝基体中单向排列的碳纤维组成的复合材料沿纤维方向具有极高的热导率, 特别是使用沥青基碳纤维时。这是因为沥青基碳纤维沿纤维轴具有非常高的热导率。因此, 根据所用碳纤维的体积分数, C/Al 复合材料沿纤维方向的热导率可以大于均匀的铜的热导率。这种复合材料横向于纤维方向的热导率大约是铝的 2/3。由此, 这种 C/Al 复合材料可以在将减小质量作为一个重要考虑因素的传热应用中找到应用。这类应用的实例可能包括用于计算机的高密度、高速集成电路封装和电子设备的基板 (见第 11 章 "应用" 一章)。另一种可能是使用这种复合材料来消散高速飞机机翼前缘的热量。碳化钨/钴基复合材料广泛应用于金属切削或岩石钻探等会处于非常高温度的作业中,从磨损表面散热从而避免局部温升引起材料软化的这种能力取决于复合材料的热导率。在 WC/Co 复合材料中,声子 (晶格波的量子) 和电子都对热导率有贡献。在陶瓷中,只有声子 (晶格) 热导率对总热导率有贡献。

材料中的热流与温度梯度成正比,其比例常数称为热导率。用符号表示的传热方程为

$$q_i = -k_{ij}\mathrm{d}T/\mathrm{d}x_j$$

式中, q_i 是沿 x_i 方向的热通量, $\mathrm{d}T/\mathrm{d}x_j$ 是垂直于 x_j 轴表面上的温度梯度,系数 k_{ij} 称为热导率。热导率也是一个二阶张量,注意有两个下标指数。类似于热膨胀系数,各向同性材料中的二阶张量,即对称热导张量 k_{ij},可以简化为标量 k。在正交各向异性材料中,我们需要沿着 3 个主轴方向的 3 个常数: k_{11}、 k_{22} 和 k_{33}。在横向各向同性材料中,例如单向增强纤维复合材料,将有两个常数: 轴向上的 k_{c1} 和横向上的 k_{ct}。轴向上的热导率 k_{c1} 可通过经典混合定律 (Behrens, 1968) 进行预测:

$$k_{c1} = k_{c\ell} = k_{f\ell}V_f + k_m V_m$$

式中, $k_{f\ell}$ 是纤维在轴向上的热导率, k_m 是各向同性基体的热导率。这种关系类似于通过并联作用模型获得的杨氏模量在纵向上的 ROM。

单向排列纤维复合材料 (即横向各向同性) 在横向上的热导率可用串联作用模型来近似计算。具体为

$$k_{ct} = k_2 = k_{f2}k_m / (k_{f2}V_f + k_m V_m)$$

利用 Halpin–Tsai–Kardos 方程可以得到含有单向排列纤维复合材料的横向热导率的如下表达式:

$$k_{c2} = k_{c3} = k = (1 + \eta V_f) / (1 - \eta V_f) k_m$$

和

$$\eta = [(k_{f2}/k_m) - 1] / [(k_{f2}/k_{fm}) + 1]$$

输运特性

电导率和热导率是两个非常重要的输运性质。电阻率 ρ 是电导率 σ 的倒数。单位长度为 L, 横截面积为 A 的金属的电阻率为

$$R = \frac{L\rho}{A}$$

欧姆定律将电压降 V 和电流 I 联系起来, 即 $V = IR$。另一个欧姆定律的形式如下:

$$J_i = \sigma_{ij} E_j \qquad (A)$$

式中, J 为电流密度 (单位面积电流) $I/A(\text{A·m}^{-2})$; E 为电场 (V·m^{-1}); σ 为电导率 $(\Omega^{-1} \cdot \text{m}^{-1})$, 且 $\sigma = 1/\rho$。电导率也是有两个指数所示的二阶张量。金属通常是优良的导体, σ 约为 $10^7 \ \Omega^{-1} \cdot \text{m}^{-1}$。一般来说, 杂质、固溶体合金化和塑性变形均会降低金属的导电性。

材料中的热通量与温度梯度成正比, 比例常数称为热导率。基本方程的形式为

$$q_i = -k_{ij} \text{d}T/\text{d}x_j$$

式中, q_i 是沿 x_i 方向的热通量, $\text{d}T/\text{d}x_j$ 是垂直于 x_j 轴表面上的温度梯度, 系数 k_{ij} 称为热导率。这两个指数表明热导率也是一个二阶张量。另一种形式的传热方程为

$$q_i = -k_{ij} \Delta T \qquad (B)$$

式中, q_i 是热通量; ΔT 是温度梯度; k_{ij} 是热导张量 $[\text{W}/(\text{m·K})]$。式 (A) 和 (B) 在数学上是相似的。在这两式中, 等号左边的量随等号右边的量的变化响应。两者通过比例常数 (σ 和 k) 联系在一起, 该常数为二阶张量。对于立方对称体系, 张量简化为一个标量。

6.2.4 导电性

就导电性而言, 大多数金属基复合材料是优良导电体 (例如 Cu、Al、Ti) 和绝缘体 (例如 B、C、SiC、Al_2O_3) 的混合物, 当然也有例外, 诸如 W/Cu 复合材料。在插图中给出了有关电导率的一些一般背景资料。复合材料的传导特性 (热导率或电导率) 取决于基体、增强体的传导特征、增强体的体积分数、长径比和形状以及基体与增强体的界面特性 (Weber 等, 2003a, b; Weber, 2005)。尤其是界面处的电阻将随增强体的形式和大小以及各相之间的连接性而发生变化。Weber (2005) 分析了增强体尺寸对金属基复合材料电导率的影响。他用在金属/陶瓷界面处传导电子的额外散射解释了这种所观察到的尺寸效应。此外, 还发现从加工温度冷却的过程中金属基体的塑性变形所产生的位错对电导率散射的影响并不显著。

对于简单的纤维增强复合材料的情况, 假设没有显著的界面效应, 我们可以用类似于其他混合定律类型关系的方式, 写出复合材料轴向上的电阻率:

$$\rho_{\text{cl}} = \rho_1 V_1 + \rho_2 V_2$$

式中, ρ 表示电阻率; V 为相的体积分数; 下标 cl、1、2 分别表示复合材料轴向以及它的两个组分。或者电导率 σ (不幸的是, 习惯上也使用这个相同的符号表示强度) 可以写为

$$\sigma_{cl} = \sigma_1 V_1 + \sigma_2 V_2$$

在横向上则有

$$\frac{1}{\sigma_{ct}} = \frac{V_1}{\sigma_1} + \frac{V_2}{\sigma_2}$$

式中符号与前面所给出的意义相同。还有一个对数表达式:

$$\log \sigma_c = V_1 \log \sigma_1 + V_2 \log \sigma_2$$

当然, 如果情况属实, 可以将这些表达式推广到两个以上组分的复合材料中。还可以使用自洽模型去获得复合材料的电导率, 例如, 参见 Hale(1976)。

需要强调的一个重点是, 复合材料中金属基体的电阻率 (同时是电导率) 可能与未被增强的金属基体不同。这是因为加工过程中可能发生的塑性变形会在基体和增强体之间由于热失配而产生位错, 反过来, 位错又会增加基体的电阻率。与未增强的金属不同, 不能通过退火处理恢复电导率, 因为退火处理可能会再次由于两组分之间的热失配造成基体的塑性变形。

6.3 复合材料的热应力

热应力是由于当物体的自由尺寸变化受到约束而产生的一种内应力。在没有约束的情况下, 基体可以经受自由热应变, 而不伴随任何热应力。在复合材料中, 这种约束来自它是由不同材料制成的事实, 即具有不同的热膨胀系数。由于增强体和基体的热膨胀系数始终存在失配 ($\Delta\alpha = \alpha_m - \alpha_r$), 从而导致复合材料中存在热应力。当不存在温度梯度时, 热应变可由 $\Delta\alpha\Delta T$ 给出, 其中 ΔT 是温度变化振幅。在从加工温度冷却的过程中, 由于增强体 (颗粒、短纤维或者长纤维) 与基体之间的热失配, 复合材料内部会产生大量的热应力。所产生的热应力取决于增强体的体积分数、几何形状、热失配、温度差异 ($T_{final} - T_{initial}$) 以及模量比 (E_r/E_m), 其中下角标 r 代表增强体, m 代表基体。通常情况下, $\alpha_m > \alpha_r$, 当温度从初始温度 ($T_{initial}$) 降低至末态温度 (T_{final}) 时, ($T_{initial} > T_{final}$), 基体的收缩量会大于增强体, 使得增强体受压应力而基体受拉伸应力。以上是简单的解释, 然而实际上, 以上受力过程是一个复杂的三维状态。下面推导了两种复合材料中 (三维) 热应力分量的解析表达式: 一个被其相关的球形基体壳包裹的中心颗粒和一个被其圆柱形基体壳包裹的中心纤维。本分析中做出了以下假设:

(1) 基体和增强体之间遵循胡克定律;

(2) 弹性增强体嵌入在弹性连续基体内部;

(3) 基体与增强体之间无化学反应。

接下来, 我们需要使用以下几组关系来解决涉及复杂应力状态的弹性问题:

(1) 力的平衡方程;

(2) 相容性方程;

(3) 本构方程 (应力–应变关系);

(4) 边界条件。

6.3.1 颗粒增强复合材料的热应力

考虑由分布在金属基体中的小陶瓷颗粒组成的颗粒复合材料, 如果我们把这个复合材料看作是一个大小一致的弹性球体的集合, 嵌在一个无限弹性连续体中, 那么从弹性理论出发 (Timoshenko 和 Goodier, 1951; Brooksbank 和 Andrews, 1970), 可以证明在每个颗粒周围会产生一个轴对称的应力分布。图 6.15 显示了这种颗粒增强复合材料的示意图。假设每个粒子半径为 a, 周围的基体球外部半径为 b, 这个球对称问题需要使用球坐标 r、θ 和 φ, 如图 6.15 所示。其应力、应变和位移分量 u 如下:

$$\sigma_r, \sigma_\theta = \sigma_\varphi$$
$$\varepsilon_r, \varepsilon_\theta = \varepsilon_\varphi$$

$u_r = u$, 表示径向位移, 取决于 θ 或 φ。

材料的应力应变关系模型如下:

$$\varepsilon_\theta = \frac{u}{r} = \frac{1}{E}\left[\sigma_\theta(1-\nu) - \nu\sigma_r\right] + \alpha\Delta T = \varepsilon_\varphi$$

$$\varepsilon_r = \frac{\mathrm{d}u}{\mathrm{d}r} = \frac{1}{E}\left[\sigma_r(1-\nu) - \nu\sigma_\theta\right] + \alpha\Delta T \tag{6.22}$$

球形问题的平衡方程为

$$\frac{\mathrm{d}\sigma_t}{\mathrm{d}r} + \frac{2\left(\sigma_t - \sigma_\theta\right)}{r} = 0 \tag{6.23}$$

联立式 (6.22) 与 (6.23), 得到如下的等式:

$$\frac{\mathrm{d}^2 u}{\mathrm{d}r^2} + \frac{2}{r}\frac{\mathrm{d}u}{\mathrm{d}r} - \frac{2}{r^2}u = 0 \tag{6.24}$$

此微分方程的解为

$$u = Ar + \frac{C}{r^2} \tag{6.25}$$

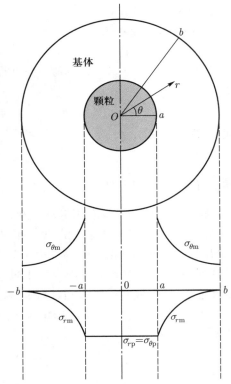

图 6.15 颗粒增强复合材料 (基体 CTE α_{m} > 颗粒 CTE α_{p}) 冷却时的热应力分布。颗粒处于均匀压力 P 下, 而基体具有径向和切向应力分量; 基体的径向和切向分量随距离变化 $1/r^3$

这是位移作为径向距离的函数的通解。我们可以通过应用下列与问题有关的边界条件来获得应力分量:

(1) 应力在自由表面消失, 即 $r = b$;

(2) 在界面处的径向应力即界面压力 P, $\sigma_r(a) = -P$。

当应用这些边界条件时, 发现球形颗粒中的应力为

$$\sigma_{r\mathrm{p}} = \sigma_{\theta\mathrm{p}} = -P$$

基体中的应力为

$$\sigma_{r\mathrm{m}} = \frac{P}{1 - V_{\mathrm{r}}} \left[\frac{a^3}{r^3} - V_{\mathrm{r}} \right]$$

和

$$\sigma_{\theta\mathrm{m}} = -\frac{P}{1 - V_{\mathrm{r}}} \left[\frac{1}{2} \frac{a^3}{r^3} + V_{\mathrm{r}} \right]$$

P 的表达式转变成

$$P = \frac{(\alpha_{\mathrm{m}} - \alpha_{\mathrm{r}})\,\Delta T}{\dfrac{0.5\,(1+\nu_{\mathrm{m}}) + (1-2\nu_{\mathrm{m}})\,V_{\mathrm{r}}}{E_{\mathrm{m}}\,(1-V_{\mathrm{r}})} + \dfrac{1-2\nu_{\mathrm{r}}}{E_{\mathrm{r}}}}$$

$$V_{\mathrm{r}} = \left(\frac{a}{b}\right)^3 \tag{6.26}$$

在上式中, V_{r} 为颗粒的体积分数; a 是颗粒半径; b 是基体外半径, 其余符号含义与前述公式中保持一致, 这里不再赘述。对于颗粒增强复合材料中基体的 CTE 大于颗粒的 CTE ($\alpha_{\mathrm{m}} > \alpha_{\mathrm{r}}$), 的冷却情况, 图 6.15 的下半部分显示了颗粒增强复合材料中应力分布示意图, 我们可以将颗粒增强复合材料的主要结果总结如下:

(1) 颗粒处于等压力 P 下;

(2) 基体具有径向和切向的应力分量, 其变化为 $1/r^3$;

(3) 根据边界条件, 径向分量在自由表面 ($r = b$) 趋于 0, 切向分量在自由表面上具有非零值。

6.3.2 纤维增强复合材料的热应力

许多研究人员分析了这个重要问题 (Poritsky, 1934; Hull 和 Burger, 1934; Chawla 和 Metzger 1972; Scherer, 1986; Herrman 和 Wang, 1991; Hsueh 等, 1988)。对于单向纤维增强复合材料, 由于其固有的柱面对称性, 采用极坐标是很方便的。图 6.16 显示了纤维/基体单元体, 由纤维 (半径为 a) 与包围其的基体 (外半径为 b) 组成。基体的外半径 b 将取决于基体的体积分数。这样一个简单的轴对称模型可以用来分析达到中等纤维体积分数时热应力的三维状态。

轴对称的优势在于可以利用与 θ 无关的主应力来分析问题。我们推导了如图 6.16 所示的双单元圆柱形复合材料的热应力表达式。考虑到轴对称的情况, 广义的胡克定律可以写成如下 (Poritsky, 1934; Hull 和 Burger, 1934; Chawla 和 Metzger, 1972):

$$\varepsilon_r = \frac{\partial u}{\partial r} = \frac{1}{E}\left[\sigma_r - \nu\,(\sigma_\theta + \sigma_z)\right] + \alpha\Delta T$$

$$\varepsilon_\theta = \frac{u}{r} = \frac{1}{E}\left[\sigma_\theta(1-\nu) - \nu\,(\sigma_r + \sigma_z)\right] + \alpha\Delta T$$

$$\varepsilon_z = \frac{\partial w}{\partial z} = \frac{1}{E}\left[\sigma_z - \nu\,(\sigma_r - \sigma_\theta)\right] + \alpha\Delta T \tag{6.27}$$

式中, ε 表示应变; u 表示径向位移; σ 表示应力; α 则为热膨胀系数; ΔT 为温度变化, r、y、z 为圆柱坐标。

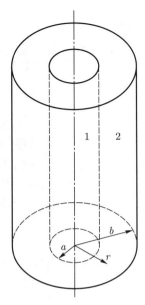

图 6.16　由纤维及基体组成的单元体复合圆筒。1 和 2 分别表示纤维和基体

这个旋转对称问题的唯一平衡方程为

$$\frac{\mathrm{d}\sigma_r}{\mathrm{d}_r} + \frac{(\sigma_r - \sigma_\theta)}{r} = 0 \tag{6.28}$$

联立式 (6.27) 与 (6.28)，可以得到以下问题的控制微分方程:

$$\frac{\mathrm{d}^2 u}{\mathrm{d}r^2} + \frac{1}{r}\frac{\mathrm{d}u}{\mathrm{d}r} - \frac{u}{r^2} = 0 \tag{6.29}$$

这个微分方程的通解为

$$u = Ar + \frac{C}{r} \tag{6.30}$$

式中, A 与 C 均为常数。

位移 u 和径向距离 r 之间的关系需要通过应用边界条件来求解每个组分、中心纤维和外基体套筒。因此, 在组分 1 和纤维中, 径向位移可以由式 (6.31) 得出

$$u_1 = A_1 r + \frac{C_1}{r} \tag{6.31}$$

并且可以获得组分 2 和基体的径向位移:

$$u_2 = A_2 r + \frac{C_2}{r} \tag{6.32}$$

上述表达式中的积分常数需要利用边界条件来求得。这些边界条件是:

(a) 自由表面处的应力消失, 即在 $r = b$ 处, $\sigma_{r2} = 0$;

(b) 在纤维/基体界面处位移连续, 即在 $r = a$ 处, $u_1 = u_2$;

(c) 在纤维/基体界面处径向应力连续, 即在 $r = a$ 处, $\sigma_{r1} = \sigma_{r2}$;

(d) 径向位移 u 在对称轴处必须等于 0, 即在 $r = 0$ 处, $u_1 = 0$。

利用这些边界条件, 可以确定式 (6.31) 和式 (6.32) 的积分常数。最后一个条件是 $C_2 = 0$, 否则 u_1 在 $r = 0$ 处趋于无穷, 与情况实际不符。剩余的 3 个方程有 3 个未知数。由于用于增强金属的陶瓷纤维直至断裂前仍保持弹性, 而金属在所产生的热应力下会发生塑性变形, 因此我们得出基体中 3 个应力分量的完整表达式, 它们为

$$\sigma_r = A\left(1 - \frac{b^2}{r^2}\right), \quad \sigma_\theta = A\left(1 + \frac{b^2}{r^2}\right), \quad \sigma_z = B \qquad (6.33)$$

式中, 省略下标 m, 常数 A 和 B 有如下表达式:

$$A = -\frac{E_m\,(\alpha_m - \alpha_f)\,\Delta T(a/b)^2}{1 + (a/b)^2(1-2)\,[(b/a)^2 - 1]\,(E_m/E_f)}$$

$$B = \frac{A}{(a/b)^2}\left\{2\nu\left(\frac{a}{b}\right)^2 \frac{1+(a/b)^2(1-2\nu)+(a/b)^2(1-2\nu)\,[(b/a)^2-1]\,(E_m/E_f)}{1+[(b/a)^2-1]\,(E_m/E_f)}\right\}$$

和

$$\nu_m = \nu_f = \nu$$

图 6.17 展示了纤维增强复合材料中三维应力分布的示意图。在图 6.17 中, 下标 1 和 2 分别表示增强纤维和基体。

这种热弹性解决方案可以提供所涉及的弹性应力的大小以及是否会超过弹性极限的相关信息。对金属基体来说, 它很可能在这些热应力的响应下发生塑性变形。(Chawla, 1973a, b; Arsenault 和 Fisher, 1983; Christman 和 Suresh, 1988)

从图 6.17 中可以获得一些重要的结论:

(1) 轴向应力在纤维和基体中是一致的, 虽然其大小不同且取决于各自的弹性常数;

(2) 在纤维即中心组分 1 中, σ_{rf} 和 $\sigma_{\theta f}$ 在大小和意义上均是相等的, 在基体即圆柱 2 中, σ_{rm} 与 $\sigma_{\theta m}$ 分别随 $1 - (b^2/r^2)$ 与 $1 + (b^2/r^2)$ 变化;

(3) 当温度差或膨胀系数差为 0 时, 热应力如预期那样消失。

作为说明, 我们在图 6.18 中绘制了在氧化铝纤维/镁基复合材料中基体产生的热应力随界面径向距离的变化曲线。图中所示的应力值对应于 $-1\ ^\circ\text{C}$ 的过冷度。采用归一化径向距离, 即 $r/a = 1$ 对应界面。需要注意的是, 轴向应

力为定值。此外, 还需要注意的是径向压缩应力在纤维/基体界面处最高, 而在自由表面趋于 0。切向应力本质上是拉伸应力, 在界面处最高, 在表面处突变为正值。

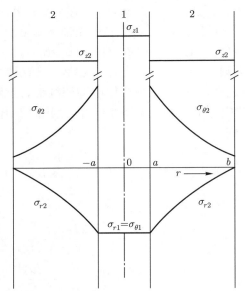

图 6.17　纤维增强复合材料中三维应力分布示意图。1 和 2 分别表示纤维和基体

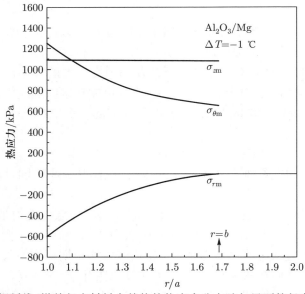

图 6.18　氧化铝纤维/镁基复合材料中基体的热应力分布随与界面的径向距离的变化图。所示应力值对应 -1 ℃ 过冷度, 使用归一化径向距离, 即 $r/a = 1$ 对应于界面

参考文献

Arsenault R. J., and Fisher R. M. (1983) Scripta Metall., 17, 67.

Balch D. K., Fitzgerald T. J., Michaud V. J., Mortensen A., Shen Y.-L., and Suresh S. (1996) Metall. Mater. Trans., 27A, 3700–3717.

Behrens E. (1968) J. Composite Mater., 2, 2.

Brooksbank D., and Andrews K. W. (1970) J. Iron and Steel Inst., 208, 582.

Chang S.-Y., Lin S.-J., and Flemings M. C. (2000) Metall. Mater. Trans., 31A, 291–298.

Chawla K. K. (1973a) Phil. Mag., 28, 401.

Chawla K. K. (1973b) Metallography, 6, 55.

Chawla K. K., and Metzger M. (1972) J. Mater. Sci., 7, 34.

Chawla N., Patel B. V., Koopman M., Chawla K. K., Saha R., Patterson B. R., Fuller E. R., and Langer S. A. (2003) Mater. Charac., 49, 395–407.

Chawla N., Ganesh V. V., and Wunsch B. (2004) Scripta Mater., 51, 161–165.

Chawla N., Deng X., and Schnell D. R. M. (2006) Mater. Sci. Eng., 426A, 314–322.

Christman T., and Suresh S. (1988) Acta Metall., 36, 1691.

Elomari S., Boukhili R., and Lloyd D. J. (1996) Acta Mater., 44, 1873–1882.

Elomari S., Boukhili R., San Marchi C., Mortensen A., and Lloyd D. J. (1997) J. Mater. Sci., 32, 2131–2140.

Eshelby J. D. (1957) Proc. Royal Soc., A241, 376–396.

Ganesh V. V., and Chawla N. (2004) Metall. Mater. Trans., 35A, 53–62.

Ganesh V. V., and Chawla N. (2005) Mater. Sci. Eng., A391, 342–353.

Hale D. K. (1976) J. Mater. Sci., 11, 2105.

Halpin J. C., and Kardos J. L. (1976) Polymer Eng. Sci., 16, 344.

Halpin J. C., and Tsai S. W. (1967) "Environmental Factors Estimation in Composite Materials Design," AFML TR 67–423.

Hermans J. J. (1967) Proc. K. Ned. Akad. Wet., B70 (1), 1.

Herrman K. P., and Wang Y. Q. (1991) in Inelastic Deformation of Composite Materials, Springer-Verlag, New York, p. 445.

Hashin Z. (1962) J. Appl. Mech., 29, 143–153.

Hashin Z., and Rosen B. W. (1964) J. Appl. Mech., 31, 233.

Hashin Z., and Shtrikman S. (1963) J. Mech. Phys. Solids, 11, 127–140.

Hill R. (1964) J. Mech. Phys. Solids, 12, 199.

Hill R. (1965) J. Mech. Phys. Solids, 13, 189.

Hsueh C.-H., Becker P. F., and Angelini P. (1988) J. Am. Ceram. Soc., 71, 929–933.

Hull A. W., and Burger E. E. (1934) Physics, 5, 384.

Kerner E. H. (1956) Proc. Phys. Soc., B69, 808.

Koopman M., Chawla K. K., Coffin C., Patterson B. R., Deng X., Patel B. V., Fang Z., and Lockwood G. (2002) Adv. Eng. Mater., 4, 37.

Lee Y. S., Gungor M. N., Batt T. J., and Liaw P. K. (1991) Mater. Sci. Eng., A145, 37–46.

Marom G. D., and Weinberg A. (1975) J. Mater. Sci., 10, 1005.

Mitra R., Chiou W. A., Fine M. E., and Weertman J. R. (1993) J. Mater. Res., 8, 2300.

McDanels D. L., Jech R. W., and Weeton J. W. (1965) Trans. TMS-AIME, 233, 636.

Paul B. (1960) Trans. AIME, 218, 36.

Poritsky H. (1934) Physics, 5, 406.

Rosen B. W. (1973) Composites, 4, 16.

Rosen B. W., and Hashin Z. (1970) Int. J. Eng. Sci., 8, 15.

Rossoll A., Moser B., and Mortensen A. (2005) Mech. Mater., 37, 1.

Sadanandam J., Bhikshamaiah G., Gopalakrishna B., Suryanarayana S. V., Mahajan Y. R., and Jain M. K. (1992) J. Mater. Sci. Lett., 11, 1518–1520.

Schapery R. A. (1968) J. Comp. Mater., 2, 380.

Scherer G. (1986) Relaxation in Glass and Composites, Wiley, New York.

Shen Y.-L., Needleman A., and Suresh S. (1994) Metall. Mater. Trans., 25A, 839–850.

Timoshenko S., and Goodier J. N. (1951) Theory of Elasticity, McGraw-Hill, New York, p. 416.

Turner P. S. (1946) J. Res. Natl. Bur. Stand., 37, 239.

Vaidya R. U., and Chawla K. K. (1994) Composites Sci. Tech., 50, 13.

Weber L. (2005) Acta Mater, 53, 1945.

Weber L., Dorn J., and Mortensen A. (2003a) Acta Mater., 51, 3199.

Weber L., Fischer C., and Mortensen A. (2003b) Acta Mater., 51, 495.

Williams J. J., Segurado J., LLorca J., and Chawla N. (2012) Mater. Sci. Eng. A, 557, 113–118.

Xu Z.R., Chawla K. K., Mitra R., and Fine M. E. (1994) Scripta Metall. Mater., 31, 1525.

Whitney J. M., and Riley M. B. (1966) AIAA Journal, 4, 1537.

第 7 章
单向受载下的力学行为

在本章中, 我们将讨论连续纤维和不连续纤维 (短纤维和颗粒) 增强金属基复合材料 (MMC) 的单向受载下的强度和断裂机理。MMC 的循环疲劳和蠕变特性将分别在第 8 章和第 9 章中进行讨论。

7.1 强化机制

MMC 在单向受载下的强度和刚度通常远高于未经增强的金属材料。图 7.1 展示了 MMC 在单向加载过程中的损伤演化的一般性示意图。由于增强体的硬度通常比基体高得多, 所以很大一部分应力最初由增强体承受。之后在一个相当低的应力条件下发生微塑性变形, 这对应于应力–应变曲线中线性初始发生偏离的应力, 这个点称为比例极限应力。复合材料中的微塑性变形归因于纤维、晶须和颗粒的尖角或增强体极点处基体中的应力集中 (Goodier, 1933; Corbin 和 Wilkinson, 1994; Chawla 等, 1998b, 2003)。随着应变的增加, 基体中的微塑性成量级增加为整体塑性。增强体的加入导致材料的加工硬化速率相对于未增强材料有所增加, 相对于未经增强的基体, 可观察到的较高加工硬化速率是较低的基体体积分数的简单函数 (通过加入增强体), 并且不一定是由于加工硬化机制的变化所致。当基体显著加工硬化时, 基体会受到很强的约束 (即产生三轴拉伸应力)

而不能发生应变松弛。这导致孔隙开始形核和生长, 这发生在比在未增强材料中所观察到的更低的远场施加应变处。随着孔隙在基体中开始生长, 增强体中的应力逐渐接近其断裂应力, 复合材料随后发生断裂。需要指出的是, 断裂的演化过程也将受到增强体/基体界面的强度和特性的很大影响, 这会在 7.2 节和 7.3 节中讨论。

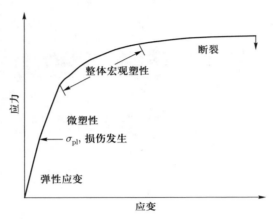

图 7.1　拉伸载荷下 MMC 的损伤演化示意图

7.1.1　直接强化

在 MMC 中观察到的强化机制可分为两大类, 直接强化和间接强化。直接强化主要发生在连续纤维增强复合材料中, 但也发生在不连续增强复合材料中。在施加载荷的情况下, 载荷从弱基体穿过基体/增强体界面传递到典型的高刚度增强体上 (Cox, 1952; Kelly 和 Lilholt, 1969; Cheskis 和 Heckel, 1970; Kelly, 1973; Chawla, 1998; Chawla 和 Shen, 2001)。以这种方式, 强化是通过增强体承受大部分外加载荷来实现的。图 7.2 为直接强化机制的示意图。让我们假设一根高刚度纤维嵌入到一个低模量基体中, 在不直接加载纤维本身的情况下加载该复合材料。如果在复合材料上画一组平行的假想线, 加载后, 由于纤维和基体中轴向位移不同而产生的剪应力, 这些假想线将会变形。这样, 通过基体中的剪应变将载荷转移给纤维。

让我们从数学上考虑一个弹性基体中纯弹性纤维的情况, 如图 7.3 所示。设 u 为在有纤维存在时在距一端为 x 处的基体中的位移, 并且设 v 是没有纤维时基体在 x 处的位移。假设 P_f 是纤维上的正常载荷, 则从基体到纤维的载荷转移的可以写成如下表达式:

$$\frac{\mathrm{d}P_f}{\mathrm{d}x} = B(u - v) \tag{7.1}$$

式中, B 是常数, 可以表示为是纤维排列、基体和纤维性质的函数。B 的确切表达式将在本节后面描述。对式 (7.1) 求导得到

$$\frac{\mathrm{d}^2 P_{\mathrm{f}}}{\mathrm{d}x^2} = B \left(\frac{\mathrm{d}u}{\mathrm{d}x} - \frac{\mathrm{d}v}{\mathrm{d}x} \right) \tag{7.2}$$

其中, $\dfrac{\mathrm{d}u}{\mathrm{d}x}$ 是纤维中的应变, 等于 $\dfrac{P_{\mathrm{f}}}{A_{\mathrm{f}}E_{\mathrm{f}}}$; $\dfrac{\mathrm{d}u}{\mathrm{d}x}$ 是远离纤维处的基体中的应变, 等于外加应变 e。

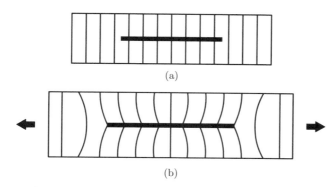

图 7.2 嵌入低模量基体中的单根纤维: (a) 无应力状态; (b) 应力状态

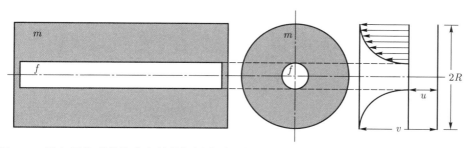

图 7.3 嵌入圆柱形基体壳中的单根纤维受到轴向应变 (e) 的作用, 该应变在纤维 (u) 和基体 (v) 中引起位移

因而式 (7.2) 可以改写为

$$\frac{\mathrm{d}^2 P_{\mathrm{f}}}{\mathrm{d}x^2} = B \left(\frac{P_{\mathrm{f}}}{A_{\mathrm{f}}E_{\mathrm{f}}} - e \right)$$

该二阶微分方程的解如下:

$$P_{\mathrm{f}} = E_{\mathrm{f}} A_{\mathrm{f}} e + S \sinh(\beta x) + T \cosh(\beta x)$$

145

式中, $\beta = \sqrt{\dfrac{B}{A_f E_f}}$.

为了计算积分常数 S 和 T, 我们应用了边界条件: 在 $x = 0$ 和 $x = l$ 处 $P_f = 0$, 利用半角三角关系, 可以得到以下结果:

$$P_f = E_f A_f e \left\{ 1 - \frac{\cosh\left[\beta\left(\dfrac{l}{2} - x\right)\right]}{\cosh \dfrac{l\beta}{2}} \right\}, \quad 0 < x < \frac{l}{2} \tag{7.3a}$$

或者

$$\sigma_f = \frac{P_f}{A_f} = \frac{E_f e}{l} \left\{ 1 - \frac{\cosh\left[\beta\left(\dfrac{l}{2} - x\right)\right]}{\cosh \dfrac{l\beta}{2}} \right\}, \quad 0 < x < \frac{l}{2} \tag{7.3b}$$

纤维中应变的最大可能值是外加应变 e, 所以纤维中的最大应力是 eE_f。参数 β 是衡量载荷从基体上向纤维两端传递的速度的量度。$\beta = 0.5$ 表示载荷转移的线性相关关系。如果我们有足够长的纤维如图 7.4 所示, 纤维中的应力将从两端增加到纤维极限拉伸强度的最大值, 即 $\sigma_{fu} = E_f e$。而只有一部分纤维 (中心处) 将处于最大应力下。则纤维中的平均应力可以写成

$$\sigma_f = \frac{E_f e}{l} \int_0^l \left[1 - \frac{\cosh\left[\beta\left(\dfrac{l}{2} - x\right)\right]}{\cosh \dfrac{l\beta}{2}} \right] \mathrm{d}x = E_f e \left(1 - \frac{\tanh \dfrac{l\beta}{2}}{\dfrac{l\beta}{2}} \right) \tag{7.4}$$

考虑到作用在单位纤维 (半径为 r_f) 上的力是平衡的, 我们可以得到沿纤维/基体界面的剪应力 τ 的变化。从图 7.4 可以得到

$$\frac{\mathrm{d}P_f}{\mathrm{d}x} \mathrm{d}x = 2\pi r_f \mathrm{d}x \tau \tag{7.5}$$

现在让我们考虑沿纤维/基体界面的剪应力 τ 的变化。考虑作用在单位纤维上的力是平衡的, 可以得到界面剪应力的表达式。纤维上的拉伸载荷 $P_f = \sigma_f \pi r_f^2$。将其代入式 (7.4) 得到

$$\tau = \frac{1}{2\pi r_f} \frac{\mathrm{d}P_f}{\mathrm{d}l} = \frac{r_f}{2} \frac{\mathrm{d}\sigma_f}{\mathrm{d}x}$$

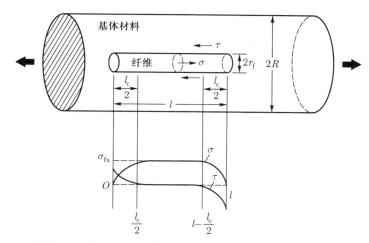

图 7.4 嵌入圆柱形基体壳中的单根纤维的拉伸应力 (σ) 和剪应力 (τ) 分布

由式 (7.3b) 和式 (7.5), 可以得到

$$\tau = \frac{E_{\mathrm{f}} r_{\mathrm{f}} e \beta}{2} \frac{\sinh\left[\beta\left(\dfrac{l}{2} - x\right)\right]}{\cosh\dfrac{l\beta}{2}}$$

图 7.4 显示了 τ 和 σ 随距离 x 的变化。在纤维的末端, 轴向应力为 0。轴向应力会逐渐增大直到在纤维中心达到 σ_{fu} (假设纤维足够长, 应力可以达到 σ_{fu})。剪应力在纤维末端最大, 在纤维中心最小。这种应力分布也已经通过有限差分技术 (Termonia, 1987) 和用于聚合物基复合材料的显微拉曼光谱技术 (Young, 1994) 所证实。

我们现在回到常数 B 的表达式, 它是纤维填充几何形状的函数。在图 7.4 中, $2R$ 是纤维中心到中心的平均距离。设 $\tau(r)$ 代表距离纤维轴 r 处的剪应力。然后在纤维表面 ($r = r_{\mathrm{f}}$), 可以得到

$$\frac{\mathrm{d}P_{\mathrm{f}}}{\mathrm{d}x} = -2\pi r_{\mathrm{f}} \tau\left(r_{\mathrm{f}}\right) = B(u-v)$$

或者

$$B = -\frac{2\pi r_{\mathrm{f}} \tau\left(r_{\mathrm{f}}\right)}{(u-v)} \tag{7.6}$$

现在考虑 r_{f} 和 R 之间基体的体积力的平衡, 可以得到

$$2\pi r \tau(r) = \mathrm{constant} = 2\pi r_{\mathrm{f}} \tau\left(r_{\mathrm{f}}\right)$$

$$\tau(r) = \frac{r_{\mathrm{f}} \tau\left(r_{\mathrm{f}}\right)}{r}$$

基体中的剪应变为

$$\tau(r) = G_m \gamma$$

式中, G_m 是基体的剪切模量, γ 是基体的剪应变。基体中的剪应变由下式求得

$$\gamma = \frac{dw}{dr} = \frac{\tau(r)}{G_m} = \frac{\tau(r_f) r_f}{G_m r}$$

其中, w 是在任意距离 r 处基体中的实际位移。对上述表达式在纤维表面 r_f 和基体外半径 R 之间进行积分, 得到基体中的总位移:

$$\int_0^R dw = \Delta w = \frac{\tau(r_f) r_f}{G_m} \int_0^R \frac{1}{r} dr = \frac{\tau(r_f) r_f}{G_m} \ln\left(\frac{R}{r_f}\right) \tag{7.7}$$

我们也可以把总位移写成

$$\Delta w = v - u = -(u - v) \tag{7.8}$$

由式 (7.7) 和式 (7.8), 可以得到以下关系:

$$\frac{\tau(r_f) r_f}{u - v} = -\frac{G_m}{\ln\left(\dfrac{R}{r_f}\right)} \tag{7.9}$$

由式 (7.6) 和式 (7.9), 可以得到

$$B = \frac{2\pi G_m}{\ln(R/r_f)} \tag{7.10}$$

B 与载荷转移参数 β 相关, 如式 (7.11) 所示

$$\beta = \left(\frac{B}{E_f A_f}\right)^{\frac{1}{2}} = \left[\frac{2\pi G_m}{E_f A_f \ln\left(\dfrac{R}{r_f}\right)}\right]^{\frac{1}{2}} \tag{7.11}$$

R/r_f 是纤维填充的函数。对于正方形排列和六边形排列的纤维, 我们可以写出以下两个表达式:

$$\ln\left(\frac{R}{r_f}\right) = \frac{1}{2} \ln\left(\frac{\pi}{V_f}\right) \qquad \text{(正方形阵列)}$$

$$\ln\left(\frac{R}{r_f}\right) = \frac{1}{2} \ln\left(\frac{2\pi}{\sqrt{3} V_f}\right) \qquad \text{(六边形阵列)}$$

更一般的, 将最大纤维填充系数 ϕ_{max} 代入上述式中:

$$\ln\left(\frac{R}{r_f}\right) = \frac{1}{2}\ln\left(\frac{\phi_{\max}}{V_f}\right)$$

代入式 (7.11),可以得到

$$\beta = \left[\frac{4\pi G_m}{E_f A_f \ln\left(\phi_{\max}/V_f\right)}\right]^{\frac{1}{2}}$$

从上面的讨论可以看出,为了将纤维加载到其极限抗拉强度,基体抗剪强度必须相对较高。最大剪应力是以下两个应力中较小的一个: ① 剪切时基体的屈服应力; ② 纤维/基体界面的抗剪强度。在 MMC 中,界面抗剪强度相当高,因此首先发生基体的塑性屈服。如果我们假设基体不发生加工硬化,基体抗剪屈服强度 τ_y 将控制载荷转移。然后,纤维长度为 $l/2$ 上的力平衡 (由于纤维从两端加载) 给出如下关系:

$$\sigma_f \frac{\pi d^2}{4} l = \tau_y \pi d \frac{l}{2}$$

或者

$$\frac{l}{d} = \frac{\sigma_f}{2\tau_y} \tag{7.12}$$

式中,l/d 称为纤维的长径比。给定足够长的纤维,通过塑性变形基体的载荷转移,应该可以将纤维加载到其极限抗拉强度 σ_{fu}。因此,为了将纤维加载到 σ_{fu},需要明确纤维的临界长径比 $(l/d)_c$,通过式 (7.12) 可得

$$\left(\frac{l}{d}\right)_c = \frac{\sigma_{fu}}{2\tau_y} \tag{7.13}$$

因此,为了将纤维在一个点上加载到 σ_{fu},l 必须等于 l_c。为了将纤维上的更大范围加载到 σ_{fu},l 必须比 l_c 大得多。因此,载荷转移在具有大长径比增强体的复合材料中更有效,例如连续纤维或晶须增强的复合材料。由于颗粒增强体的长径比较低,载荷转移不如连续纤维增强有效,但在提供强化方面仍然很重要。(Nardone 和 Prewo, 1986; Davis 和 Allison, 1993; Chawla 等, 1998a, 2000)。

Nardone 和 Prewo (1986) 提出了一种修正的颗粒增强复合材料载荷转移的剪切滞后模型,如图 7.5。该模型考虑了颗粒端部的载荷转移,这在纤维增强复合材料中,由于纤维具有大的长径比常被忽略。颗粒增强复合材料的屈服强度 σ_{cy},要高于基体屈服强度 σ_{my}:

$$\sigma_{cy} = \sigma_{my}\left[V_p\left(\frac{S+4}{4}\right) + V_m\right]$$

式中, S 是颗粒的长径比 (对于矩形颗粒, 等于颗粒长度 L 除以颗粒厚度 t); V_p 是颗粒的体积分数; V_m 是基体的体积分数。请注意, 这种关系不能直接解释颗粒尺寸或基体微观结构对载荷转移的影响。

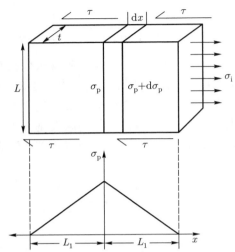

图 7.5　用于量化低长径比颗粒载荷转移的修正剪切滞后分析示意图 (Nardone 和 Prewo, 1986)

7.1.2　间接强化

间接强化是由于增强体的添加而引起的基体微观结构和性能的变化。在本节中, 我们叙述了间接强化的一些可能来源。无论何时出现温度变化 (例如, 在加工冷却期间或使用期间), 增强体和基体之间的热膨胀失配会导致内应力。这种失配普遍存在于所有的复合材料中。对于由高热膨胀系数 (CTE) 的金属基体和低 CTE 的陶瓷增强体组成的 MMC 来说, 这是一个非常重要的特征。如果热失配引起的应力大于基体的屈服应力, 那么在冷却时, 由于普通金属的塑性变形是通过位错发生的, 会在增强体/基体界面上形成位错。以这种方式, 热诱导位错集中导致基体的 "间接强化"。(Chawla 和 Metzger, 1972; Chawla, 1973a, b; Vogelsang 等, 1986; Arsenault 和 Shi, 1986; Dunand 和 Mortensen, 1991)。Chawla 和 Metzger (1972) 在钨纤维增强铜单晶基复合材料中呈现了这种效应。

对于具有不同钨纤维体积分数的复合材料, 基体中的位错密度 (通过蚀刻–点蚀技术测得) 是距纤维/基体界面距离的函数, 如图 7.6(a) 所示。随着纤维体积分数的增加, 基体中的位错密度增加。界面区域的位错密度最高, 因为界面区域中纤维和基体之间的热应力最高。第 6 章中描述的三维热应力模型可以用来解释位错密度在基体中的分布。图 7.6(b) 显示了钨/铜复合材料在室温和 450 ℃ 之间热循环时多晶铜基体的热诱导滑移线。Dunand 和 Mortensen (1991) 使用玻璃纤维增强 AgCl 模型系统来研究热失配引起的位错冲孔。AgCl 基体是透明的, 可以看到位错从纤维中发出, 如图 7.7。纤维粗糙度也会加剧热诱导位错的程度 (Isaacs 和 Mortensen,1992)。

(a)   (b)

图 7.6　(a) 钨纤维增强铜基复合材料中位错密度是距纤维/基体界面距离的函数, 随着纤维体积分数的增加, 界面处的热应力失配增加, 导致更高的位错密度; (b) 铜基体中的热诱导滑移线

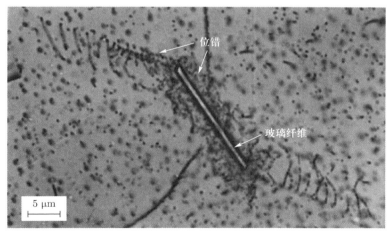

图 7.7　玻璃纤维/AgCl 中热诱导的位错冲孔 (Dunand 和 Mortensen, 1991)。请注意界面处的高密度位错和从纤维末端冲出的位错环 (由 Mortensen A. 提供, 并经 Elsevier 许可转载)

Arsenault 和 Shi (1986) 开发了一个模型来量化由于颗粒和基体之间 CTE 失配而发生的位错冲孔的程度, 如图 7.8。由失配产生的位错密度由式 (7.14) 给出:

$$\rho_{\mathrm{CTE}} = \frac{A\varepsilon V_{\mathrm{p}}}{b\left(1 - V_{\mathrm{p}}\right)d} \tag{7.14}$$

式中, A 是几何常数; b 是伯格斯矢量; d 是颗粒直径; V_{p} 是颗粒体积分数; ε 是热失配应变且 $\varepsilon = \Delta\alpha\Delta T$, 因此, 位错冲孔导致的强度增量可以写成

$$\Delta\sigma = BGb\rho_{\mathrm{CTE}}^{1/2}$$

其中, B 是常数, G 是基体的剪切模量。代入式 (7.14), 我们可以把 $\Delta\sigma$ 写成

$$\Delta\sigma = BGb\left[\frac{A\varepsilon V_{\mathrm{p}}}{b\left(1 - V_{\mathrm{p}}\right)}\frac{S}{d}\right]^{\frac{1}{2}} \tag{7.15}$$

式中, S 是颗粒的长径比, 其他的符号的意义前面已经给出。式 (7.15) 的检验表明, 间接强化的程度与体积分数成正比, 与颗粒尺寸成反比。因此, 更大程度的界面面积 (即更小的颗粒尺寸) 有利于增强位错聚集。图 7.9 是其示意图。注意, 对于 30% 的恒定颗粒体积分数, 直径 3 μm 的颗粒相对于直径 100 μm 的颗粒起到的间接强化效果更显著。

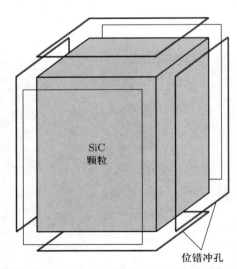

图 7.8　用于量化由于颗粒和基体之间 CTE 失配而发生的位错冲孔的程度的模型示意图 (Arsenault 和 Shi, 1986)

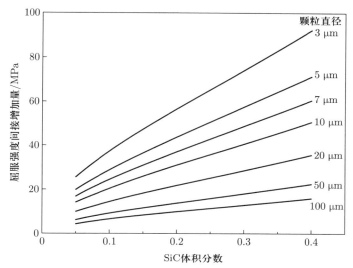

图 7.9　根据 Arsenault 和 Shi (1986) 模型的预测, 位错冲孔导致屈服强度增加。对于给定的体积分数, 颗粒尺寸显著影响强化程度

　　在可时效硬化的基体材料中, 热诱导位错 (在固溶处理后的淬火过程中形成) 在时效处理过程中作为异质成核点促进沉淀物的形成 (Suresh 和 Chawla, 1993)。与相同成分的未强化合金相比, 不仅在颗粒/基体界面区域中存在沉淀物的优先分布, 而且更高的位错密度也导致峰值时效在时间上更快。

　　在用液相方式加工的复合材料中, 由于颗粒或齐纳钉扎 (Humphreys, 1977, 1991) 对晶界的钉扎, 基体晶粒尺寸可以比未增强合金的小得多。基体织构的不同也可能是由于加入了增强体造成的, 例如在变形加工材料中所呈现出的差异 (见第 4 章)。

　　区分和量化直接强化与间接强化对整体复合材料强度的贡献是一项挑战。间接强化的程度比直接强化的贡献更难量化。区分这两种强化的一种方法是对复合材料进行加工, 使其基体微观结构与未强化合金相似。Krajewski 等 (1993) 在 Al 2080/SiC$_p$ 中使用了形变热处理, 包括固溶处理和轧制, 然后进行时效 (T8 处理), 以在复合材料和未增强合金的基体中提供均匀的位错分布 (以及随后的沉淀物)。在这种情况下, 未增强合金和复合材料之间的强化差异主要归因于增强体的载荷转移 (Chawla 等, 1998a)。如图 7.10 所示。Chawla 等 (1998a) 表明, 在 T8 状态基体的复合材料中, 屈服强度的实验增加值与修正的剪切滞后模型的预测值吻合得很好。在固溶处理、淬火和时效 (T6 热处理) 的复合材料中, 复合材料强度的贡献由间接强化和直接强化共同组成, 如图 7.10。

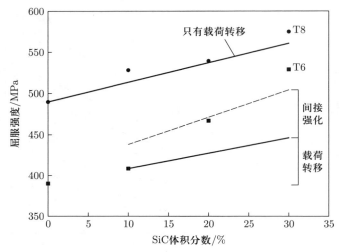

图 7.10　2080/SiC$_p$ 复合材料的屈服强度与 SiC 颗粒体积分数的关系 (Chawla 等, 1998)。轧制和时效后的材料 (T8 状态基体复合材料) 与未强化的 T8 状态基体合金具有相似的微观结构。T6 状态基体复合材料仅经过时效处理, 因此其微观结构不同于 2080–T6。T8 状态基体材料屈服强度的实验增加值与修正的剪切滞后模型的预测值很吻合。在 T6 状态基体复合材料中, 复合材料的强度由间接强化和直接强化共同组成

7.2　连续纤维增强金属基复合材料的单向受载行为

连续纤维增强 MMC 的单向加载强度和损伤演化取决于几个因素:

(1) 纤维特性。包括纤维的体积分数和强度, 以及相对于加载轴的取向。

(2) 界面的强度和性质。界面强度对连续纤维增强 MMC 的强化和损伤容限有显著的影响。纤维和基体之间的界面反应以及纤维溶解可能对复合材料的强度有害。在可时效硬化的体系中, 界面处的优先沉淀对强度有复杂影响。

(3) 基体的加工硬化和强度特性, 特别重要的是在加工过程中由于加入了增强体导致基体微观结构发生改变 (即上文所述的间接强化)。

下面依次研究上述 3 个主要因素。连续纤维增强 MMC 在平行于纤维的方向上表现出很高的强度, 但在垂直于纤维的方向上强度相对较低。图 7.11 展示了 Al–2.5Li/Al$_2$O$_3$ 复合材料在平行于纤维方向 (0°) 和垂直于纤维方向 (90°) 上拉伸强度和压缩强度均具有各向异性 (Schulte 和 Minoshima, 1993)。显然, 沿着纤维轴线, 纤维的强化程度将远高于垂直于纤维方向的强化程度。连续纤维增强 MMC 的力学性能也非常依赖于纤维/基体界面的强度。图 7.12 显示了相对弱的纤维/基体界面条件和相对强的界面条件的损伤示意图。当具有弱界面的复合材料中的纤维断裂时, 会发生纤维脱黏和裂纹偏转。这些局部能量

吸收机制允许将断裂前由最初纤维承受的载荷均匀地重新分配给周围的纤维。这种情况被称为整体载荷分配 (Curtin, 1993)。当界面强度很高时, 纤维断裂不会导致脱黏和裂纹偏转。相反, 若载荷不能均匀地重新分布, 因此单纤维断裂将导致相邻纤维的急剧断裂。随着相邻纤维的断裂, 越来越多的纤维将继续断裂直到复合材料失效。由单根纤维周围的应变局域化导致的一系列连续纤维失效会形成局部载荷分配 (Gonzalez 和 LLorca, 2001)。需要注意的是, 非常弱的界面在 MMC 中也是不理想的, 因为这种界面无法实现载荷从基体到纤维的有效传递。

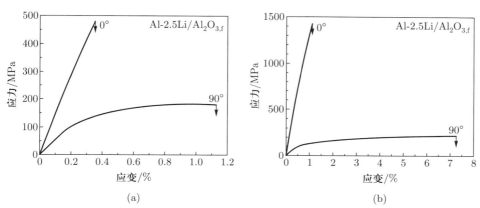

图 7.11　Al–2.5Li/Al$_2$O$_3$ 复合材料在平行于纤维方向 (0°) 和垂直于纤维方向 (90°) 上强度的各向异性: (a) 拉伸强度; (b) 压缩强度 (Schulte 和 Minoshima, 1993)

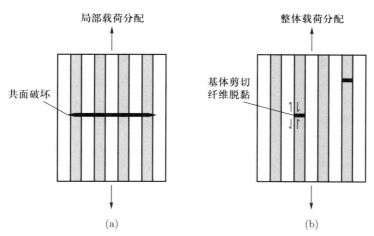

图 7.12　损伤示意图: (a) 相对强的纤维/基体界面, 实现局部载荷分配和共面破坏;(b) 相对弱的界面, 实现整体载荷分配, 纤维脱黏和基体剪切占主导地位

　　无论复合材料表现出整体还是局部载荷分配, 其行为也可能受到基体加工硬化特性的影响。具有高应变硬化率的基体不易对断裂纤维周围集中应力实现塑性松弛。因此, 脆性越高的基体材料更易发生局部载荷分配且延展性较低。图 7.13 比较了 $Al/Al_2O_3/60_f$ 和 $6061/Al_2O_3/60_f$ 纤维增强复合材料的拉伸应力–应变 (Devé 和 McCullough, 1995)。

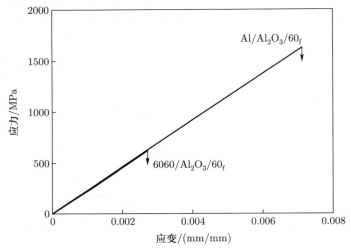

图 7.13　　$Al/Al_2O_3/60_f$ 和 $6061/Al_2O_3/60_f$ 纤维增强复合材料的拉伸应力–应变比较 (Devé 和 McCullough, 1995)。Al6061 基体具有较高的界面剪切强度和较高的基体加工硬化率, 导致其塑性和强度远低于纯 Al 基体复合材料

　　由于 Al6061 基体的高界面剪切强度和高基体加工硬化率的共同作用, 该复合材料的延展性和强度比纯 Al 基体复合材料低得多。Voleti 等 (1998) 采用了由基体包覆的断裂纤维和完整纤维组成的复合材料的有限元模型。结果表明, 完整纤维中的应力集中受界面脱黏和断裂纤维周围的基体塑性的影响。如果纤维断裂发生在非常低的应变下 (远低于整体塑性的起点), 那么基体塑性会向完整的纤维 "传播", 导致很大程度的应力升高。另一方面, 界面脱黏降低了断裂纤维和完整纤维周围的应力集中程度。

　　整体载荷分配的程度也是应变率的函数。Galvez 等 (2001) 在应变率为 $2 \times 10^{-5} \sim 500 \ s^{-1}$ 的条件下测试了大直径 SiC 纤维增强的 Ti–6Al–4V 基复合材料。结果表明, 在非常高的应变率下, 局部载荷分配占主导地位, 复合材料的延展性较低。较低的应变率有利于载荷的逐渐重新分布, 因此可以实现整体载荷分配。微观结构观察表明, 在低应变率下, SiC 纤维上的碳涂层会导致界面处产生裂纹偏转, 而在非常高的应变率下, 裂纹会穿透涂层。然而, 作者没有观察到复合材料强度的应变率依赖性。

Guden 和 Hall (2000) 发现随着应变率的增加, Al/Al$_2$O$_3$ 复合材料压缩流变应力和强度显著增加。且在纵向和横向方向上都观察到应变率的敏感性。横向强度的应变率敏感性归因于基体应变率敏感性, 而纵向强度的应变率敏感性则归因于与应变率相关的纤维弯曲。在静态压缩过程中, 纤维会发生显著扭转和弯曲 (Deve, 1997)。不幸的是, 虽然相对较弱的界面有利于整体载荷分配, 使复合材料具有较高的抗拉强度和延展性, 但它们对复合材料的横向力学性能非常不利 (Jansson 等, 1991; McCullough 等, 1994; Bushby, 1998)。这可以解释为, 在横向载荷下, 弱界面垂直于施加的载荷方向。偏轴载荷下的 Al$_2$O$_3$ 纤维/Mg 基复合材料也有类似的观察结果 (Hack 等, 1984)。

7.2.1 界面处的脱黏和裂纹偏转准则

在 MMC 以及其他类型的复合材料中, 界面结合影响复合材料的断裂行为。一般来说, 强界面结合会使即将出现的裂纹不受阻碍地穿过界面, 复合材料或多或少会在一个平面内以脆性方式失效。另一方面, 裂纹与弱界面的相互作用可能导致界面脱黏, 随后是裂纹偏转、裂纹桥接、纤维断裂, 最后是纤维拔出。这些都是能量吸收现象, 有助于提高断裂韧性, 形成非灾难性失效模式。

Cook 和 Gordon (1964) 首次提出了一个基于强度的用于弱界面处裂纹偏转或形成二次裂纹的模型。他们分析了具有相同弹性常数的材料界面处的裂纹偏转问题, 即相同材料在界面处的连接问题。设置一个垂直于纤维/基体界面的裂纹, Cook 和 Gordon(1964) 估算了导致该裂纹偏离其原始方向所需的界面强度。在裂纹尖端存在三轴应力状态 (平面应变) 或双轴应力状态 (平面应力), 如图 7.14 所示。主应力分量 σ_y 在裂纹尖端具有很大的值, 并且随着距裂纹尖端的距离的增大而急剧减小。垂直于界面的应力分量 σ_x 在裂纹尖端处为 0。它在离裂纹尖端很小的距离处上升到最大值, 然后以类似于 σ_y 的方式下降。如果界面的抗拉强度小于 σ_x 的最大值, 那么界面将在裂纹尖端之前失效。根据 Cook 和 Gordon 的估算, 界面强度等于或小于 σ_x 的 1/5 的界面会导致裂纹尖端前方的界面脱黏。

人们也可以用断裂能参量而不是强度来分析裂纹和界面之间的相互作用 (He 和 Hutchinson, 1989)。在界面处相遇的两种材料很可能具有不同的弹性常数。模量失配导致裂纹表面出现剪切状态。这导致界面裂纹尖端附近的应力状态为包括拉伸和剪切分量的混合应力状态, 反过来可能导致在裂纹尖端或裂纹的尾部发生混合断裂。图 7.15 显示了纤维增强复合材料中的裂纹前沿和裂纹尾部脱黏。这实际上意味着, 与其用临界应力强度因子 K_{IC} 进行简单的单参数描述, 还不如用更复杂的断裂力学形式来描述复合材料中的情况。在这种情况下, 参数 K 对尺度敏感, 但临界应变能释放率 G_{IC} 不是尺度敏感参数。应变能释放率 G 是相角 ψ 的函数, 相角 ψ 是法向载荷和剪切载荷的函数。

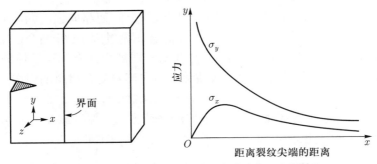

图 7.14　在 y 方向单轴施加应力下裂纹尖端的应力分布 (Cook 和 Gordon, 1964)。σ_y 在裂纹尖端处有一个非常高的值, 并且随着距离裂纹尖端的距离而急剧减小。垂直于界面的应力分量 σ_x 在裂纹尖端为 0; 它在距裂纹尖端很小的距离处上升到最大值, 然后以类似于 σ_y 的方式下降

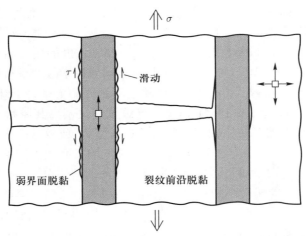

图 7.15　在远场单轴应力 σ 下纤维增强复合材料的裂纹前沿和裂纹尾部脱黏。注意界面剪应力 τ 造成裂纹尖端的滑动和存在三轴应力状态

下面需要明确 G 和 ψ 来描述界面处的脱黏行为。通过 Dundurs 参数可以确定 G 和 ψ 的相关性, α 和 β 定义如下:

$$\alpha = \frac{G_1\left(1 - \nu_2\right) - G_2\left(1 - \nu_1\right)}{G_1\left(1 - \nu_2\right) + G_2\left(1 - \nu_1\right)}$$

$$\beta = \frac{1}{2}\frac{G_1\left(1 - 2\nu_2\right) - G_2\left(1 - 2\nu_1\right)}{G_1\left(1 - \nu_2\right) + G_2\left(1 - \nu_1\right)}$$

参数 α 也可以定义为

$$\alpha = \frac{\overline{E_1} - \overline{E_2}}{\overline{E_1} + \overline{E_2}}$$

$$\overline{E_1} = \frac{E}{1 - \nu^2}$$

式中, ν 为泊松比; E 为杨氏模量; 下标 1 和下标 2 分别表示界面和纤维。根据两种介质的弹性系数, 即裂纹尖端半径 r 和裂纹尖端位移 u 和 v, 相位角 ψ 的表达式如下:

$$\phi = \tan^{-1}\left(\frac{v}{u}\right)$$

$$\psi = \phi - \left(\frac{\ln r}{2\pi}\right)\ln\frac{(1-\beta)}{(1+\beta)}$$

以上计算方法已经被一些研究人员 (Ruhle 和 Evans, 1988; He 和 Hutchinson, 1989; Evans 和 Marshall, 1989; Gupta 等, 1993; Chan, 1993) 用来从能量需求的角度分析纤维/基体脱黏的条件。在不深究模型细节的情况下, 该图的主要信息是呈现裂纹沿界面偏转或穿过界面进入纤维的条件。G_i/G_f 与 α 的关系如图 7.16 所示。G_i 是界面的混合模式界面断裂能, G_f 是纤维的 I 模式断裂能, α 是如上定义的弹性各向异性参量。对于模型 I, $\psi = 0°$, 而对于模型 II, $\psi = 90°$。对于曲线下的所有 G_i/G_f 值, 预测界面脱黏将发生。对于 $\alpha = 0$ 的特殊条件, 即零弹性失配, 该模型预测 $G_i/G_f < 0.25$ 时, 纤维/基体界面脱黏。相反, 当 $G_i/G_f > 0.25$ 时, 裂纹将穿过纤维扩展。一般来说, 对于大于 0 的弹性失配 α, 界面脱黏所需的最小界面韧性增加, 即高模量纤维易于脱黏。

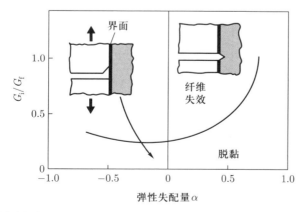

图 7.16　相对能量图, G_i/G_f 与弹性失配量 α 之间的关系 (Evans 和 Marshall, 1989)

Gupta 等 (1993) 还推导了几种复合材料系统在纤维/基体界面上裂纹偏转的强度和能量准则。他们充分考虑了纤维的各向异性，以及裂纹可以沿界面向一个方向 (单向) 或两个方向 (双向) 偏转的情况。他们的实验技术包括用激光从衬底上剥离薄膜，并用精密激光多普勒位移干涉仪测量位移。该技术可以测量薄膜和衬底之间的平面界面的抗拉强度。由于界面分离发生在非常高的应变率下 (大约 10^6 s^{-1})，因此激光散裂实验中确定的强度被认为与任何非弹性过程无关。这种方式确定的抗拉强度与固有的界面韧性有关。根据 Gupta 等的分析，对于大多数界面组合，双偏转裂纹的能量释放率高于单偏转裂纹。在这种表述中，不能基于能量准则制作广义的界面分层图。然而，作者确实提供了一些选定的界面系统的裂纹偏转和裂纹穿透的能量比 (Gupta, 1991; Gupta 等, 1993)。

7.2.2 纤维拔出功

纤维拔出可能是纤维增强复合材料失效过程中的一个重要特征。下面推导纤维在拔出过程做功的表达式。考虑图 7.17 中描述的情况。

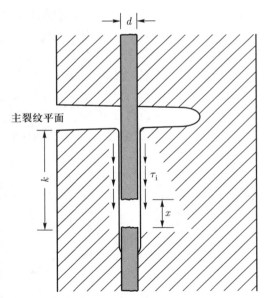

图 7.17 纤维断裂后被拔出距离 x。拔出过程中，界面处产生剪应力为 τ_i

假设直径为 d 的纤维在主裂纹平面下方的某个距离 k 处断裂，且 $0 < k < l_c/2$，其中 l_c 为载荷转移的临界长度。局部发生纤维/基体界面脱黏。当纤维被拉出基体时，将产生界面摩擦剪应力 τ_i。在此处简单分析中，假设抵抗纤维滑

动的剪应力 τ_i 是一个常数。文献中提供了更复杂的处理方法, 包括控制纤维滑动阻力的库仑摩擦定律 (Shetty, 1988; Gao 等, 1988) 和考虑了残余应力的处理方法 (Cox, 1990; Hutchinson 和 Jensen, 1990; Kerans 和 Parthasarathy, 1991)。

假设纤维被拔出一段距离 x, 与纤维运动相反的界面剪切力是 $\tau_i\pi d(k-x)$, 其中 $\pi d(k-x)$ 是剪应力作用的圆柱表面积。让纤维拔出一小段距离 $\mathrm{d}x$, 那么界面剪切力所做的功为 $\tau_i\pi d(k-x)\mathrm{d}x$。长度为 k 的纤维拔出过程中完成的总功可通过积分获得:

$$\int_0^k \tau_i\pi d(k-x)\mathrm{d}x = \frac{\tau_i\pi dk^2}{2}$$

拔出的纤维长度将在 $0 \sim l_c/2$ 之间变化, 其中 l_c 是载荷转移的临界长度。因此, 纤维拔出过程中所做的平均功为

$$W_{\mathrm{fp}} = \frac{1}{l_c/2}\int_0^{l_c/2} \frac{\tau_i\pi dk^2\mathrm{d}k}{2} = \frac{\tau_i\pi dl_c^2}{24}$$

这个表达式假设所有断裂的纤维都被拔出。然而, 实验观察表明, 只有在离主断裂面断裂端 $l_c/2$ 范围内的纤维才会被拔出。因此, 我们预测会有一小部分纤维被拔出, 而每根纤维在纤维拔出过程中所做的平均功可以写为

$$W_{\mathrm{fp}} = \frac{l_c}{l}\frac{\tau_i\pi dl_c^2}{24}$$

7.2.3 界面反应对单向受载行为的影响

在第 4 章中, 我们描述了界面的一般特征, 并提供了一些金属基复合材料中界面反应的例子。在这里, 我们将探讨界面反应对金属基复合材料单向受载性能的影响。界面反应在连续纤维增强金属基复合材料的损伤中起着重要作用 (Page 等, 1984)。在用 SCS-6 纤维增强的钛基复合材料中, 富碳纤维涂层与 Ti 基体反应形成脆性的 TiC 和 Ti_5Si_3 层 (Konitzer 和 Loretto, 1989; Leyens 等, 2003)。在 B 纤维增强 Al 基复合材料中, AlB_2 会在低于 500 ℃ 时在界面形成 (Grimes 等, 1977)。纵向轴上的拉伸载荷导致反应层中产生周向裂纹, 这严重削弱了复合材料的强度 (Grimes 等, 1977; Mikata 和 Taya, 1985; Kyono 等, 1986)。图 7.18(a) 表明纵向强度随着 500 ℃ 热暴露时间的增加而降低 (Kyono 等, 1986)。然而在横向方向强度略有增加, 如图 7.18(b) 所示。这是因为横向加载复合材料的损伤机制有很大不同。此处, 样品的断裂表面显示出明显的界面剥离。随着热暴露时间和反应层厚度的增加, 界面强度得到提升, 因此微裂纹在反应层中形成并通过 B 纤维扩展, 导致纤维分裂。

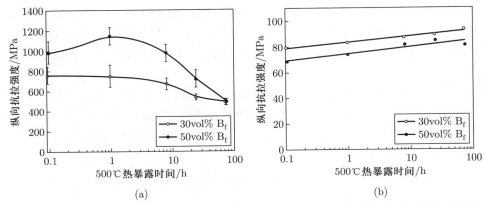

图 7.18　500 ℃ 热暴露时间对 Al/B$_f$ 复合材料在纵向 (a) 和横向 (b) 的拉伸行为的影响 (Kyono 等, 1986)。在界面处形成 AlB$_2$, 其厚度随热暴露时间的增加而增加。沿纵向拉伸加载时, 脆性界面中形成周向裂纹。在横向方向上, 界面强度随热暴露时间的增加略有增加

　　横向强度也可能受到用于致密化复合材料基体的黏结剂的影响。Eldridge 等 (1997) 制造了蓝宝石纤维增强 NiAl 基复合材料, 分为添加和未添加聚甲基丙烯酸甲酯 (PMMA) 有机黏结剂两组。横向断裂表面显示, 含有黏结剂的复合材料在纤维/基体界面存在大量的碳残余, 这阻碍了强界面机械结合并导致界面强度较低, 如图 7.19(a) 所示。没有黏结剂的复合材料具有更 "干净" 的断裂表面和更强的结合强度, 如图 7.19(b)。

　　使用具有薄涂层的纤维可以减少界面反应的程度。例如, 在 SiC 纤维增强 W 复合材料中, 反应区形成硅化钨, 这会使界面变脆并降低复合材料的强度。而沉积 TiC 涂层的 SiC 纤维可以显著阻止强度的降低 (Faucon 等, 2001)。值得注意的是, 虽然纤维涂层的引入可能阻碍界面反应, 但它也可能造成基体的润湿程度降低和复合材料的致密性变差。

　　如上所述, 在具有可析出硬化基体的复合材料中, 界面可能受到基体中沉淀物的影响, 这些沉淀物通常在纤维/基体界面处不均匀成核 (见第 3 章)。Cornie 等 (1993) 通过调整热处理制度以控制界面处沉淀物的大小和间距。他们发现最小的沉淀物间距 (对应于最小的沉淀物尺寸) 对应着最大的纵向强度和最小的横向强度。这是由于界面上的沉淀物会降低界面强度所造成的。随着退火时间的增加, 沉淀物变粗, 沉淀物的间距增加, 界面结合强度增加。在这种情况下, 尽管纵向强度稍许降低但可以使横向强度最大化。横向强度的增加可归因于纤维/纯基体 (无沉淀) 结合的界面面积分数的增加。

　　前面的讨论指出了在连续纤维增强 MMC 中同时获得纵向和横向强化是比较困难的。纵向性能主要由纤维的强度和体积分数控制, 而横向性能主要由

基体强度 (Rao 等, 1993) 和纤维/基体界面强度 (Warrier 和 Majumdar, 1997) 决定。然而, 纤维体积分数的增加会增加冷却过程中的残余应力, 同时也降低了横向强度 (Rosenberger 等, 1999)。因此, 提高纤维强度是增加纵向强度并同时保持复合材料横向性能的合理途径。Rosenberger 等 (1999) 比较了钛合金基体中含有高强度超级 SCS 纤维的复合材料与含有常规 SCS 纤维的复合材料的强度, 结果表明, 纵向强度增加, 而横向强度没有相应降低。

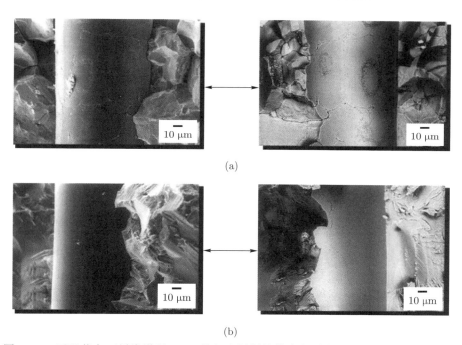

图 7.19　匹配蓝宝石纤维增强 NiAl 基复合材料的横向断裂表面 (Eldridge 等, 1997): (a) 添加聚甲基丙烯酸甲酯 (PMMA) 黏结剂; (b) 未添加黏结剂

通过热处理控制基体微观结构也可以实现对复合材料模量的轻微改变 (Miller 和 Lagoudas, 2000)。这仅限于在热处理过程中第二相晶体结构发生变化的基体材料, 如 Ti 合金。这种对基体微观结构和晶体结构的调控也可以用来调整复合材料的强度和延展性 (Boehlert 等, 1997)。此外, 可以使用其他工艺来改变基体微观结构。例如, Blucher 等 (2001) 研究了 Al/Al$_2$O$_{3,f}$ (Nextel 610)、6061/Al$_2$O$_{3,f}$ 和 Al/C$_f$ 复合丝材的拉伸行为。发现强度随着拉丝速度的增加而增加, 如图 7.20。因为在较高的拉丝速度下, 由于凝固速率较高, 使微观结构细化。在 Al/C$_f$ 复合材料中, 随着拉丝速度的增大, 界面反应的减少也可能对强度提高有所贡献。

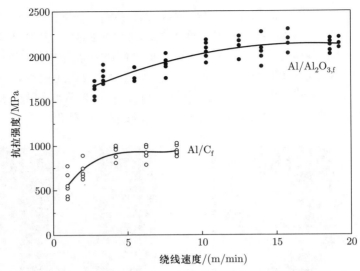

图 7.20　绕线速度对 $Al/Al_2O_{3,f}$、Al/C_f 复合材料抗拉强度的影响 (Blucher 等, 2001)。随着拉丝速度增大, 凝固速率加快, 显微组织细化。在 Al/C_f 的情况下, 这也减少了界面反应的时间

7.2.4　连续纤维增强金属基复合材料单向受载行为的建模

　　人们已经通过有限元建模对连续纤维增强 MMC 的拉伸行为进行了广泛的研究 (Brockenbrough 等, 1991; Gonzalez 和 LLorca, 2001; Rossoll 等, 2005)。Gonzalez 和 LLorca (2001) 研究了 SCS-6 纤维增强 Ti–6Al–4V 基复合材料在环境温度和高温下的拉伸行为。采用如图 7.21(a) 所示的轴对称模型对纤维进行了建模。纤维嵌入具有平均复合材料性能的 “均匀复合材料” 中。模型预测的应力–应变曲线与实际实验结果对比如图 7.21(b) 所示。实验结果显示为灰色阴影区域 (数据中存在的轻微散射), 而模型预测显示为实心黑线。复合材料应力–应变曲线初始表现为线性, 然后出现明显偏离线性, 随后复合材料断裂。值得注意的是, 由于存在加工过程引起的残余应力, 故在外加应力为 0时, 当纤维处于压缩状态, 基体处于残余拉伸状态。随着外加应力的增加, 纤维和基体上的载荷都会增加, 尽管由于载荷的转移使得纤维中的载荷增加更快。当基体屈服时, 基体中的应力达到平稳状态。该应力对应于复合材料线性应力–应变曲线的拐点。另一方面, 纤维中的应力不断增加, 直到复合材料发生断裂。

　　当纤维断裂时, 相邻纤维上的应力也会受到影响, 残存的纤维会承受更多的载荷。相邻纤维的应力状态如图 7.22 所示。相邻纤维中的应力在原始纤维的断裂平面上最大。第一个最近邻纤维上的应力最大, 其次分别是第二个和第

三个最近邻纤维。

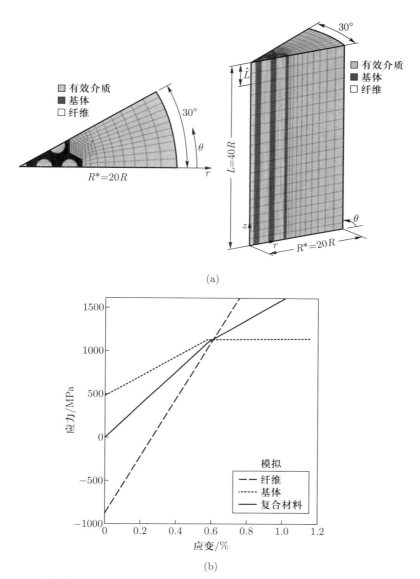

(a)

(b)

图 7.21　纤维增强 Ti–6Al–4V 基复合材料拉伸行为的有限元建模模型 (Gonzalez 和 LLorca, 2001): (a) 有限元模型; (b) 模拟的复合材料、纤维和基体的响应。模拟响应与实验结果吻合良好

　　如上所示, 在纵向加载过程中, 尽管纤维之间的基体也会发生塑性变形但是载荷仍然主要由纤维承担。然而, 在横向载荷下, 纤维之间会发生显著的塑

性变形。因此, 在横向载荷作用下, 纤维的分布对复合材料的响应起着重要作用。Brockenbrough 等 (1991) 模拟了具有不同纤维分布的 6061/B/46$_f$ 复合材料的纵向和横向受载响应。正如所料, 在纵向载荷下, 纤维分布对模型受载行为没有明显影响, 如图 7.23(a) 所示, 由于复合材料的受载行为主要受纤维行为的控制。实验结果与模型预测相吻合。在横向载荷下, 纤维分布为正方形排列、正方形–对角线排列和三角形–密堆排列, 如图 7.23(b) 所示。弹性状态时不受纤维分布的影响。一旦基体屈服, 纤维分布的影响就变得明显。正方形排列的加工硬化率最高, 其次是三角形排列和正方形–对角线排列。

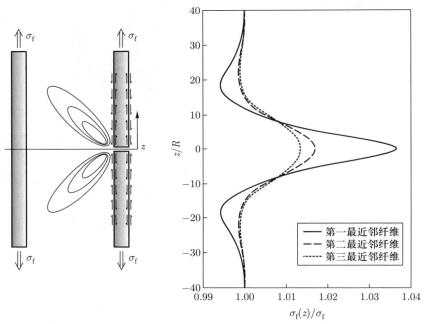

图 7.22　通过有限元建模预测的单纤维断裂对相邻纤维中应力状态的影响 (Gonzalez 和 LLorca, 2001; 由 LLorca J. 提供)

　　Rossoll 等 (2005) 使用有限元分析 (finite element analyse, FEA) 研究了不同的纤维分布 (从单纤维单元到复杂单元) 对拉伸测试时损伤演变的影响。研究发现, 复合材料中基体的原位流变应力不同于未增强合金材料的原位流变应力。这是因为复合材料中金属基体受纤维约束而产生变形, 尤其是在纤维束存在的情况下。当基体被接触的纤维包裹时, 受约束而产生硬化效应, 从而偏离了基于等应变的混合定律。

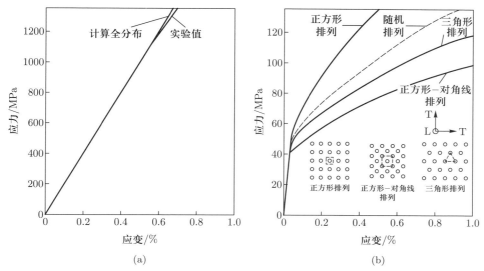

图 7.23 具有不同纤维排列的连续纤维增强复合材料拉伸性能的有限元模型预测 (Brockenbrough 等, 1991): (a) 纵向; (b) 横向

7.3 不连续增强金属基复合材料的单向受载行为

不连续增强 MMC 的单向受载行为取决于多种因素, 如增强体体积分数、颗粒尺寸、颗粒形状和基体微观结构。Chawla 等 (1998) 研究了 SiC 颗粒体积分数 (颗粒尺寸恒定) 对复合材料单向拉伸行为的影响。图 7.24 显示了 Al–Cu–Mg(2080)/SiC$_p$–T8 复合材料在不同体积分数下 (恒定颗粒尺寸为 5 μm) 的拉伸行为。随着颗粒体积分数的增加, 可观察到弹性模量、宏观屈服强度和拉伸强度更高和塑性更低。随着增强体体积分数的增加, 屈服强度的实验增加值与 Nardone 和 Prewo (1986) 的简单修正剪切滞后分析的预测值吻合性较好 (见 7.1.1 节)。

如第 7.1 节所述, 微塑性变形发生在相当低的应力条件下, 这对应于应力–应变曲线中的比例极限应力。这种微塑性变形来源于增强体的极点和颗粒的尖角处的应力集中, 如图 7.25 (Chawla 等, 1998) 所示。随着应力集中点数量的增加, 初始微屈服应力随着增强体体积分数的增加而减小, 加工硬化率随着增强体体积分数的增加而增大。较低的塑性可能是由于随着增强体的增加孔隙形核开始得更早的缘故。另外与未增强的合金相比, 裂纹颗粒尖角的高应力集中也可能导致复合材料的塑性较低。

有几位研究者研究了颗粒尺寸对拉伸行为的影响 (Mummery 等, 1991; Manoharan 和 Lewandowski, 1992; Chawla 等, 1998)。图 7.26 呈现了随着

颗粒尺寸的减小, 强度和塑性呈现出增加的一般性趋势。这可能是由于 SiC 颗粒强度随着颗粒尺寸的减小而增加。这种粒度与颗粒强度的反比关系可以解释如下: 随着颗粒体积的增大, 材料体内存在强度限制缺陷的概率也增加。颗粒尺寸相对较大时, 测试前的挤压加工成形过程中会发生大量的颗粒断裂。Chawla 等 (1998) 研究表明, 在增强颗粒体积分数为 10%∼30% 的 Al 2080/SiC$_p$ 复合材料中, 当平均粒径大于 20 μm 时可以观察到颗粒断裂。由于断裂的颗粒不能承担任何载荷, 因此复合材料的强度会低于未经增强的材料, 如图 7.26。

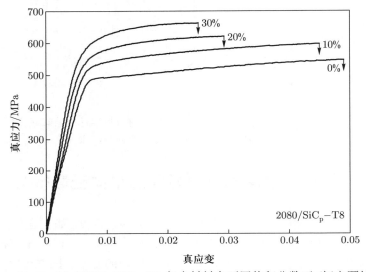

图 7.24　Al–Cu–Mg(2080)/SiC$_p$–T8 复合材料在不同体积分数下 (恒定颗粒尺寸为 5 μm) 的拉伸行为。随着体积分数的增加, 弹性模量、宏观屈服强度和抗拉强度更高, 延展性更低

　　较小的颗粒尺寸也意味着更小的颗粒间距 (对于给定的颗粒体积分数而言), 这使得基体中形核的孔隙不容易聚集 (Mummery 等, 1991)。另外, 随着颗粒尺寸的减小, 人们还观察到了较高的加工硬化率 (Lewandowski 等, 1991; Manoharan 和 Lewandowski, 1992)。这归因于颗粒周围发生位错缠结而形成位错胞结构, 位错胞尺寸与颗粒间距成正比 (Kamat 等, 1989)。
　　颗粒增强 MMC 的断裂在很大程度上取决于颗粒强度和颗粒/基体界面强度。图 7.27 显示了两种可能的损伤演化类型。如果界面强度大于颗粒强度 (通常在峰值时效复合材料中观察到), 那么颗粒会先于在界面断裂。基体孔隙长大, 并且断裂颗粒之间的剪切局部化导致复合材料失效。为了量化拉伸载荷过程中颗粒断裂和颗粒拔出的程度, 需要对断裂面进行观察。图 7.28 显示了配合断面上的情况。在配合断面两端均发现一个颗粒已经断裂, 脆性 SiC 颗粒的断裂性质是非常有趣的。图 7.29 显示了拉伸加载后 SiC 颗粒的断裂面。注意其断裂面上存在球形缺陷或孔隙, 这可能是导致颗粒中裂纹萌生的源头。这些缺陷是在颗粒加工过程中出现的。

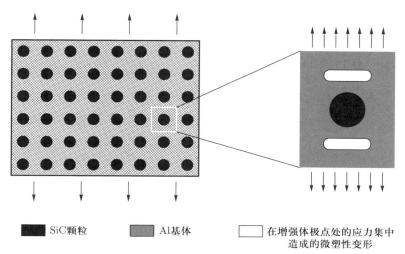

图 7.25　颗粒增强金属基复合材料基体中的微塑性变形是由于在增强体的极点和/或增强颗粒的尖角处有应力集中 (Chawla 等, 1998)

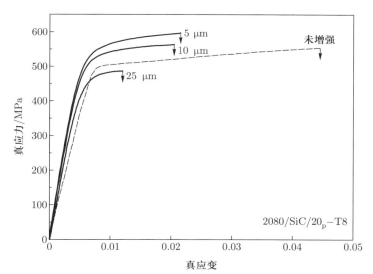

图 7.26　在 20 % 的恒定体积分数下, 增强颗粒尺寸对 Al–Cu–Mg(2080)/SiC–T8 复合材料拉伸行为的影响 (Chawla 等, 1998)。由于非常大的颗粒在测试前加工诱发断裂, 故对强度有损害。当颗粒尺寸在 20 μm 以上时, 强度和塑性均随粒径的减小而增加

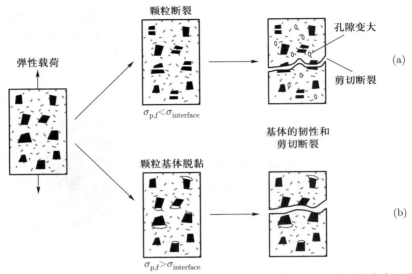

图 7.27　颗粒增强 MMC 中两种可能的拉伸损伤演化示意图: (a) 界面强度大于颗粒强度; (b) 界面强度小于颗粒强度

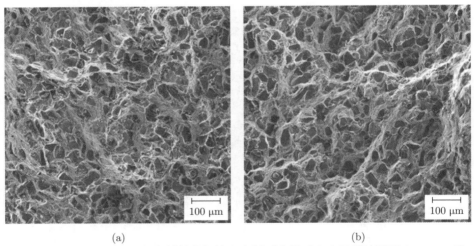

图 7.28　2080/SiC/20$_p$ 复合材料的拉伸配合断面上显示有大量颗粒断裂 (Chawla 等, 2002)

Williams 等 (2010) 用 X 射线同步辐射断层扫描研究了拉伸载荷条件下的 SiC 颗粒增强的 2080Al 合金复合材料。通过对复合材料中的损伤开展细致研究表明, 有 3 类主要类型的损伤, 如图 7.30 所示: ① SiC 颗粒断裂; ② 靠近 SiC/Al 合金基体界面的界面脱黏; ③ 主要出现在 SiC 颗粒团簇区域内的基体孔隙生长。后者是 SiC 颗粒团簇中对基体的高约束区域内塑性 (剪切) 不佳和较高的三轴拉伸应力导致的。在尖锐、有棱角的 SiC 颗粒的尖角也有非常小的孔隙。这些孔隙是应力集中的自然区域, 会导致孔隙的产生, 尽管有些孔隙甚至在加工状态下也存在。即使在挤压成形过程中, SiC 颗粒的尖角也可能产生很高的应力。另外, 颗粒脱黏与裂纹之间也存在联系。

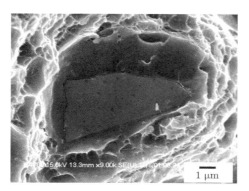

图 7.29　拉伸加载后 SiC 颗粒的断裂面 (Chawla 等, 2002 b)。注意断裂颗粒表面上的球形缺陷或孔隙, 这可能是裂纹萌生的原因。缺陷是在颗粒加工过程中出现的

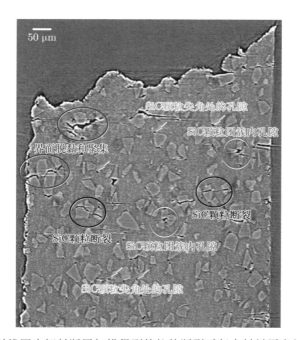

图 7.30　X 射线同步辐射断层扫描得到的拉伸断裂后复合材料厚度的 "虚拟截面" (Williams 等, 2010)。观察到 3 种主要类型的损伤: SiC 颗粒断裂、靠近 SiC/Al 合金基体界面的界面脱黏, 以及主要出现在 SiC 颗粒团簇区域或 SiC 颗粒尖角处的基体孔隙生长。(参见书后彩图)

研究人员还用 3D 数据库对颗粒和夹杂物的断裂进行了定量分析, 对加工样品和拉伸断裂后的 1500~2000 个 SiC 颗粒进行了分析。对于每个样品, 通过检查 3D 断层扫描数据的 4 个均匀间隔的 2D 切片, 记录断裂和未断裂颗粒的位置。图 7.31 显示了成形加工时断裂颗粒的位置 [图 7.31(a)] 和拉伸断裂后的位置 [图 7.31(b)]。拉伸断裂后, 可以观察到靠近断裂面的高密度断裂颗粒。事实上, 损伤区延伸到离断裂面约 1 mm 处。

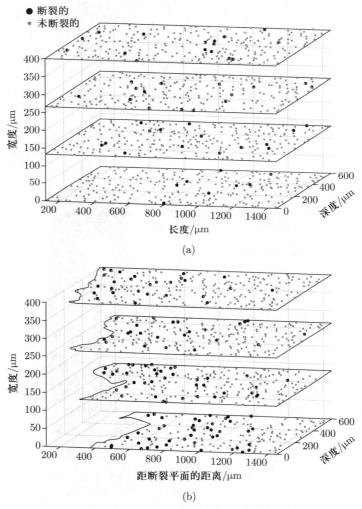

图 7.31　复合材料厚度方向的 2D 截面图, 显示断裂和未断裂的颗粒 (Williams 等, 2010): (a) 加工时; (b) 拉伸断裂后。损伤区延伸至距离断裂平面约 1 mm 处

Williams 等 (2011) 还利用同步辐射源原位测试技术显示了损伤的演变。

图 7.32 显示了 3 种不同应变下拉伸损伤的演变图。损伤的开始似乎非常接近极限强度, 约为 440 MPa。这种损伤主要是由颗粒断裂引起的, 大约从 1 %的应变开始。图 7.32(a) 表明颗粒断裂伊始可能在颗粒内部的某个缺陷上产生穿心断裂并向外扩展到基体。图 7.32(c) 显示大多数颗粒是在非常接近断裂应力时断裂。特别是在 SiC 颗粒的尖角处且颗粒间隔非常近的区域内还观察到一些局部孔隙生长的现象。在这些区域的基体薄层受到高度约束且处于三轴应力状态下, 这促进了孔洞的生长。然而, 此类空洞生长的程度相当有限, 并且似乎主要发生在加工成形过程中预先存在的孔隙处。

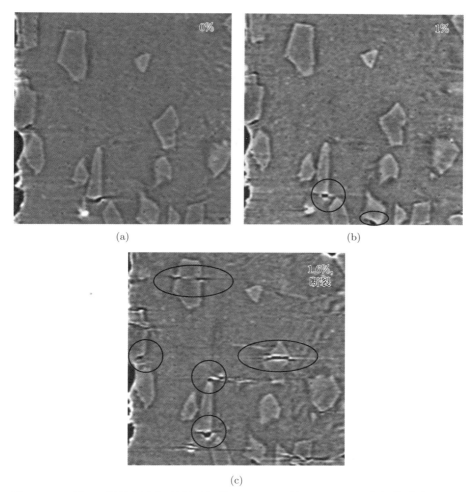

(a) (b)

(c)

图 7.32 原位 X 射线同步辐射断层扫描 (Williams 等, 2011) 显示的损伤演变: (a) 0 %应变; (b) 1 %应变; (c) 1.6 %应变。在 0%~0.4%应变下, 未观察到损伤; 在 1 %时, 孔隙生长开始于尖角和高约束和三轴应力区域。在断裂 (1.6 %) 时, 颗粒断裂非常显著

通过对 X 射线同步辐射断层扫描获得的颗粒断裂统计结果分析, 可以得出颗粒断裂的概率是由颗粒尺寸和长径比控制的 (Williams 等, 2010), 如图 7.33 所示, 且长径比的影响比颗粒尺寸更为显著。结果表明, 利用三维断层扫描的统计数据, 长径比和颗粒尺寸是决定 SiC 颗粒断裂概率的重要参数。更具体地说, 高长径比的颗粒 (由于更好的载荷转移) 和较大的颗粒 (具有较大的强度极限缺陷概率) 更容易断裂。

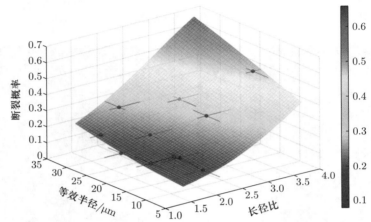

图 7.33　SiC 颗粒断裂特征的颗粒半径和长径比的定量分析 (Williams 等, 2010)。长径比和等效半径越大, 断裂的概率越大。高长径比颗粒可以实现更多的载荷转移, 而半径越大, SiC 颗粒中出现强度限制缺陷的概率越大。(参见书后彩图)

颗粒增强 MMC 损伤的第二种情况是界面强度远低于颗粒强度。此时, 由于基体从颗粒上脱黏, 孔隙的形核和生长将发生在界面位置。随后将发生仅穿过基体的韧性剪切断裂。如图 7.34 所示案例, 对于基体过时效的复合材料, 界面强度相对较弱。注意在 SiC 颗粒表面留有一层薄的基体层。

颗粒增强复合材料, 尤其是那些经受挤压的复合材料, 由于沿挤压轴的优先颗粒取向, 表现出相当大的各向异性。Logsdon 和 Liaw (1986) 研究了 SiC 颗粒和晶须增强 Al 合金的抗拉强度的各向异性行为, 指出平行于挤压轴的强度高于垂直于挤压轴的强度。Jeong 等 (1994) 也注意到复合材料沿挤压轴的杨氏模量较高。Ganesh 和 Chawla (2004, 2005) 指出, 对于最低体积分数复合材料的取向, 其各向异性程度最高, 因为随着体积分数的增加, 对于给定颗粒的旋转和排列的平均自由程减小。复合材料的杨氏模量和抗拉强度随着增强体体积分数的增加而增加, 与取向无关, 如图 7.35。因此, 尽管 2080/SiC/10$_p$ 合金中的微观结构各向异性程度最大, 但 2080/SiC/30$_p$ 合金的力学行为各向异性却最大。

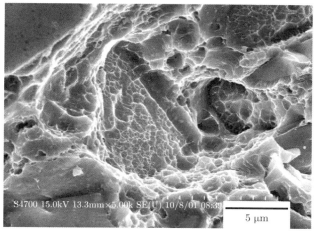

图 7.34　由于相对较弱的界面强度 (过时效), 颗粒/基体界面处的孔隙形核和生长。在复合材料的基体中也观察到韧性剪切断裂 (Chawla 等, 2002b)

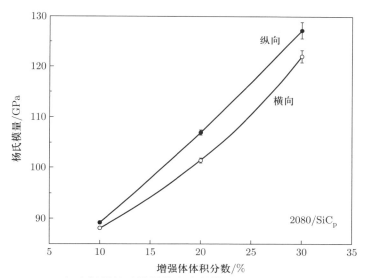

图 7.35　2080/SiC$_p$ 复合材料杨氏模量的各向异性 (Ganesh 和 Chawla, 2005)。纵向方向与挤压轴平行, 横向方向垂直于挤压轴

　　人们比较了用低成本加工技术, 如烧结锻造, 获得的材料的力学性能和现有的热压和挤压材料的力学性能。Chawla 等 (2002) 研究了通过低成本烧结锻造方法制备的复合材料的强度。所选取的 SiC 颗粒尺寸相对较粗 (如 25 μm)。通过烧结锻造方法加工的材料与成分、增强体体积分数、颗粒大小均相同的挤压加工的材料的拉伸性能相似, 如图 7.36 所示。烧结锻造复合材料的微观结构表现出相对均匀的 SiC 颗粒分布状态, 且有垂直于锻造方向排列的倾向。但其

颗粒排列程度和颗粒间结合强度不如挤压复合材料高。烧结锻造复合材料表现出比挤压复合材料更高的杨氏模量和抗拉强度, 但断裂应变较低。烧结锻造复合材料这种较高的模量和强度归因于没有任何明显的加工诱发颗粒断裂, 而较低的断裂应变是由于与挤压材料相比, 烧结锻造复合材料中基体与颗粒间结合较差。事实上, 复合材料的二次加工, 例如, 初始铸造后的挤压可以显著提高复合材料的延展性, 如图 7.37(Lloyd, 1997) 所示。复合材料的延展性在很大程度上也是颗粒团簇程度的函数。Murphy 等 (1998) 通过控制复合材料的冷却速率来控制颗粒团簇程度, 通过镶嵌技术测量颗粒团簇程度 (见插图), 以确定团簇严重性程度参数 P。发现复合材料的延展性随着参数 P 的增加而显著降低。

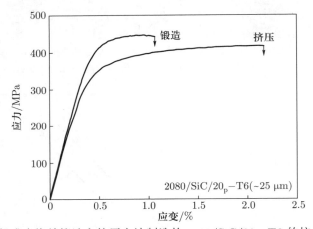

图 7.36　通过低成本烧结锻造和挤压方法制造的 $2080/SiC/20_p$–T6 的抗拉强度 (Chawla 等, 2002)。烧结锻造材料的拉伸性能与挤压材料相似, 延展性稍低

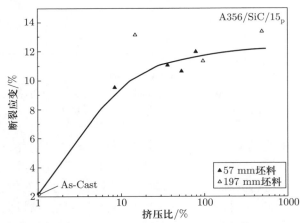

图 7.37　二次加工程度 (即挤压比) 对 Al–$SiC/15_p$ 塑性的影响 (Lloyd, 1997)。挤压显著提高了复合材料的塑性

增强体团簇量化

在连续纤维或颗粒增强 MMC 的制备过程中,增强体可能发生团簇聚集 (见第 4 章)。虽然单根纤维可以相对均匀地分布 (如当它编织在纤维织物中时),但是控制颗粒均匀分布可能更具挑战性。如本章所示,团簇会产生应力集中从而会对力学性能有深远的影响。目前,量化增强体团簇程度的方法有很多。在这里,我们介绍两种方法,可以用来进行一些增强体团簇的定量测量:① Dirichlet 有限体镶嵌法;② 数字图像膨胀法。

有限体镶嵌法以数学家 Dirichlet (1850) 的名字命名,他提出了一个镶嵌方案来量化空间中几何对象的排列。考虑一个假想的二维微观结构,由空间中的椭圆颗粒组成 (见下图)。标记出每个椭圆的质心,然后在颗粒周围构建元胞,使得每个元胞壁在两个质心之间等距 [下图 (b)],形成的这种结构被称为镶嵌结构。镶嵌非常有用,因为它可以生成关于元胞大小、颗粒间最近邻间距分布等信息。然而,对 Dirichlet 镶嵌法的实践表明,当对象不是完美的球体 (比如本例中是椭圆) 时,颗粒并不总是能完全包含在元胞边界内。这是因为椭圆的质心被用于构造镶嵌。因此,对于非球形强化颗粒的情况,传统的镶嵌法不足以量化微观结构。

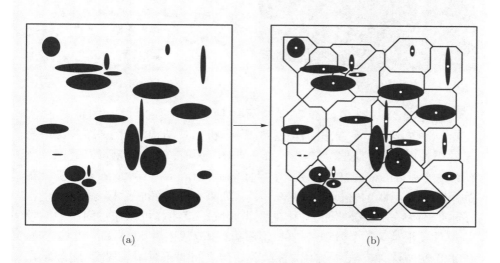

(a)   (b)

传统镶嵌方案可以通过采用有限体镶嵌来优化 (Chawla, 2002a)。该过程中涉及的步骤如下图所示。光学或扫描电子显微照片 [图 (a)] 被分割成黑白图像 [图 (b)]。然后进行分水岭图像操作 [图 (c)],该操作基于每个颗粒的质心和周长分析颗粒之间的距离,然后构造镶嵌 [图 (d)],其中每个不规则粒子位于元胞的边界内。从有限体镶嵌中可以获得与传统镶嵌中相似的统计值。

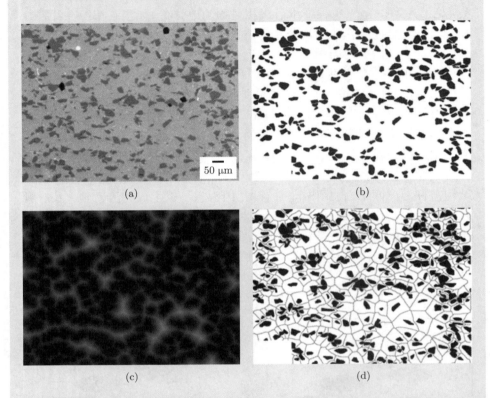

量化复合材料中团簇程度的另一种方法是使用数字图像膨胀法 (Chawla 2002a)。该方法同样包括分段分析微观结构 [下图 (a)]。每个粒子的周长以一定的增量 "膨胀", 如下图 (b) 所示。膨胀增量可以通过单个 (Meyers 和 Chawla, 1999) 或多个尺寸的 (Torquato , 2002) 颗粒随机分布的平均颗粒间距的解析表达式来计算。如果颗粒在膨胀后接触, 则这组粒子被识别为一个团簇 [图 (b) 中的阴影区域]。该团簇可以通过团簇中的颗粒数量或相对于整个微观结构的团簇的面积分数来量化。Ayyar 和 Chawla (2006) 使用这种方法来显示两种微观结构之间的相对团簇程度 (也显示在下面)。左边的微观结构比较均匀, 右边的高度团簇。图 (c) 显示了两种微观结构的团簇尺寸分布直方图。值得注意的是团簇微观结构较大团簇的比例要高得多。该信息从循环疲劳设计的角度来看是非常有用的, 因为疲劳寿命是由最大缺陷 (团簇) 尺寸控制的。

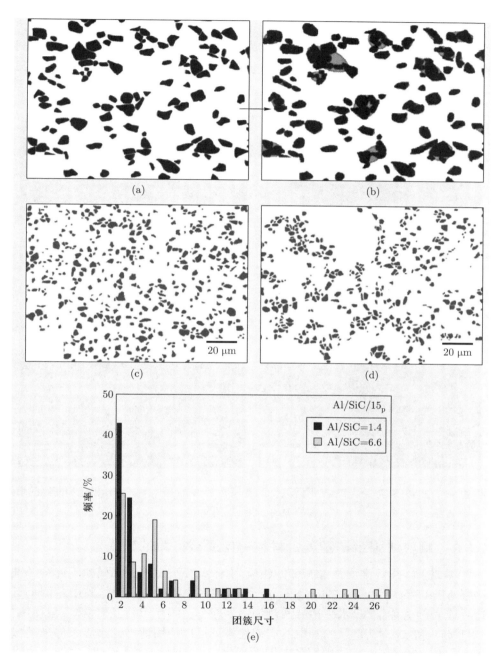

(a)

(b)

(c)

(d)

(e)

基体微观结构对复合材料的强度也起着重要的作用。过时效热处理改变了基体微观结构，导致沉淀物粗化同时保持沉淀物均匀的分布，这直接影响了复合材料的强度 (Chawla 等, 2000)。图 7.38 显示了在不同温度下过时效 24 h

后, MMC 基体中沉淀物的粗化和间距的增加。沉淀物间距的增加降低了抗拉强度, 如图 7.39。这是可以预料的, 因为较粗的沉淀物会导致更大的沉淀物间距和位错更容易绕过。对于经受较高过时效温度的复合材料, 其屈服强度也随着沉淀物间距的增加而降低。

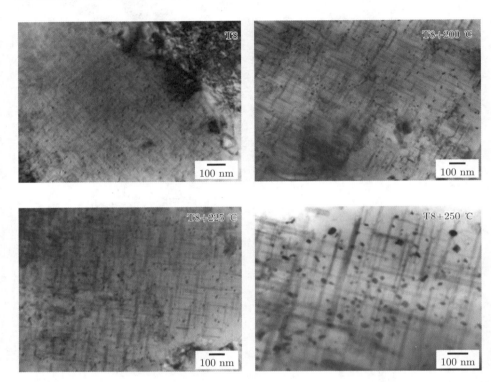

图 7.38　2080/SiC/20$_p$–T8 在不同温度下过时效 24 h 后基体中沉淀物粗化和间距的增加 (Chawla 等, 2000)

7.3.1　颗粒增强金属基复合材料单向受载行为的建模

类似于连续纤维增强 MMC 的建模, 有限元模型也被用来模拟不连续纤维增强 MMC 的行为。图 7.40(a) 显示了几个单一颗粒单胞模型, 其中左侧垂直边界代表轴对称轴线, 水平边界两侧为镜像对称。具有 "单位圆柱体" "截柱体" "对顶锥" 和 "球体" 形状的颗粒的周期性排列可以使用适当的边界条件来模拟 (Shen 等, 1994)。而基体则用各向同性硬化的弹塑性固体来近似 (遵循峰值时效实验的 Al-3.5Cu 合金的应力–应变曲线), SiC 颗粒为弹性固体。图 7.40(b) 显示了具有上述 4 种颗粒形状的 Al–SiC/20$_p$ 复合材料的拉伸应力–应变曲线的计算结果。显然, 颗粒形状对复合材料的整体拉伸性能有显著影响。在给定的相同增强体积分数的前提下, 单位圆柱体颗粒显然比其他 3 种形状的颗粒增强效果更好。然而, 这并不意味着具有尖角的颗粒具有更显著的强化效果, 如具有 "最尖角" 类型的 "对顶锥" 颗粒的情况所示的那样。详细分析表明 (Shen 等, 1995), 单位圆柱体和对顶锥颗粒对基体中的局部塑性流变路径分别产生最高和最低程度的 "扰动", 这直接反映了其约束塑性变形的程度不同, 解释了复合材料的强化行为。读者还可以参考其他简单单胞模拟方法, 这些方法聚焦于短纤维和颗粒增强复合材料各种弹塑性行为, 诸如增强颗粒断裂 (LLorca, 1995; Steglich 等, 1999)、团簇强化 (Christman 等, 1989; Toda 等, 1998)、基体孔隙生长 (LLorca 等, 1991), 以及热处理和加工过程产生的残余应力 (Levy 和 Papazian, 1991; Dutta 等, 1993)。

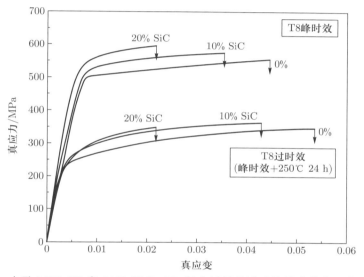

图 7.39 由于 2080–T8 和 2080/SiC$_p$–T8 复合材料的过时效导致强度下降 (Shen 和 Chawla, 2001)。所有材料的强度降低都是相似的。较粗的沉淀物导致更大的沉淀物间距, 位错更容易绕过

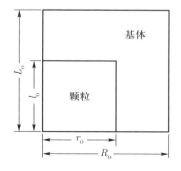
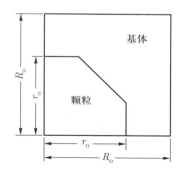

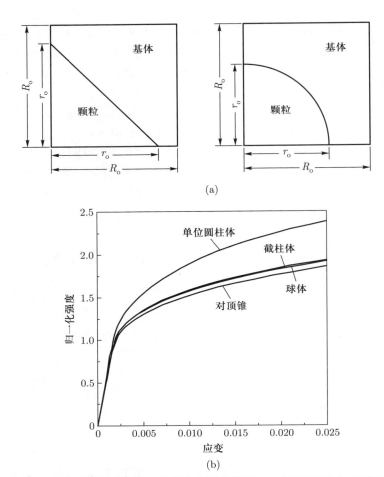

图 7.40　(a) 用于说明颗粒形状影响的单胞有限元模型; (b) 预测的应力–应变行为 (Shen 等, 1994)

当从加工温度冷却到环境温度时, 增强体和基体之间的热膨胀系数失配致使复合材料中产生热残余应力。如上所述, 在实际复合材料中, 热残余应力是通过基体的塑性变形得到缓解的, 从而导致间接强化。图 7.41 显示了在有和无热残余应力的条件下, 使用单位圆柱体颗粒 [图 7.40(a)] 计算的 20% SiC 增强 Al 合金的拉伸应力–应变曲线。与上文相同, 模型中的基体被设为各向异性硬化的弹塑性材料。计算得到了从固溶温度 500 ℃ 冷却至室温 20 ℃ 后复合材料的热残余应力, 其中复合材料处于相对无应力状态。图中还包括纯基体的应力–应变曲线。在冷却过程中, 颗粒/基体界面附近的基体发生屈服。这对材料的后续加载有直接影响。从图 7.41 中可以看出, 在热应力存在的情况下, 在变形的早期阶段可以观察到较小的斜率, 这是由于前期塑性变形产生的表观模量略小。与没有残余应力的材料相比, 有残余应力的材料具有较高的平均轴向应力值。这意味着残余应力的存在提高了材料的初始应变硬化率。比较纯基体和无热残余应力的复合材料的曲线, 可以观察到直接强化效应。复合材料较高的流变应力是载荷从基体转移到增强体的直接结果, 这也与基体中受约束的塑性变形有关。复合材料的两条曲线的比较揭示了间接强化效应。在该模型中, 由冷致塑性引起的应变硬化导致随后有热应力的复合材料具有更高的强度 (在交叉点之后)。在实际材料中, 由于应变硬化, 热失配引起的位错冲孔使基体强度更高。因此, 当选择合适的本构模型时 (例如, 在当前情况下选择加工硬化塑性而不是完全塑性), 基于连续介质的数值模拟可以深入了解变形机制。

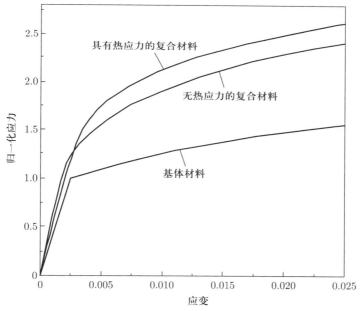

图 7.41 Al–SiC/20$_p$ 在有无热残余应力的单位圆柱体颗粒中的拉伸应力–应变曲线 (Shen 等, 1994)。冷致塑性引起的硬化导致复合材料强度更高

包含简单、成形的单粒子和多粒子的模型可以提供对变形的有用见解。但是, 基于实际微观结构的模型更能够准确地预测复合材料的变形行为 (Chawla 等, 2003, 2004; Ganesh 和 Chawla, 2004)。这是因为在实际的复合材料中, 颗粒的形状非常不规则, 通常包含尖角, 因此球形颗粒不一定是模拟的现实选择。因此, 虽然单胞模型的简化可能有助于计算, 但它们不能有效代表增强体的复杂形态、尺寸和空间分布。因此, 随后只有将符合实际的三维 (3D) 显微形貌作为模型的基础, 才能对材料力学行为进行更精确的模拟。

图 7.42 使用实际显微组织和球形颗粒的简化表示, 比较了两种 3D 模型的响应情形。两个模型中颗粒的空间分布大致相同。请注意, 角形颗粒承受的应力比球形颗粒大得多, 这表明向角形颗粒传递的载荷更多。球形颗粒中应力相当均匀, 而角形颗粒中的应力不均匀。基体中的塑性应变等值线也有很大不同。在角形颗粒的模型中可观察到更多的应变局部集中。这个简单的比较确实可以表明基于微观结构的模型预测与简化球形颗粒模型的预测有相当大的不同。因此, 使用实际微观结构对材料进行建模相当重要。

在第 6 章中, 将由单胞模型预测的杨氏模量和基于显微组织模型预测的杨氏模量进行了比较。基于显微组织的模型最接近实验结果 (Chawla 等, 2004)。3D 显微组织模拟的整体应力–应变曲线 (弹性和塑性部分) 与实验的比较如图 7.43 所示。模拟时在模型中加入了冷却步骤, 从固溶处理温度 493 ℃ 冷却至 25 ℃。方棱柱和基于微观结构的模型都很好地预测了实验结果。然而, 基于微观结构的模型更真实地反映了实验行为。更重要的是, 由 SiC 颗粒的尖锐棱角特征产生的局部塑性只能在基于微观结构的模型中被捕获。因此, 其他模型将颗粒的形状近似为椭球实际上会低估强化的程度。

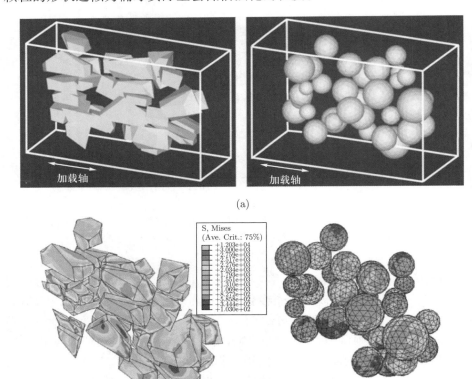

(a)

(b)

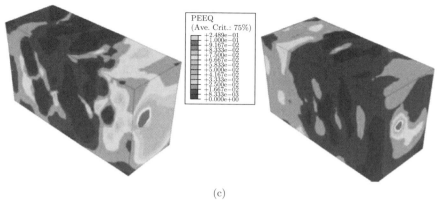

(c)

图 7.42 (1) 实际微观结构和 (2) 近似球形颗粒的 3D 有限元模型的比较: (a) 有限元模型; (b) 颗粒中的应力分布; (c) 基体中的塑性应变。请注意, 与简化的球形颗粒模型相比, 微观结构模型在颗粒中表现出更高的应力和更大且更不均匀的塑性应变。(参见书后彩图)

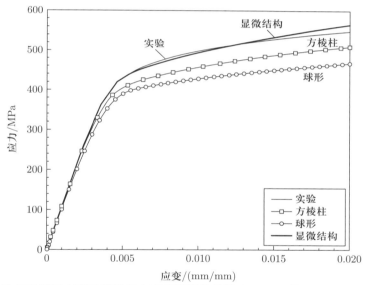

图 7.43 冷却后不同有限元模型应力应变预测的比较 (Chawla 等, 2004)。3D 微观结构模型 (来自微观结构中的两个随机区域) 在预测实验观察到的行为方面最准确

颗粒团簇的效果也可以用有限元法模拟。Segurado 等 (2003) 对有团簇的复合材料进行了 3D 有限元模拟。结果显示, 在颗粒团簇内的颗粒上的应力远高于平均颗粒应力, 如图 7.44(a)。随着团簇的增加, 颗粒应力的标准差显著增大, 如图 7.44(b) 所示。实际上, 相较于颗粒均匀分布的复合材料, 有团簇的复合材料更易在更低的外加应力下造成颗粒断裂 [图 7.44(c)]。

Chawla 和 Deng (2005) 开发了由金属基体中的圆形增强颗粒组成的微观

组织模型。这种微观组织含有不同程度的颗粒团簇,可以用颗粒间距的变化系数进行量化 (见插图)。使用二维 (2D) 有限元分析来模拟微观组织的拉伸行为。明确模拟了基体塑性和颗粒断裂。所有颗粒均具有 1 GPa 的均匀强度。在颗粒均匀排列时,尽管塑性应变在颗粒断裂区域有所增强,但基体中的塑性应变的分布更加均匀,如图 7.45(a) 所示。在团簇状微观结构中,会产生较大的应力,从而导致团簇内的颗粒断裂,如图 7.45(b) 所示,且塑性应变程度较低。模拟的应力–应变曲线表明,尽管未对基体开裂进行建模,但团簇状微观结构具有较低的 "延展性"。该模型验证了上述 Murphy 等 (1998) 的实验结果。

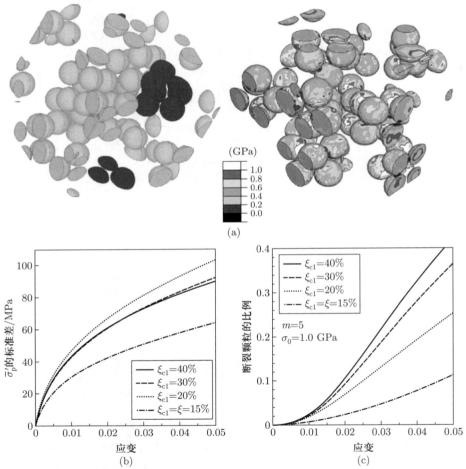

图 7.44 (a) Al 基体中由完美球形 SiC 颗粒组成的 3D 有限元模型 (Segurado 等 2003; 由 LLorca J. 提供)。该模型由 49 个粒子和 7 个 "簇" 组成,团簇内的应力高于平均应力; (b) 对于给定的应变,颗粒中应力的标准差随着团簇的增加而增大; (c) 预测的断裂颗粒的比例。ξ 和 ξ_{c1} 分别表示复合材料中和团簇内颗粒的体积分数 (15 %)。(参见书后彩图)

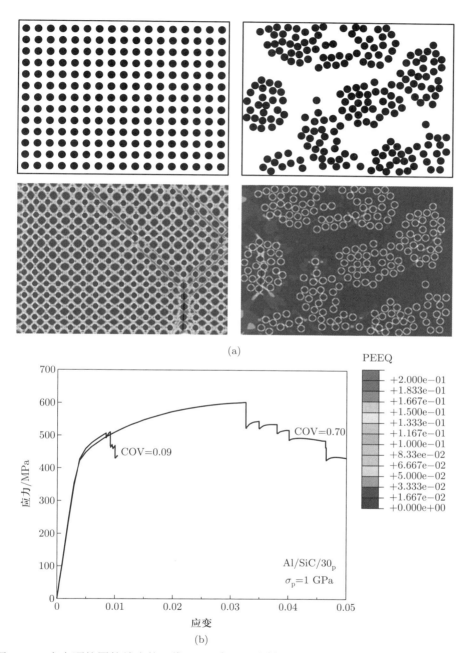

(a)

(b)

图 7.45 存在颗粒团簇效应的二维 (2D) 有限元分析 (Chawla 和 Deng, 2005): (a) 由 Al 中的球形 SiC 颗粒组成的模型显示了颗粒在团簇内的断裂; (b) 预测的拉伸应力–应变曲线。假设所有颗粒均具有 1 GPa 的强度。团簇状微观结构具有较低的 "韧性"。

(参见书后彩图)

　　Shen 和 Chawla (2001) 以及 Shen (2001) 探讨了颗粒增强金属基复合材料的宏观硬度和拉伸性能之间的关系。结果表明, 与大多数整体金属和合金不同, 复合材料硬度不一定随颗粒增强金属基复合材料的整体强度而变化, 如图 7.46。硬度测试可能会大大高估含有大尺寸增强体颗粒的复合材料的整体抗拉强度和屈服强度, 因为这些大尺寸颗粒在变形加工和/或受拉伸载荷时容易断裂。在硬度测试中, 占主导地位的局部压应力状态会阻止预先存在的断裂颗粒在受压过程中削弱材料强度。对于具有相对较小的增强颗粒的复合材料, 硬度和抗拉/屈服强度之间不存在独特的关系, 即使该材料基本上不含有预先存在的断裂颗粒。在 Al 基体强度相对较低的情况下尤其如此。颗粒增强复合材料的高硬度趋势可归因于硬度测试过程中压头正下方颗粒浓度的局部增加, 如图 7.47。这可以通过使用有限元法建立的微力学模型来说明。在压痕下, 相比于具有完全相同的应力–应变行为的均质材料系统, 含有离散颗粒的材料系统表现出更高的变形抗力, 如图 7.48 (Shen 等, 2001)。

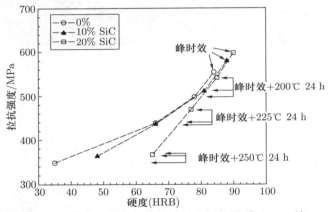

图 7.46　颗粒增强 MMC 的宏观硬度与拉伸性能之间的关系 (Shen 等, 2001)。与大多数整体金属和合金不同, MMC 的硬度不一定与强度成比例

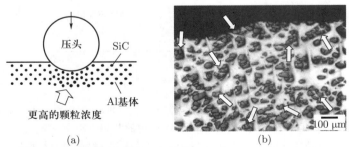

(a)　　　　　　　　　　　　　(b)

图 7.47　颗粒增强 MMC 在微压痕过程中的变形行为 (Shen 和 Chawla, 2001): (a) 由于基体的塑性流变导致颗粒浓度局部增加; (b) 箭头指示处为局部颗粒断裂

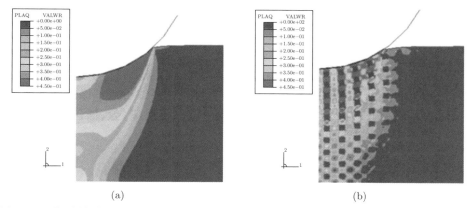

图 7.48　均质材料 (a) 和颗粒增强复合材料 (b) 中压痕处的有限元模型。在该模型中, 两种材料具有相同的宏观拉伸本构模型 (Shen 等, 2001) 。在压痕下, 含有离散颗粒的复合材料系统表现出更高的变形抗力。(参见书后彩图)

7.4　原位自生增强金属基复合材料

关于原位自生增强 MMC 的一些有趣的工作涉及使用适当的热处理以在韧性基体中获得某一硬质第二相分布 (以相当高的体积分数)。例如双相钢, 其硬质马氏体相分布在软质的铁素体基体中 (Speich 和 Miller, 1979; Tamura 等, 1973; Rios 等, 1981; Stewart 等, 2012), 还有对超高碳钢 (UHCS) 进行热处理, 可以得到一种由铁素体基体和分布在其中的硬质渗碳体颗粒组成的复合材料 (Young 等, 2007)。如图 7.49 所示, 这些材料只是颗粒增强的 MMC。通常, 所谓双相钢的微观结构由韧性铁素体基体和分散在其中的 5vol%~20vol% 的硬质马氏体相组成。这种材料可视为 MMC 处理。因此, 我们可以使用复合材料领域的一些概念来模拟双相钢的应力–应变行为。Rios 等 (1981) 使用了一个涉及铁素体和马氏体之间应力和应变分配的唯象模型。外加应力在铁素体和马氏体之间的线性分配与实验结果吻合较好。

Stewart 等 (2012) 使用微柱压缩技术获得了铁素体和马氏体的本构行为。采用聚焦离子束 (focused ion beam, FIB) 刻蚀双相钢制备了铁素体和马氏体微柱, 如图 7.50 所示。铁素体和马氏体的压缩应力–应变曲线通过纳米压痕法获得, 如图 7.51 所示。采用混合定律法, 将单个组分的力学性能结合起来预测块体钢材的力学行为。

Young 等 (2007) 通过同步辐射 X 射线衍射研究了在单轴拉伸应力下 UHCS (体积分数为 34%) 中铁素体和渗碳体之间的载荷分配。在弹性阶段, 两种组分 (α–Fe 和 Fe_3C) 表现出几乎相同的性能。当韧性的铁素体塑性变形后, 载荷从软质的 α-Fe 转移到硬质的弹性 Fe_3C 颗粒上。在这种情况下不会出现热残余应力, 因为由 CTE 失配引起的应变被相变引起的应变所平衡。这两相具有几乎相同的弹性常数, 所以在弹性范围内没有载荷转移。在铁素体塑性变形而渗碳体弹性变形的阶段, 会出现载荷从铁素体转移到渗碳体的现象。Young 等 (2007) 在有限元建模中对铁素体基体使用了双参数幂律硬化方程, 获得了宏观应力–应变曲线。实验确定的轴向和横向衍射应变数据与该模型的预测值相当吻合。

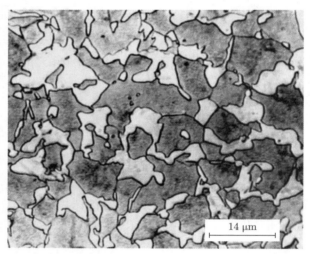

图 7.49　双相钢的微观结构 (Rios 等, 1981)。一种含有铁素体和马氏体成分的原位复合材料, 白色为马氏体, 暗处为铁素体

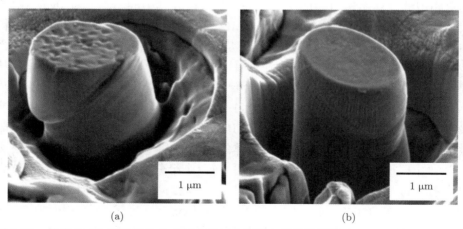

(a)　　　　　　　　　　　　　　　　　(b)

图 7.50　铁素体 (a) 和马氏体柱 (b) 变形后的扫描电子显微图像 (Stewart 等, 2012)。注: 微柱变形是由晶体滑移引起的

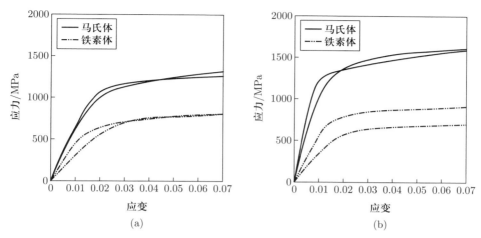

图 7.51   铁素体和马氏体微柱压缩的应力–应变曲线: (a) 烧结后; (b) 经 538 ℃ 时效

7.5   断裂韧性

颗粒增强 MMC 的断裂韧性受多种因素控制。这些包括 ① 增强体的体积分数; ② 颗粒间的间距和颗粒的强度; ③ 颗粒的空间分布 (即颗粒团簇); ④ 基体和界面区域的微观结构 (比如可以由热处理控制的时效硬化合金)。图 7.52 是关于几种复合材料体系的韧性与增强体体积分数关系的汇总 (Manoharan 等, 1993; Hunt 等, 1993; Beck Tan 等, 1994)。可见, 所有复合材料的韧性都随着增强体体积分数的增加而降低。在体积分数为 20% 及以上时, 韧性似乎达到了一个 "平台"。至于韧性的下降, 如图 7.52 所示, 可以用三轴应力会随着颗粒体积分数的增加而增加 (类似于复合材料拉伸加载过程中发生的情况) 来解释。

增强体颗粒尺寸对韧性的影响不太明显, 这是因为减小颗粒尺寸会也导致颗粒间距变小。此外, 由于遇到强度极限缺陷的概率较低, 它还导致陶瓷颗粒的强度增加。有研究表明, 团簇程度随着颗粒尺寸的减小而增大 (Hunt 等, 1993), 并且间接强化程度随着颗粒尺寸的减小而增大 (Arsenault 和 Shi, 1986)。图 7.53 表明在 3 个体积分数下, 2080/SiC$_p$ 复合材料的韧性均随着强度的增大而降低, 且受到颗粒尺寸的影响。最大颗粒尺寸的曲线在最左边, 这是因为复合材料的强度随着颗粒尺寸的增大而降低。有趣的是, 对给定的体积分数下, 复合材料的韧性随着颗粒尺寸的减小也略有降低。Kamat 等 (1989) 研究了颗粒尺寸对韧性的影响。他们研究了 Al$_2$O$_3$ 体积分数分别为 10% 和 20 % 且颗粒尺寸在 5 ～50 μm 之间时的 Al$_2$O$_3$ 颗粒增强 Al 基复合材料的断裂韧性。在大颗粒尺寸 (> 15 μm) 下, 颗粒断裂很可能是导致不稳定的裂纹扩展和更低裂纹扩展韧性的原因。在较小的颗粒尺寸时, 会发生界面脱黏现象。在这种较小的

颗粒尺寸 (和较小的颗粒间距) 范围内, 复合材料的行为遵循 Rice 和 Johnson 模型, 该模型假设颗粒/基体的脱黏发生在主裂纹之前的界面处。颗粒间距的减小有利于颗粒/基体脱黏时产生孔隙聚集。他们的模型显示韧性与断裂强度之比 J_{Ic}/σ_f 与颗粒间距 λ 成正比:

$$\frac{J_{Ic}}{\sigma_f} \propto \lambda$$

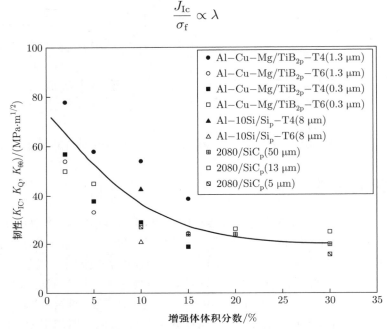

图 7.52　几种颗粒增强 MMC 的韧性与增强体体积分数的关系 (Manoharan 等, 1993; Hunt 等, 1993; Beck Tan 等, 1994)。所有复合材料的韧性都随着体积分数的增加而降低, 在体积分数为 20% 及以上时达到 "平台"

　　断裂韧性也受颗粒团簇程度的影响。Lloyd(1995) 通过改变铸造 A356/SiC/15$_p$ 复合材料的冷却速率获得了不同程度的颗粒团簇, 如图 7.54。正如第 4 章所提到的较快的冷却速率使得颗粒从枝晶中被推移出的时间更短, 从而使颗粒分布更均匀。这项工作清楚地表明, 随着团簇的增加 (通过增加颗粒的最小边缘到边缘的间距来量化), 断裂韧性降低。这源于由颗粒团簇引起的应力三轴性的增加。断裂韧性也在很大程度上受基体微观结构的影响。Manoharan 和 Lewandowski (1990) 研究了 SiC 颗粒增强 Al 基复合材料的断裂韧性行为, 如图 7.55 所示。将材料分别热处理至欠时效 (UA) 和过时效 (OA) 状态, 并且具有相同的名义抗拉强度。然而两种热处理条件下得到的复合材料的断裂韧性却完全不同。欠时效状态下的韧性是过时效状态的两倍。这归因于断裂模式从颗粒断裂控制 (UA) 转变为界面脱黏 (OA)。界面脱黏的容易性可以通过沉淀的粗化和颗粒/基质界面的弱化来解释。在未增强合金中, 欠时效和过时效状态下的韧性相似。

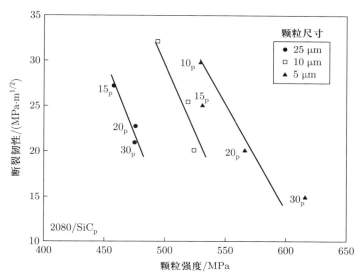

图 7.53　颗粒尺寸对 2080/SiCp 复合材料韧性的影响 (Hunt 等, 1993)。对于给定的体积分数, 复合材料的韧性随着颗粒尺寸的减小也略有降低

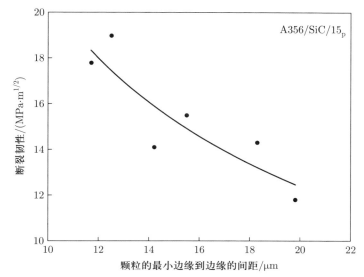

图 7.54　颗粒团簇对铸造 A356/SiC/15p 复合材料韧性的影响 (Lloyd, 1995)。随着团簇的增加 (由颗粒的最小边缘到边缘的间距量化), 韧性降低

颗粒增强 MMC 的韧性被认为与加载速度呈一定关系。Wang 和 Kobayashi

(1997) 研究了加载速度对 $6061/SiC/22_w$ 的断裂韧性的影响, 如图 7.56。当加载速度大于 10 m/s 时, 断裂韧性显著提高。断口分析表明, 在加载速率较大时, 基体韧窝会变深, 损伤区扩展到更远距离。这很可能是由于加载速率非常大, 没有足够的时间使裂纹和孔隙之间相互作用和合并。

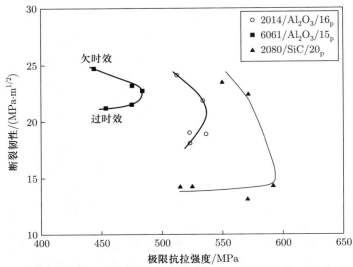

图 7.55　颗粒增强 MMC 中基体微观结构对断裂韧性–抗拉强度关系的影响 (Lewandowski, 2000; Hunt 等, 1993; Kamat 等, 1989)。在一定的抗拉强度下, 欠时效条件下的韧性要高于过时效条件下的韧性

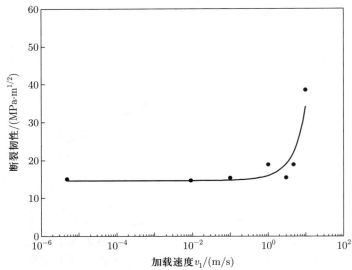

图 7.56　加载速度对 $6061/SiC/22_w$ 的断裂韧性的影响 (Wang 和 Kobayashi, 1997)。加载速度大于 10 m/s 时, 断裂韧性显著增加

参考文献

Arsenault R. J., and Shi N. (1986) Mater. Sci. Eng., 81, 175.

Ayyar A. and Chawla N. (2006) Comp. Sci. Tech., 66, 1980–1994.

Beck Tan N. C., Aikin, Jr. R. M., and Briber R. M. (1994) Metall. Mater. Trans., 25A, 2461–2468.

Blucher J. T., Narusawa U., Katsumata M., and Nemeth A. (2001) Composites, 32, 1759–1766.

Boehlert C. J., Majumdar B. S., Krishnamurty S., and Miracle D.B. (1997) Metall. Mater. Trans., 28A, 309–323.

Brockenbrough J. R., Suresh S., and Wienecke H. A. (1991) Acta Metall. Mater., 39, 735–752.

Bushby R. S. (1998) Mater. Sci. Tech., 14, 877–886.

Chan K. S. (1993) Metall. Trans., 24A, 1531–1542.

Chawla K. K. (1973a) Phil. Mag., 28, 401.

Chawla K. K. (1973b) Metallography, 6, 155–169.

Chawla K. K. (1998) Composite Materials—Science and Engineering, 2nd Ed., Springer-Verlag, New York, p. 102.

Chawla K. K., and Metzger M. (1972) J. Mater. Sci., 7, 34.

Chawla N., Andres C., Jones J. W., and Allison J. E. (1998a) Metall. Mater. Trans., 29A, 2843.

Chawla N., Andres C., Jones J. W., and Allison J. E. (1998b) Scripta Mater., 38, 1596.

Chawla N., Habel U., Shen Y.-L., Andres C., Jones J. W., and Allison J. E. (2000) Metall. Mater. Trans., 31A, 531–540.

Chawla N., and Shen Y.-L. (2001) Adv. Eng. Mater., 3, 357–370.

Chawla N., Williams J. J., and Saha R. (2002a) J. Light Metals, 2, 215–227.

Chawla N., Williams J. J., and Saha R. (2002b) Metall. Trans., 33A, 3861–3869.

Chawla N., Patel B. V., Koopman M., Chawla K. K., Fuller E.R., Patterson B. R., and Langer S. (2003) Mater. Charac., 49, 395–407.

Chawla N., Ganesh V. V., and Wunsch B. (2004) Scripta Mater., 51, 161–165.

Chawla N., and Deng X. (2005) Mater. Sci. Eng., A390, 98–112.

Cheskis H. P., and Heckel R.W. (1970) Metall. Trans., 1, 1931–1942.

Christman T., Needleman A., and Suresh S. (1989) Acta Metall. Mater., 37, 3029.

Cook J., and Gordon J. E. (1964) Proc. Roy. Soc. London, A228, 508.

Corbin S. F. and Wilkinson D. S. (1994) Acta Metall. Mater., 42, 1319.

Cornie J. A., Seleznev M. L., Ralph M., and Armatis F. A. (1993) Mater. Sci. Eng., A162, 135–142.

Cox B. N. (1990) Acta Metall. Mater., 38, 2411.

Cox H. L. (1952) Brit. J. App. Phys., 3, 122.

Curtin W. A. (1993) Composites, 24, 98–102.

Davis L. C., and Allison J. E. (1993) Metall. Trans., 24A, 2487.

Devé H. E. (1997) Acta Mater., 45, 5041–5046.

Devé H. E., and McCullough C. (1995) JOM, 7, 33–37.

Dirichlet G. L. (1850) J. Reine Angew. Math., 40, 209–227.

Dunand D. C., and Mortensen A. (1991) Acta Metall. Mater., 39, 1417–1429.

Dutta I., Sims J. D. and Seigenthaler D. M. (1993) Acta Metall. Mater., 41, 885.

Eldridge J. I., Wheeler D.R., Bowman R. R., and Korenyi-Both A. (1997) J. Mater. Res., 12, 2191–2197.

Evans A. G., and Marshall D. B. (1989) Acta Metall., 37, 2567.

Faucon A., Lorriot T., Martin E., Auvray S., Lepetitcorps Y., Dyos K., and Shatwell R.A. (2001) Comp. Sci. Tech., 61, 347–354.

Galvez F., Gonzalez C., Poza P., and LLorca J. (2001) Scripta Mater., 44, 2667–2671.

Ganesh V. V., and Chawla N. (2004) Metall. Mater. Trans., 35A, 53–62.

Ganesh V. V., and Chawla N. (2005) Mater. Sci. Eng., A391,342–353.

Gao Y. C., Mai Y. W., and Cotterell B. (1988) SAMPE, 39, 550.

Gonzalez C., and LLorca J. (2001) Acta Mater., 49, 3505–3519.

Goodier J. N. (1933) J. Appl. Mech., 55–7, 39.

Grimes H. H., Lad R.A., and Maisel J. E. (1977) Metall. Trans., 8, 1999–2005.

Guden M., and Hall I. W. (2000) Computers and Struc., 76, 139–144.

Gupta V. (1991) MRS Bull., 16(No. 4), 39.

Gupta V., Yuan J., and Martinez D. (1993) J. Amer. Ceram. Soc., 76, 305.

Hack J. E., Page R. A., and Leverant G. R. (1984) Metall. Trans., 15A, 1389–1396.

He M. Y., and Hutchinson J. W. (1989) J. App. Mech., 56, 270.

Humphreys F. J. (1977) Acta Metall., 25 1323–1344.

Humphreys F. J. (1991) Mater. Sci. Eng., 135A, 267–273.

Hunt W. H., Osman T. M., and Lewandowski J. J. (1993) JOM, 45, 30–35.

Hutchinson J. W., and Jensen H. M. (1990) Mech. Matls., 9, 139–163.

Isaacs J. A., and Mortensen A. (1992) Metall. Trans., 23A, 1207–1219.

Jansson S., Deve H.E. , and Evans A.G. (1991) Metall. Mater. Trans., 22A, 2975.

Jeong H., Hsu D. K., Shannon R. E., Liaw P. K. (1994) Metall. Mater. Trans., 25A, 799–809.

Kamat S., Hirth J. P., and Mehrabian R. (1989) Acta Metall., 37, 2395.

Kelly A. (1973) Strong Solids, Clarendon Press, Oxford, p.157.

Kelly A., and Lilholt H. (1969) Phil. Mag., 20, 311–328.

Kerans R. J., and Parthasarathy T.A. (1991) J. Am. Ceram. Soc., 74, 1585–1596.

Krajewski P. E., Allison J. E., and Jones J. W. (1993) Metall. Mater. Trans., 24, 2731.

Konitzer D. G., and Loretto M. H. (1989) Mater. Sci. Eng., A107, 217–223.

Kyono T., Hall I. W., and Taya M. (1986) J. Mater. Sci., 21, 4269–4280.

Levy A., and Papazian J. M. (1991) Acta Metall. Mater., 39, 2255.

Lewandowski J. J. (2000) in Comprehensive Composite Materials, Clyne T. W., Kelly A., and Zweben C. (eds.), Elsevier, vol. 3, pp. 151–187.

Lewandowski J. J., Liu D. S., and Liu C. (1991) Scripta Metall., 25, 21.

Leyens C., J. Hausmann, and J. Kumpfert (2003) Adv. Eng. Mater., 5, 399–410.

LLorca J. (1995) Acta Metall. Mater., 43, 181–192.

LLorca J., Needleman A. and Suresh S. (1991) Acta Metall. Mater, 39, 2317.

Lloyd D. J. (1995) in Intrinsic and Extrinsic Fracture Mechanisms in Inorganic Composite Systems, Lewandowski J.J. and Hunt W.H. (eds.), TMS-AIME, Warrendale, PA, pp. 39–47.

Lloyd D. J. (1997) in Composites Engineering Handbook (Mallick P. K., ed.), Marcel Dekker, New York, pp. 631–669.

Logsdon W. A., and Liaw P. K. (1986) Eng. Frac. Mech., 24, 737–751.

Manoharan M., and Lewandowski J. J. (1990) Acta Metall. Mater., 38, 489–496.

Manoharan M., and Lewandowski J. J. (1992) Mater. Sci. Eng., A150, 179–186.

Manoharan M., Lewandowski J. J., and Hunt W. H. (1993) Mater. Sci. Eng., A172, 63–69.

Meyers M. A., and Chawla K. K. (1999) Mechanical Behavior of Materials, Prentice-Hall, Upper Saddle River, NJ, p. 493.

Miller D. A., and Lagoudas D. C. (2000) J. Eng. Mater. Tech., 122, 74–79.

Mikata Y., and Taya M. (1985) J. Compos. Mater., 19, 554.

McCullough C., Devé H. E., and Channel T. E. (1994) Mater. Sci. Eng., A189, 147–154.

Mummery P. M., Derby B., Buttle D. J., and Scruby C. B. (1991) in Proc. of Euromat 91, Clyne T. W. and Withers P. J. (eds.), vol. 2, Cambridge, UK, pp. 441–447.

Murphy A. M., Howard S. J., and Clyne T. W. (1998) Mater. Sci. Tech., 14, 959–968.

Nardone V. C., and Prewo K. M. (1986) Scripta Metall., 23, 291.

Page R. A., Hack J. E., Sherman R., and Leverant G. R. (1984) Metall. Trans., 15A, 1397–1405.

Rao Venkateshwara K. T., Siu S. C., and Ritchie R. O. (1993) Metall. Trans., 24A, 721–734.

Rosenberger A. H., Smith P. R., and Russ S. M. (1999) J. Comp. Tech. Res., 21, 164–172.

Rossoll A., Moser B., and Mortensen A. (2005) Mech. Mater., 37, 1.

Ruhle M., and Evans A.G. (1988) Mater. Sci. Eng., A107, 187.

Segurado J., Gonzalez C., and LLorca J. (2003) Acta Mater., 51, 2355–2369.

Shen Y.-L., and Chawla N. (2001) Mater. Sci. Eng., A297, 44–47.

Shen Y.-L., Finot M., Needleman A., and Suresh S. (1994) Acta Metall. Mater.,42, 77.

Shen Y.-L., Finot M., Needleman A., and Suresh S. (1995) Acta Metall. Mater.,43, 1701.

Shen Y.-L., Williams J. J., Piotrowski G., Chawla N., and Guo Y.L. (2001) Acta Mater., 49, 3219–3229.

Schulte K., and Minoshima K. (1993) Composites, 24, 197–208.

Shetty D. K. (1988) J. Amer. Ceram. Soc., 71, C-107.

Steglich D., Siegmund T., and Brocks W. (1999) Comput. Mater. Sci., 16, 404–413.

Suresh S., and Chawla K. K. (1993) in Fundamentals of Metal Matrix Composites, Suresh, S., Mortensen A., and Needleman A., eds., Butterworth-Heinemann, Stoneham, MA, p. 119.

Termonia Y. (1987) J. Mater. Sci., 22, 504–508.

Toda H., Gouda T., and Kobayashi T. (1998) Mater. Sci. Tech., 14, 925–932.

Torquato S. (2002) Random Heterogeneous Materials: Microstructure and Macroscopic Properties, Springer-Verlag, New York, pp. 160–176.

Vogelsang M., Arsenault R. J., and Fisher R. M. (1986) Metall. Trans., 17A,379.

Voleti S. R., Ananth C. R., and Chandra N. (1998) J. Comp. Tech. Res., 29, 203–209.

Wang L., and Kobayashi T. (1997) Mater. Trans. JIM., 38, 615–621.

Warrier S. G., and Majumdar B. S. (1997) Mater. Sci. Eng., 237, 256–257.

Williams J. J., Flom Z., Amell A. A., Chawla N., Xiao X., and De Carlo F. (2010) Acta Mater., 58, 6194–6205.

Williams J. J., Chapman N.C., Jakkali V., Tanna V. A., Chawla N., Xiao X., and De Carlo F. (2011) Metall. Mater. Trans., 42A, 2999–3005.

Young R. J. (1994) in High Performance Composites: Commonalty of Phenomena, Chawla K. K., Liaw P. K., and Fishman S. G., eds., TMS, Warrendale, PA, p. 263.

Speich G. R., and Miller R. L. (1979) in Structure and Properties of Dual-Phase Steels, American Institute of Mining, Metallurgical, and Petroleum Engineers, p. 145.

Tamura I., Tomota Y., and Ozawa M. (1973) in Proceedings 3rdIntl. Conf. on the Strength of Metals and Alloys, Cambridge, vol. 1, p. 611.

Rios P. R., Guimarães J.R.C., and Chawla K. K. (1981) Scripta Metall., 15, 899.

Stewart J. L., Jiang L., Williams J. J., and Chawla N. (2012) Mater. and Metall. Trans., 43A, 124.

Young M. L., Almer J. D., Daymond M. R., Haeffner D.R., and Dunand D. C. (2007) Acta Mater., 55, 1999.

第 8 章

循环疲劳

　　疲劳是在循环载荷作用下力学性能退化的现象。循环载荷可以是机械载荷、热载荷或两者的结合。复合材料的许多大批量应用涉及循环加载情况, 如汽车部件和飞机结构件。下面我们简要介绍用于量化材料疲劳行为的两种主要方法。读者可以参考 Meyers 和 Chawla (2009) 以及 Suresh (1998) 的文章来获得更完整的描述。

　　应力与循环 (S–N): 该方法通过循环疲劳试验来绘制 S–N 曲线, 其中 S 为应力幅值, N 为失效循环周次。一般来说, 黑色金属有一个明显的疲劳极限或耐久极限。理论上, 当应力水平低于这个耐久极限时, 材料可以无限循环而不会失效。在有色金属材料中, 如铝, 真正的耐久极限是不存在的。这里人们可以任意地定义一个特定的循环数 (比如 10^7) 作为 "疲劳终止" 点, 在该点停止试验。随着超声波疲劳测试技术的出现, 可以应用 $20\sim30$ kHz 的频率实施超过 $10^8\sim10^9$ 周次的疲劳测试。结构材料的疲劳行为通常可以分为两个阶段: 裂纹萌生阶段和扩展阶段。在金属的高周疲劳 (high cycle fatigue, HCF) 中, 大部分的疲劳寿命消耗在疲劳裂纹萌生上, 只有很小的一部分寿命是由扩展消耗的。在低周疲劳 (low cycle fatigue, LCF) 中, 裂纹扩展消耗了很大一部分疲劳寿命。加工硬化和加工软化现象在低周疲劳中也起着重要作用。S–N 方法的一个主要缺点是不能区分裂纹萌生阶段和裂纹扩展阶段。

疲劳裂纹生长：该方法基于断裂力学，能够研究疲劳裂纹扩展。疲劳裂纹扩展试验一般在缺口样品上进行。裂纹长度 a 是循环应力强度因子范围 ΔK 内疲劳循环周次 N 的函数。施加的循环应力强度范围由下式给出：

$$\Delta K = Y \Delta \sigma \sqrt{\pi a}$$

式中，Y 是一个几何参数，取决于缺口的性质和样品结构；$\Delta \sigma$ 是循环应力范围；a 是裂纹长度。然后将结果表示为 $\log (\mathrm{d}a/\mathrm{d}N)$（每个循环的裂纹增长）和 $\log \Delta K$。根据 Paris 等 (1961) 及 Paris 和 Erdogan(1963) 首次提出的幂律关系，裂纹增长率 $\mathrm{d}a/\mathrm{d}N$ 与 ΔK 有关：

$$\frac{\mathrm{d}a}{\mathrm{d}N} = C(\Delta K)^m$$

式中，C 和 m 是依赖于材料和测试条件的常数。

将基于断裂力学的方法应用于复合材料并不是件容易的事，其主要原因是复合材料固有的非均质性和各向异性。这些特性导致复合材料的损伤机制与传统均质材料截然不同。尽管存在这些局限性，但人们仍然通过使用并修改传统方法来量化复合材料的疲劳行为。如前几章所述，我们将对疲劳的讨论分为两种主要的 MMC 类型：连续纤维增强和不连续增强(主要是颗粒增强) MMC。

8.1　应力与循环 (S–N) 疲劳

多种材料变量对 MMC 的疲劳有重要影响，包括模量、强度、延展性、组分 (增强体和基体) 的加工硬化特性以及界面特性。如前所述，传统的疲劳方法涉及 S–N 曲线和疲劳裂纹扩展研究。另一种方法涉及对损伤累积的监测。具体而言，对作为循环周次函数的模量损失的测量已广泛应用于聚合物基和陶瓷基复合材料 (Chawla, 2012) 中。下文将描述连续纤维增强 MMC 的疲劳行为。

8.1.1　连续纤维增强金属基复合材料

纤维的掺入通常会提高纤维方向的抗疲劳性能。一般而言，在含有沿应力轴排列且体积分数较大的纤维增强复合材料中，高的纤维强度和模量意味着高的疲劳强度。这可以解释为，随着刚度和强度的增加，纤维承担的载荷比例也在增加。尽管陶瓷纤维已被证明易受循环疲劳的影响 (Chawla 等, 2005; Kerr 等, 2005)，但高强度脆性纤维如碳纤维或硼纤维不像金属那样容易疲劳。

一般情况下, 纤维增强 MMC 的 $S-N$ 曲线接近水平。图 8.1 展示了单向增强 $6061/B/40_f$、$Al/Al_2O_3(FP)/50_f$ 和 $Mg/Al_2O_3(FP)/50_f$ 在拉–拉疲劳下的 $S-N$ 曲线 (Champion 等, 1978)。循环应力根据极限抗拉强度进行了归一化处理。当载荷方向平行于纤维时, 单向 MMC 比基体具有更好的抗疲劳性能。请注意, 所有复合材料的 $S-N$ 曲线都相当平坦。在单向复合材料中, 疲劳强度沿纤维方向最大, 同时, 如果纤维具有均匀的性能, 尽可能无缺陷, 并且比基体强硬得多时, 则效率将达到最大。McGuire 和 Harris(1974) 观察到, 将纤维体积分数从 0 增加到 24% 可以提高钨纤维增强 Al–4Cu 合金在拉–压循环下的抗疲劳性能 ($R = \sigma_{\min}/\sigma_{\max} = -1$)。这是复合材料的单调强度和刚度随纤维体积分数增加而增加的结果。由于复合材料刚度增加, 疲劳寿命的提高在 HCF 条件下最为显著。因此, 在应力控制的疲劳中, 对于给定的外加应力, 复合材料中的基体将承受比未增强合金低得多的应变。

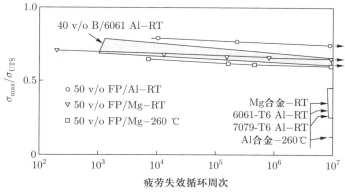

图 8.1 单向增强 $6061/B/40_f$、$Al/Al_2O_3(FP)/50_f$ 和 $Mg/Al_2O_3(FP)/50_f$ 在拉–拉疲劳下的应力–寿命 $(S-N)$ 曲线 (Champion 等, 1978)。与基体合金相比, 复合材料的疲劳强度显著提高。FP 是杜邦公司氧化铝纤维的商标名

人们已对连续纤维增强 MMC 的疲劳损伤机理进行了一些研究。Baker 等 (1972) 是最早进行连续纤维增强 MMC 的疲劳研究者之一。他们研究了 Al/B_f (纤维直径为 125 μm) 和 Al/C_f(纤维直径为 8 μm) 复合材料的 $S-N$ 疲劳行为。碳纤维增强复合材料由于加工导致的纤维断裂和界面结合不良, 其抗疲劳性能较差。疲劳过程中观察到以下机制: ① 纤维断裂主导损伤, 纤维断裂率比在基体中的循环塑性高得多; ② 基体剪切和塑性导致局部和渐进的纤维断裂。机理① 在 LCF 中占主导地位, 在 LCF 中所施加的应力更接近纤维 (和复合材料) 的极限强度。在高周疲劳中, 复合材料的疲劳损伤更有可能由基体塑性控制, 其次是纤维断裂或机制②。Gouda 等 (1981) 也观察到单向增强 Al/B_f 复合材料中硼纤维缺陷在疲劳寿命早期萌生裂纹。这些裂纹随后沿纤维/基体界

面扩展, 并占疲劳寿命的主要部分, 具有高纤维–基体强度比的复合材料也是如此。在具有低纤维–基体强度比的复合材料中, 裂纹扩展可能是疲劳寿命的主要部分, 但疲劳裂纹会穿过纤维扩展, 导致抗疲劳性能较差。均匀的纤维间距也很重要, 因为纤维团簇或搭接会导致应力集中增强, 更容易形成裂纹。

读者应注意, 一般来说, 由于纤维增强复合材料的高度各向异性, 与任何纤维复合材料一样, 偏轴 MMC 的疲劳强度将会随着纤维轴向和实际应力方向之间角度的增加而降低。这已被氧化铝纤维增强镁复合材料的 $S-N$ 行为的研究结果所证实 (Hack 等, 1987; Page 等, 1987)。结果表明, 疲劳强度反映了复合材料的抗拉强度。纤维体积分数的增加可提高轴向方向的疲劳寿命, 但在偏轴方向上几乎没有或根本没有改善。疲劳裂纹的萌生和扩展主要发生在镁基体中。因此, 基体合金化可以提高基体强度以及纤维/基体界面强度。合金元素的加入的确改善了偏轴性能, 但降低了轴向性能。这是由于合金的加入虽然增强了基体和界面, 但降低了纤维强度。

人们对连续纤维增强 MMC 疲劳损伤的直接微观结构观察还很少。其中一项研究涉及钨纤维增强单晶铜基体 (Chawla, 1975)。钨/铜是一种特殊的金属基复合材料体系。这两种金属不互溶, 但熔化的铜可以润湿钨。这使得钨纤维和铜基体之间具有很强的机械结合, 而在界面上没有任何伴随的化学反应。可采用液态金属在真空中渗透纤维的方法制备复合材料。据观察, 制备过程涉及从温度大于 1080 ℃ (铜的熔点) 冷却到室温, 导致热应力大到足以使铜基体塑性变形 (Chawla 和 Metzger, 1972)。采用位错蚀点技术对单晶铜基体中的位错密度进行了表征。基体中的位错密度 ($>10^8$ cm^{-2}) 在靠近纤维/基体界面处高于远离界面处。位错分布具有胞状结构特征, 靠近纤维处的胞状结构比远离纤维处的胞状结构更清晰、更小。这种极不均匀的分布在循环应力作用下变得均匀。循环后的铜基体组织具有较高的位错密度, 分布在大致均匀的胞状结构中。

Zhang 等 (2003) 研究了 45 vol% Nextel 610 氧化铝纤维增强纯铝基复合材料的 $S-N$ 疲劳行为。该复合材料的拉伸应力–应变行为直到断裂时均呈线性关系, 断裂应变约为 0.7%。在疲劳时, $S-N$ 曲线是线性的, 疲劳强度 (达到 10^7 次循环时终止疲劳试验) 在 700 MPa 左右。没有清晰明确的疲劳强度。损伤机制随施加的应力而变化很大。在非常低的应力 (HCF 状态) 下, 纤维之间的纵向断裂是主要的破坏机制, 如图 8.2(a)。据推测, 这些裂纹始于断裂的纤维, 然后沿纤维方向平行生长。随着循环应力幅值的增加, 在 HCF 和 LCF 之间的中间状态下, 纵向基体裂纹伴随着纤维之间的横向基体裂纹。最后, 在非常高的应力 (LCF 状态) 下, 单个裂纹以灾难性的方式垂直于纤维扩展, 而没有明显的增韧, 如图 8.2(b)。基体中驻留滑移带(persistent slip band, PSB) 的形成也被证明有助于纤维中疲劳裂纹的扩展, 从而导致纤维断裂 (Majumdar 和 Newaz, 1995)。

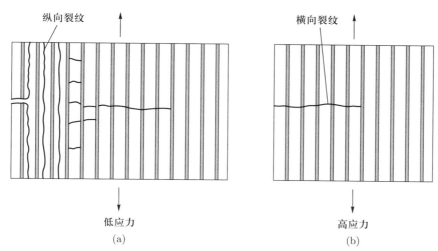

图 8.2　Al/Al₂O₃,f 复合材料的疲劳损伤机制:(a) 低应力 (高周疲劳), 纤维间的纵向断裂是主要失效机制; (b) 高应力 (低周疲劳), 单个主裂纹扩展 (Zhang 等, 2003)

　　断裂形貌与材料的疲劳状态即断裂速度直接相关。图 8.3 显示了 SiC 纤维增强钛合金基复合材料在幂律区 (也称为 Paris 区) 和快速断裂区中的断口形貌。在 Paris 定律区域, 复合材料基体中观察到局部疲劳条纹。在快速断裂区域, 由于裂纹扩展速率非常高, 其断口与在单独拉伸下观察到的断口相似。此时, 基体中的孔隙形核和生长以及纤维/基体界面的脱黏是主要的。

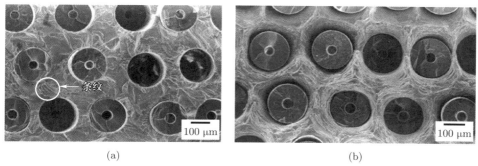

图 8.3　Ti–β–21s/SiCf(SCS–6) 复合材料的疲劳断口: (a) Paris 定律区域, 在基体中有局部疲劳条纹; (b) 快速断裂区域, 其中基体形态以孔隙形核和生长为特征 (由 Liu J. 提供)

　　最后, 在界面结合强度相对较弱的复合材料体系中, 界面磨损可能导致纤维断裂。有趣的是, 陶瓷基复合材料中已显示出这种行为, 在高频 (>100 Hz) 作用下由于摩擦生热, 会导致陶瓷基复合材料的温度显著升高 (Chawla 等, 1996; Chawla, 1997)。Walls 和 Zok(1994) 用纤维推出试验量化了疲劳过程中界面磨损的程度 (如第 4 章)。疲劳循环周次增加后, 复合材料中的界面强度明显低于初始材料的界面强度, 且纤维位移持续增加, 如图 8.4。这表明疲劳期间发生了明显的磨损过程 (Walls 等, 1993)。图 8.5 为通过原位 SEM 测试获得的 Ti–β–21s (Ti–15Mo–2.7Nb–3Al–0.2 Si)/SiC$_f$(SCS–6) 复合材料在疲劳过程中界面磨损过程的定量微观结构证据 (Liu 和 Bowen, 2003)。

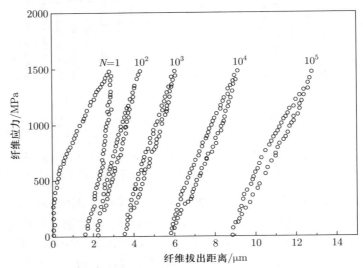

图 8.4　钛合金基体中单纤维 SiC 纤维 (SCS–6) 在疲劳过程中的应力–应变滞后。滞后回线随着循环周次的增加而变宽, 表明纤维/基体界面处以磨损的形式出现非弹性变形 (Walls 和 Zok, 1994)

　　除了上述机理外, 高温还会加剧疲劳损伤。疲劳损伤机理在很大程度上依赖于复合材料体系。在大直径 SiC 纤维 (如 SCS–6) 中, 纤维表面富含碳。纤维还含有一个中心碳芯。因此, 在高温下, 碳会与基体 (如钛) 发生反应, 在界面上形成硬而脆的碳化物。脆性碳化物可以作为疲劳裂纹的萌生位置, 并可能导致灾难性裂纹扩展。Foulk 等 (1998) 还指出, 氧在界面的溶解以及界面的机械磨损也降低了疲劳寿命。结果表明, 纤维上的应力随着界面恶化程度的增加而增加。还观察到, 由于高温疲劳引起的界面磨损和恶化, 通过纤维推出测量, 界面剪切强度也显著下降 (Blatt 等, 1995)。疲劳损伤也是由循环频率控制的。较低的频率允许更多的时间使界面反应发生, 导致 LCF 中的疲劳寿命较低 (以周次计算), 但是在 HCF 中, 疲劳强度大致相同 (Mall 和 Portner, 1992)。

Sanders 和 Mall(1996) 研究了 Ti–15V–3Cr/SiC(SCS–6)/36$_f$ 横向高温疲

劳响应 (应变控制)。在较高应变下, 即区域 I, 复合材料的抗疲劳性能低于基体材料, 如图 8.6。这归因于纤维/基体界面的基体裂纹, 导致复合材料相对于未增强合金过早失效。随着加载应变的减小, 即区域 II, 复合材料与未增强合金具有相当的横向疲劳强度, 但损伤机制有很大差异。在基体合金中, 发生蠕变疲劳机制。然而在复合材料中, 则发生界面损伤, 其逐渐发展为基体开裂。基体裂纹在基体蠕变的辅助下导致复合材料失效。

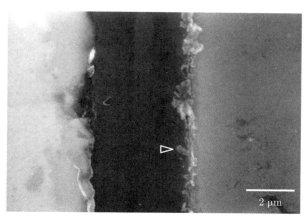

图 8.5 Ti–β– 21s/SiC$_f$(SCS–6) 复合材料疲劳过程中界面磨损过程的原位 SEM 图像 (箭头所示)(由 Liu J. 提供)

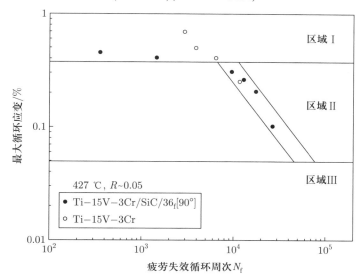

图 8.6 Ti–15V–3Cr/SiC(SCS–6)/36$_f$ 的横向高温疲劳响应 (应变控制方式)。在较高应变下, 即区域 I, 复合材料的抗疲劳性能低于基体材料。随着加载应变的减小, 在区域 II, 复合材料具有与未增强合金相当的横向疲劳强度 (Sanders 和 Mall, 1996)

在非结构复合材料中, 如超导体纤维增强 MMC, 其他功能性能的退化是很重要的。Salazar 等 (2004) 研究了 $Bi_2Sr_2Ca_2Cu_3O_x$(BSCCO)/Ag–Mg 复合超导体在 77 K 时临界电流密度随疲劳循环的退化关系。图 8.7 为复合材料的微观结构, 在 BSSCO 纤维中含有一些加工引起的纵向裂纹。同时, 定义了电疲劳极限, 类似于机械疲劳极限, 对应于电性能退化可忽略不计的应力。在 BSSCO/Ag–Mg 体系中, 这相当于复合材料屈服强度的 $80\%\sim90\%$。陶瓷超导体纤维在疲劳过程中也发生断裂, 最终导致复合材料的疲劳失效。图 8.8 显示了在非完全致密的超导体外壳中成核的疲劳微裂纹。这些裂纹一直扩展到超导体/基体界面, 纤维之间的基体出现颈缩, 随后复合材料断裂。

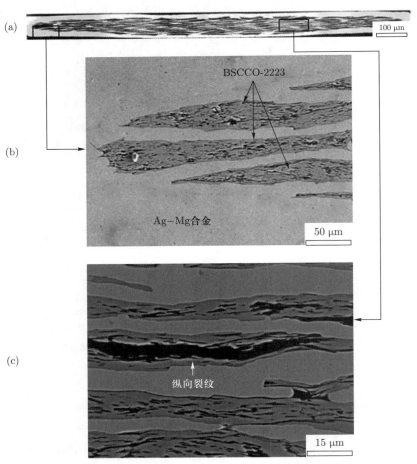

图 8.7　$Bi_2Sr_2Ca_2Cu_3O_x$(BSCCO)/Ag–Mg 复合材料超导体的微观结构 (由 LLorca J. 提供): (a) 微观结构的低倍图像; (b)、(c) BSSCO 细丝包含一些加工引起的纵向裂纹

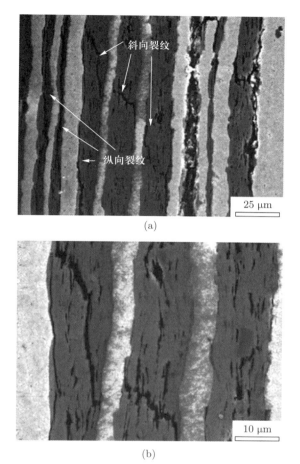

(a)

(b)

图 8.8   Bi$_2$Sr$_2$Ca$_2$Cu$_3$O$_x$(BSCCO)/Ag–Mg 复合超导体的疲劳微裂纹: (a) 低倍照片; (b) 高倍照片 (由 LLorca J. 提供)。裂纹在非完全致密的超导体外壳中成核, 并一直扩展到超导体/基体界面

8.1.2   刚度损失

在量化纤维增强复合材料疲劳裂纹扩展过程中的应力强度范围时, 主要问题是缺乏一个且仅有一个正在扩展的主要裂纹。当裂纹与初始裂纹在相同的平面和方向上扩展时, 这种自相似裂纹扩展的缺失是由 MMC 中的多种损伤模式造成的, 例如基体开裂、纤维断裂、界面分层和脱黏、孔隙扩展和多向开裂。这些模式在复合材料的疲劳寿命中出现得相当早。这种损伤的一种表现形式是刚度损失为循环的函数。一般来说, 复合材料疲劳数据的分散性远大于单一均质材料, 这是因为复合材料中存在多种损伤机制。因此, 随着循环的持续, 会发生累

积损伤。这种累积损伤会导致复合材料的整体刚度降低。对作为循环函数的刚度损失测量已被证明是评估聚合物基复合材料疲劳损伤的一种非常有用的技术 (Chawla, 2012)。在 MMC 中, 使用刚度损失测量技术研究了不同堆叠顺序的硼纤维和碳化硅纤维增强铝和钛合金基复合材料层合板的疲劳行为 (Johnson, 1982, 1988; Johnson 和 Wallis, 1986)。结果表明, 在低于疲劳极限但高于明显应力范围 $\Delta\sigma$ 的循环中, 基体的塑性变形和开裂 (内部损伤) 会导致模量降低。Johnson(1988) 提出了一个模型, 该模型设想样品在等幅疲劳试验期间达到 "饱和损伤状态"(saturation damage state, SDS)。

　　Gomez 和 Wawner(1988) 观察了碳化硅 (SCS)/铝复合材料在 10 Hz 下经受拉–拉疲劳 ($R = 0.1$) 时的刚度损失。杨氏模量是在周期间隔内测量的。SCS 纤维上的涂层在高循环下断裂, 断口表面显示涂层附着在基体上。Sanders 和 Mall(1996) 也观察到, 在应变控制疲劳下, Ti–15V–3Cr/SiC(SCS-6)36$_f$ 在横向载荷时, 杨氏模量和最大应力出现明显下降, 如图 8.9。观察到两个不同的损伤阶段: 在第一阶段, 模量和应力的损伤相对稳定; 然而, 在第二阶段, 可能由于界面断裂造成的重大损伤导致复合材料的杨氏模量和应力显著降低。

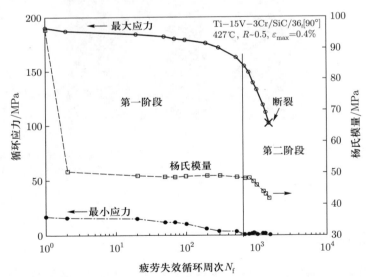

图 8.9　在应变控制疲劳下, Ti–15V–3Cr/SiC(SCS-6)36$_f$ 在横向载荷时, 杨氏模量和最大应力出现明显下降 (Sanders 和 Mall, 1996)。在第一阶段, 模量和应力损伤相对稳定。然而, 在第二阶段, 很有可能是由于界面断裂造成的严重损伤导致复合材料承载的应力和杨氏模量显著降低

8.1.3 颗粒增强金属基复合材料

颗粒形式的高强度陶瓷增强材料的使用可显著提高抗疲劳性能, 同时将成本维持在可接受的水平。颗粒 MMC 的抗疲劳性能取决于多种因素, 包括增强颗粒体积分数、颗粒尺寸、基体和界面微观结构、加工过程中出现的夹杂物或缺陷以及测试环境 (Chawla 和 Shen, 2001; Chawla 和 Allison, 2001;Lewandowski, 2000; LLorca, 2002; Ganesh 和 Chawla, 2004)。本节总结了这些因素对颗粒增强 MMC 疲劳行为的影响。

一些研究表明, 增加体积分数和减小颗粒尺寸都能提高抗疲劳性能 (Hall 等, 1994; Poza 和 LLorca, 1999; Chawla 等, 1998a, 2000a, b)。在复合材料中, 高模量、高强度的增强体承担了大部分载荷, 因此对于给定的应力, 复合材料承受的平均应变低于未增强合金。因此, 颗粒增强 MMC 的疲劳寿命一般优于未增强金属基复合材料, 如图 8.10 所示。这些提高在低周应力时最为显著, 即在高循环疲劳状态下, 而在高周应力时, 增强材料和未增强材料之间的差异减小。这被称为复合材料的 "延性耗竭", 发生在 LCF 状态。在这种状态下, 未增强合金的高延性使其比复合材料具有更高的疲劳寿命。对于给定的增强体体积分数, 随着颗粒尺寸的减小, 增强体颗粒间的间距减小, 导致疲劳过程中发生的可逆滑移运动受到更多阻碍, 并通过循环滑移细化降低应变局域化。在临界颗粒尺寸以上, 增强体断裂是主要的, 并将会降低疲劳寿命, 因为随着颗粒尺

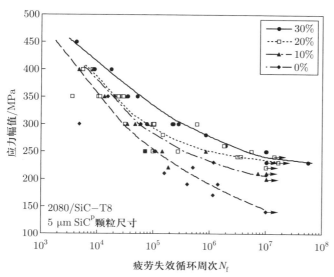

图 8.10 SiC 体积分数对 2080Al/SiC$_p$ 复合材料应力–循环疲劳行为的影响。增加体积分数可以提高疲劳寿命 (Chawla 等, 1998a)

寸的增加, 颗粒断裂的倾向增加 (Chawla 等, 1998a)。颗粒尺寸范围分布的缩小也会提高疲劳寿命, 特别是当消除更容易断裂的大颗粒时 (Couper 和 Xia, 1991)。

Huang 等 (2006) 研究了 SiC 颗粒增强铝合金基复合材料在超高周 (ultra-high cycle, UHC) 疲劳状态下的疲劳行为, 如图 8.11 所示。使用超声波技术, 能够获得 20~30 kHz 范围内的频率以及 $10^8 \sim 10^9$ 周次之间的疲劳寿命。值得注意的是, UHC 的应力–疲劳寿命趋势 (即高频数据) 与低频数据是一致的。

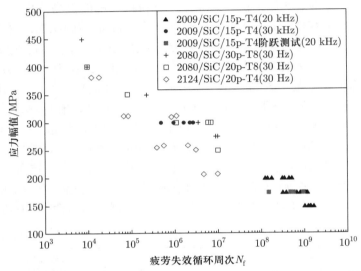

图 8.11   SiC 体积分数对 2XXXAl/SiCp 复合材料在 30 Hz 和 20~30 Hz 下的应力–循环疲劳行为的影响。注意, 超高周疲劳数据遵循低频数据 (Huang 等, 2006)

复合材料的循环应力–应变行为也受到相对较低应力下微塑性发动的影响 (见第 7 章)。Chawla 等 (1998b) 比较了 2080/SiC/30$_p$ 复合材料与未增强合金的循环应力–应变行为。复合材料在相对较低的应力下表现出了微塑性, 可能是由于 SiC 颗粒处的应力集中和增强体极点处的局部塑性所致, 如图 8.12(a) 所示。2080 铝合金在相同应力下的循环应力–应变曲线虽然比复合材料更柔顺, 但本质上是弹性的。当外加应力高于未增强合金屈服强度时, 未增强合金的滞后回线远大于复合材料的滞后回线, 如图 8.12(b) 所示。

应该指出, 复合材料在低应力下的循环微塑性的发生似乎不会以有害的方式影响复合材料的疲劳寿命。相反, 复合材料比未增强合金具有更高的疲劳寿命。Chawla 和 Shen(2001) 采用了单胞有限元模型, 该模型由交错排列的球形颗粒组成, 如图 8.13 的插图所示。由这个简单模型得到的循环应力–应变滞后与实验结果惊人地吻合, 如图 8.13 所示。此外, 还阐明了增强体长径比、形状和基体硬化特性对循环疲劳的影响 (LLorca 等, 1992; LLorca, 1994)。

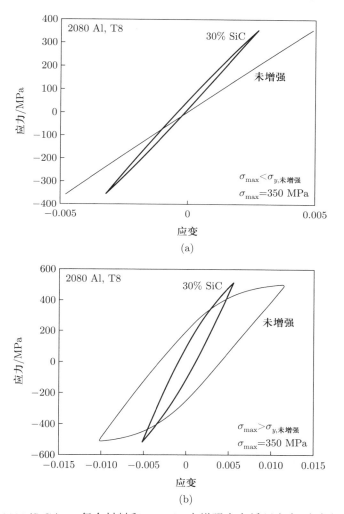

图 8.12   2080/SiC/30$_p$ 复合材料和 2080Al 未增强合金循环应力–应变行为的比较 (Chawla 等, 1998b): (a) 低周应力 ($\sigma_{max} < \sigma_{y,未增强}$), (b) 高周应力 ($\sigma_{max} > \sigma_{y,未增强}$), 复合材料在很低的应力下表现出微塑性, 这是由于 SiC 增强体的极点和尖角处的局部塑性造成的

复合材料的循环应力–应变行为也受到一种称为包辛格效应的现象的影响。包辛格效应被定义为在改变加载方向时发生流动应力减小, 例如, 从拉伸应力转到压应力, 反之亦然 (Bauschinger, 1886)。因此, 理解包辛格效应 (Bauschinger effect) 对于理解加工硬化和循环加载是至关重要。

211

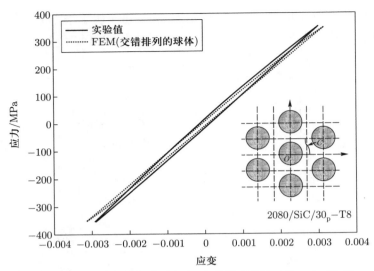

图 8.13　2080/SiC/30$_p$ 复合材料的循环应力–应变滞后行为 (Chawla 和 Shen, 2001)。由铝中球形交错 SiC 颗粒组成的有限元模型可以很好地预测实验行为

在单一材料中产生包辛格效应的原因之一是位错堆积。向前加载方向上的位错堆积会产生 "背应力", 这在加载反向时会促进变形, 从而降低流动应力 (Mott, 1952; Seeger 等, 1958)。在沉淀硬化材料中, 与沉淀颗粒相关的 Orowan 环也会引起背应力 (Orowan, 1959)。在颗粒增强 MMC 中也观察到了这种现象 (Arsenault 和 Wu, 1987; LLorca 等, 1990)。这里, 通过从加工温度冷却以及基体受到刚性颗粒的约束变形而产生的拉伸残余应力增强了背应力。这导致了加载不对称性 (Arsenault 和 Wu, 1987; Arsenault 和 Pillai, 1996), 在压缩–拉伸顺序下观察到的包辛格效应比在拉伸–压缩顺序中更为显著。

事实上, 有限元模拟表明, 即使假设基体表现出各向同性硬化行为 (即不存在包辛格效应), 复合材料在反向加载时仍显示出明显的包辛格效应 (LLorca 等, 1990), 这和实验所观察到的相吻合。对局部应力场演化的研究表明, 由于脆性增强体的约束导致基体变形不均匀, 复合材料出现了明显的早期反向屈服 (Shen 等, 1995)。因此, 高的局部有效应力会在加载反向后触发早期局部屈服, 这反映在了宏观应力–应变行为上。

除了颗粒强化外, 基体组织对复合材料的疲劳行为也有显著影响。影响基体微观结构的因素包括沉淀物的尺寸、形状和间距、晶粒尺寸和非强化弥散相或夹杂物 (如铝中通常在加工过程中形成的富铁夹杂物)。就晶粒尺寸而言, 复合材料与单一材料的趋势相同, 即对于给定的基体合金成分和增强体体积分数, 更细的晶粒尺寸通常会改善性能。但与单一材料的传统观点相反, 在 MMC 中, 高的基体屈服强度和极限抗拉强度不一定反映高的疲劳强度 (这里把 10^7 周次定义为极限疲劳寿命)。Vyletel 等 (1991) 的研究表明, 尽管自然时效材料的屈服强度和极限强度低得多, 但自然时效和人工时效 MMC 在疲劳行为上没有显著差异。Chawla 等 (2000b) 比较了两种具有恒定增强体积分数和颗粒尺寸、但微观结构截然不同的材料。对 Al–Cu–Mg 合金进行热机械处理 (T8) 产生了细小且分布均匀的 S′ 沉淀物, 而热处理 (T6) 则产生了较粗大且分布不均匀的 S′ 沉淀物。由于 T8 处理后沉淀物更细小且分布更紧密, 经过 T8 处理的复合材料表现出比 T6 材料更高的屈服强度。尽管屈服强度较低, 但 T6 基复合材料的抗疲劳性能优于 T8 基复合材料。单一加载和循环加载之间的这种对比行为可归因于复合材料基体中 S′ 沉淀物的存在、稳定性和形态的显著影响 (Calabrese 和 Laird, 1974a, b; Starke 和 Luetjering, 1979)。在疲劳过程中, 失效过程受多种微观结构的影响, 其中包括对位错运动的阻碍, 以及沉淀物和/或增强体颗粒处可能的位错堆积, 以及沿滑移带的开裂。在铝合金中, 具有共格界面的细小沉淀物很容易被剪切 (Calabrese 和 Laird, 1974a, b)。较粗的沉淀物与基体有半共格或非共格界面, 导致位错在沉淀物周围形成位错环。在 T8 材料中, 沉淀物足够细, 可以认为沉淀物被位错切割, 并且在疲劳过程中形成了驻留滑移带, 从而降低了沉淀物的强化作用, 因此降低了疲劳强度。而在 T6 材料中, 较大的沉淀物尺寸使它们在疲劳过程中保持了沉淀物的结构和强度。

过时效热处理也改变了基体的微观结构, 导致沉淀物组织的粗化, 但保持了沉淀物的均匀分布, 这直接影响疲劳寿命 (Chawla 等, 2000b)。图 8.14 显示了在不同温度下 24 h 过时效处理后 MMC 基体中沉淀物粗化和沉淀物间距的增加, 沉淀物间距的增加降低了疲劳强度和疲劳寿命, 如图 8.15 所示。这是意料之中的, 因为较粗的沉淀导致更大的沉淀物间距和更容易绕过位错。在较高的过时效温度下, 复合材料的屈服强度和疲劳强度也随着沉淀物间距的增大而降低。重要的是要认识到, 不应将沉淀物的尺寸单独作为抗疲劳性能的决定因素。相反, 沉淀物应该有足够的尺寸, 不易受到沉淀物剪切的影响, 但应与基体保持半共格或完全共格, 以阻止位错运动。

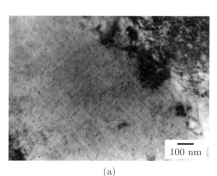

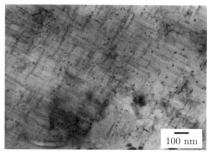

(a)   (b)

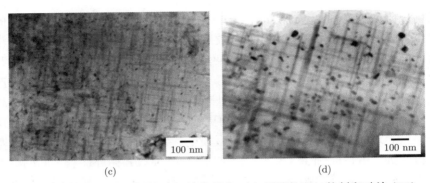

(c)　　　　　　　　　　　　(d)

图 8.14　过度时效导致的 S′ 沉淀物粗化: (a) 固溶处理、轧制和时效 (T8);
(b) T8+200 ℃ 下 24 h; (c) T8+225 ℃ 下 24 h; (d) T8+250 ℃ 下 24 h(Chawla 等,
2000a)

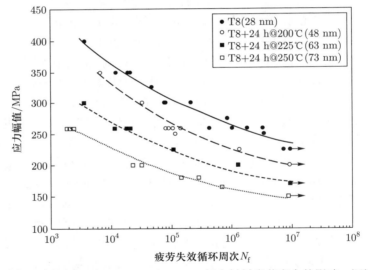

图 8.15　基体沉淀物间距对 2080/SiC/20$_p$–T6 复合材料疲劳寿命的影响。沉淀物间距的
增大导致疲劳寿命降低 (Chawla 等, 2000a)

　　以金属间夹杂物或颗粒团簇形式出现的与加工相关的缺陷也是基体微观结构的一部分, 可对疲劳强度产生影响, 尤其是对粉末冶金加工材料 (Chawla 等, 1998a,2000a; Li 和 Ellyin, 1996)。图 8.16 所示为 2080/SiC/20$_p$ 复合材料的断口形貌 (Chawla 等, 1998a)。裂纹起始于富铁夹杂物, 然后是稳定裂纹扩展区域, 最后是快速断裂区域。由于裂纹扩展速度高, 最后阶段的特征是大量的颗粒断裂。这些缺陷 (如夹杂物、颗粒团簇) 起到应力集中体的作用, 提高了材料的局部应力强度, 促进了裂纹的形核。对于给定的夹杂物尺寸, 当夹杂物被高刚度增强颗粒包围时, 复合材料的应力集中低于未增强合金。由于复合

材料中的高刚度 SiC 颗粒 "分担" 了更多的载荷, 复合材料中夹杂物承受的应力将比未增强合金中类似夹杂物承受的应力要低。

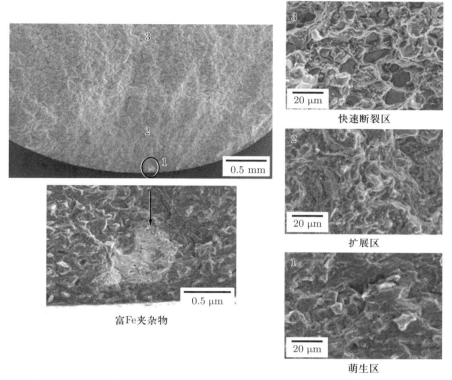

快速断裂区

扩展区

富Fe夹杂物

萌生区

图 8.16 2080/SiC/20$_p$–T6 复合材料的疲劳断裂形貌, 包括萌生区、扩展区和快速断裂区 (Chawla 等, 1998a)

在挤压复合材料中, 由于陶瓷增强颗粒在挤压过程中将脆性夹杂物破碎成较小的尺寸, 因此夹杂物的整体尺寸也较小, 如图 8.17 所示 (Chawla 等, 2000a)。值得注意的是, 在低周区域, 裂纹似乎在疲劳寿命的相对早期 (约占总寿命的 10%) 产生 (Chawla 等, 1998a; Lukasak 和 Koss, 1993)。另一方面, 在高周区域, 裂纹可能萌生得很晚 (大约在样品寿命的 70%~90% 之后)。在非增强材料中, 裂纹的扩展相对不受阻碍, 但复合材料中的裂纹偏转和裂纹捕获等机制会阻碍裂纹的扩展。下一节将更详细地讨论这些材料中的裂纹扩展。

一些 MMC 的应用要求在高温下 (150~175 ℃) 具有抗疲劳性能。图 8.18 显示了 MMC 在高温下的疲劳行为, 并与图 8.10 所示的室温数据进行了对比 (Chawla 等, 1999)。疲劳强度最显著的下降发生在 25~150 ℃ 之间, 温度上升到 170 ℃ 导致疲劳强度略有下降。在以高温抗疲劳性能为标准的应用中, 复合材

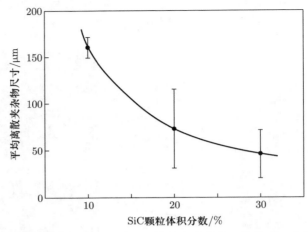

图 8.17　平均 "离散夹杂物" 尺寸与 SiC 颗粒体积分数的函数关系。在加工过程中, 硬质
　　　　颗粒有助于富铁夹杂物的断裂和粉碎 (Chawla 等, 2000b)

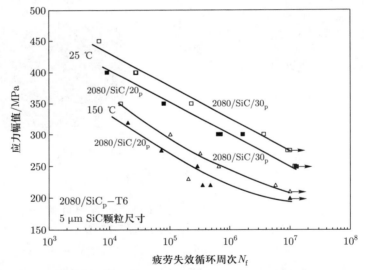

图 8.18　2080/SiC$_p$ 复合材料高温疲劳试验。在高温下观察到抗疲劳性能略有下降
　　　　(Chawla 等, 1999)

料的时效温度也变得非常重要。在温度略高于时效温度时, 由于基体明显过时
效, 疲劳强度可能会急剧下降。复合材料的疲劳强度似乎与基体的强度成正比,
尽管温度导致的疲劳强度下降明显高于屈服强度的下降。这可能是由于长期暴
露和循环应力的综合作用致使基体微观结构的变化和基体强度的降低造成的。
高温疲劳后的断口形貌与室温疲劳断口形貌有很大不同。在高温下, 当裂纹在夹杂物处萌生时, 断口分析也展示了颗粒/基体界面、颗粒角处以及复合材料基体中存在界面脱黏和孔隙生长的迹象, 如图 8.19 所示。似乎在断裂之前, 基体中也发生了微孔成核和合并长大。

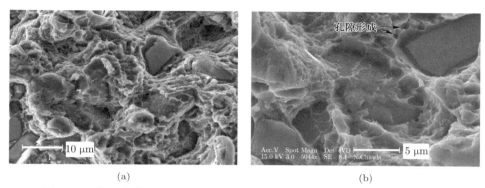

图 8.19 高温疲劳断口形貌: (a) 韧窝断裂和界面脱黏; (b) 基体中形成孔隙 (Chawla 等, 1999)

金属切割过程中的温度可高达 1200 °C (Kindermann 等, 1999)。碳化钨/钴复合材料通常称为硬质合金或硬质金属, 用于在腐蚀性化学品、高温、润滑剂和水基冷却剂等环境下切割一系列材料。这类材料的循环疲劳行为非常重要, 因为在机械加工过程中的金属切屑交替滑动和黏滞、机器的振动和切削过程的中断, 都会使这些材料承担循环载荷 (Almond 和 Roebuck, 1980; Roebuck 等, 1984; Kindermann 等, 1999; Pugsley 和 Sockel, 2004)。图 8.20(a) 给出了

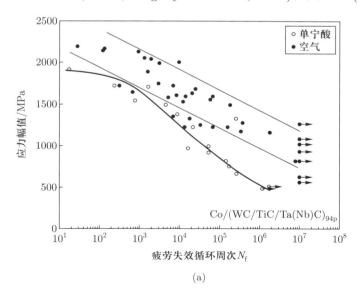

(a)

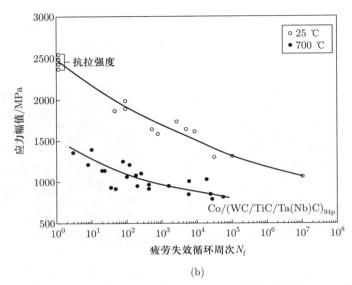

(b)

图 8.20　(a) 4 Hz 时 WC/Co 复合材料分别在空气中和单宁酸中的 $S-N$ 曲线 (Pugsley 和 Sockel, 2004); (b)WC–Co 复合材料在室温和 700 ℃ 的 $S-N$ 曲线 (Kindermann 等, 1999), 在低应力幅值下, 腐蚀疲劳效应的影响是显著的

WC/6 wt% Co 复合材料在空气和单宁酸 (用于模拟木材切割) 中 $S-N$ 曲线的例子。在低应力幅值下腐蚀疲劳效应的证据是显著的。图 8.20(b) 显示, 和室温下相比, 700 ℃ 时抗疲劳性能显著下降。图中还显示了这些复合材料的惰性强度值, 这些值显著高于所有循环的循环强度值, 说明强度的损失不是高温下 WC 表面氧化造成的, 而是真正的高温循环疲劳现象。

8.2　疲劳裂纹扩展

本节将描述 MMC 的疲劳裂纹扩展行为。插图简要总结了工程材料疲劳裂纹扩展的显著特征, 包括疲劳裂纹闭合的描述和疲劳的双参数方法。

8.2.1　连续纤维增强金属基复合材料

一般来说, 纤维具有阻碍裂纹扩展的作用, 但是纤维的性质 (形貌、刚度和断裂应变)、纤维/基体界面和/或界面上的任何反应区的物相都会对疲劳裂纹扩展过程产生很大影响 (Chawla, 1991)。在界面强度较高的复合材料中, 疲劳裂纹直接穿过纤维扩展, 如图 8.21(a) 所示。当界面强度较弱时, 会发生纤维/基体脱黏、裂纹偏转、纤维桥接和纤维拔出; 如图 8.21(b) 和图 8.22 所示, 这将使裂纹扩展过程中大量的能量被消耗, 从而表现为复合材料的宏观增韧。

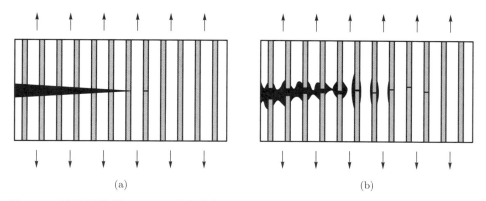

图 8.21 连续纤维增强 MMC 的损伤机制示意图: (a) 强界面(疲劳裂纹直接穿过纤维扩
展); (b) 弱界面(发生纤维/基体脱黏、裂纹偏转、纤维桥接和纤维拔出)

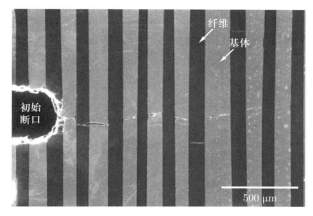

图 8.22 Ti–β–21s/SiC$_f$(SCS–6) 复合材料的疲劳裂纹扩展表现为界面脱黏、裂纹偏转和
纤维桥接 (由 Liu J. 提供)

　　一般而言, 纤维增强 MMC 与基体合金相比具有更好的抗疲劳裂纹扩展能
力。例如, 图 8.23 所示为硼纤维 (涂覆 B$_4$C) 增强 Ti–6Al–4V 复合材料与基体
合金的比较 (Harmon 等, 1987)。注意, 在大部分疲劳寿命期间, 复合材料具有
较高的疲劳阈值和较低的裂纹扩展速率。Soumelidis 等 (1986) 观察到与未增强
合金相比, 纤维增强的 Ti–6Al–4V 具有较低的疲劳裂纹扩展率。但是, 850 ℃ 长
时间的等温暴露导致复合材料的抗裂纹扩展能力降低。这是由于纤维降解、纤
维/基体界面脱黏以及基体脆性的增加所致。短时间等温暴露 (Ti–6Al–4V/B$_f$
最多 10 h, Ti–6Al–4V/B$_f$(B$_4$C) 最多 30 h, Ti–6Al–4V/SiC$_f$(SCS–6) 最多 60 h)
提高了抗疲劳裂纹性能, 这归因于裂纹尖端附近纤维微裂纹的能量耗散机制。

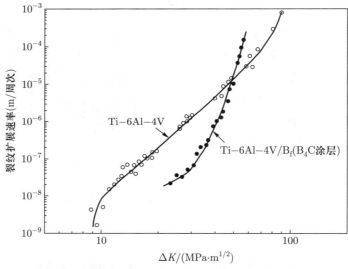

图 8.23　硼纤维 (涂覆 B₄C) 增强 Ti-6Al-4V 复合材料和基体合金 (Harmon 等, 1987) 的疲劳裂纹扩展行为。纤维增强复合材料比单一合金具有更好的抗疲劳裂纹扩展性能

工程材料中的疲劳裂纹扩展

　　如本章的开头所述, 工程材料的疲劳裂纹扩展行为由 $\log \mathrm{d}a/\mathrm{d}N$ 和 $\log \Delta K$ 的关系图表征; 见下图, 得到了一条三区域曲线。区域 1 通常表示为阈值区域, 表示裂纹扩展的疲劳阈值 (疲劳门槛值)ΔK_{th}(通常对应于约 10^{-10} m/周次)。随着 ΔK 的增加, 在对数图上可以观察到一个线性部分, 称为 Paris 区域。在更高 ΔK 下, 裂纹扩展速率迅速增加, 导致材料断裂。

　　为了全面了解裂纹扩展行为, 我们定义一些重要的参数, 名义循环应力强度因子范围 ΔK 为

$$\Delta K = K_{\mathrm{max}} + K_{\mathrm{min}}$$

式中, K_{max} 和 K_{min} 分别为最大应力强度因子和最小应力强度因子, 分别由最大和最小外加应力 σ_{max} 和 σ_{min} 以及相应的裂纹长度得出。

　　疲劳裂纹闭合

　　在循环过程中, 当应力强度值达到 K_{min} 之前, 疲劳裂纹可能会过早闭合。疲劳过程中的裂纹闭合有许多原因, 包括裂纹尖端的塑性、氧化、裂纹表面粗糙度和裂纹口中微凸体的楔入, 如下图所示。

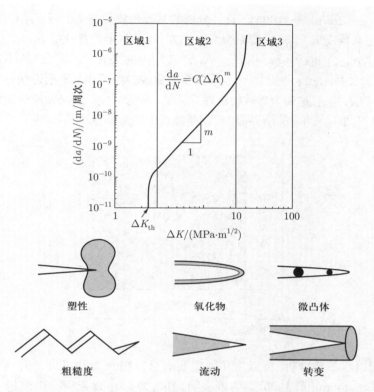

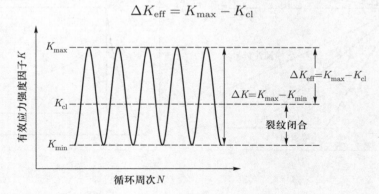

由于裂纹面过早闭合, 裂纹扩展的驱动力小于 ΔK。因此, 我们定义了一个附加参数, 它对应于打开裂纹所需的应力强度因子 (K_{cl})。有效应力强度因子 ΔK_{eff}(如下示意图所示) 由下式给出:

$$\Delta K_{\mathrm{eff}} = K_{\mathrm{max}} - K_{\mathrm{cl}}$$

疲劳的双参数方法

疲劳裂纹扩展行为也可以用双参数方法进行分析 (Doker 和 Marci,

1983; Vasudevan 等, 1994)。这一分析的基础是疲劳裂纹扩展有两种驱动力: (a) 静态参数或 K_{max}; (b) 循环参数或 ΔK。通过在几个 R 比值下 $(K_{min}/K_{max}$ 或 $\sigma_{min}/\sigma_{max})$ 进行实验, 得到了 K_{max} 范围内的 ΔK_{th}。通过绘制 ΔK_{th} 与 K_{max} 的关系图, 得到一个 "L" 形曲线。曲线的垂直和水平渐近线分别对应 ΔK_{th}^* 与 K_{max}^*。这两个参数的物理意义是: 疲劳裂纹扩展必须同时满足静态驱动力和循环驱动力的临界值, 这就是曲线中阴影部分所显示的。

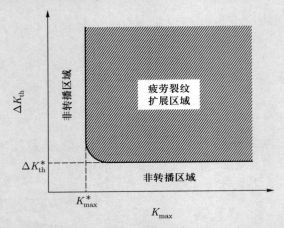

利用双参数分析, 可以将几种重要的材料细分为不同的类别 (Vasude-van 和 Sadananda, 1995)。结果表明, 环境效应在疲劳裂纹扩展行为中也占据了重要角色。

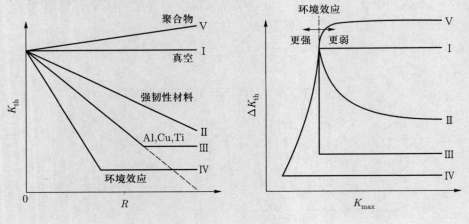

Cotterill 和 Bowen(1993) 研究了 SCS–6 纤维增强 Ti–15V–3Al–3Sn–3Cr (Ti–15–3) 复合材料的疲劳裂纹扩展行为。一般情况下, 裂纹扩展速率随裂纹长度的增加而减小, 这归因于裂纹尖端对桥接纤维的 "屏蔽", 桥接纤维比基体

更强、更硬。但是, 当单个纤维发生断裂时, 裂纹扩展速率增加了两个数量级。这也可以通过单循环过载或增加 R 比值 (例如, 增加 $K_{\min}$) 来实现。Cotterill 和 Bowen(1996) 分别研究了 ΔK 和 $K_{\max}$(循环和静态应力强度分量) 对疲劳裂纹扩展的影响, 结果也表明 $K_{\max}$ 控制着纤维断裂, 但 ΔK 控制着基体裂纹扩展速率。因此, 如果发生纤维断裂, $K_{\max}$ 是控制裂纹扩展速率的参数。裂纹扩展速率也依赖于 ΔK。低于 ΔK 的某一临界值时, 裂纹被阻止, 但高于该值时, 纤维断裂, 裂纹得以扩展, 如图 8.24 所示。从裂纹止裂到灾难性失效的转变还受到纤维强度分布和试样几何形状的影响 (Liu 和 Bowen, 2002)。图 8.25

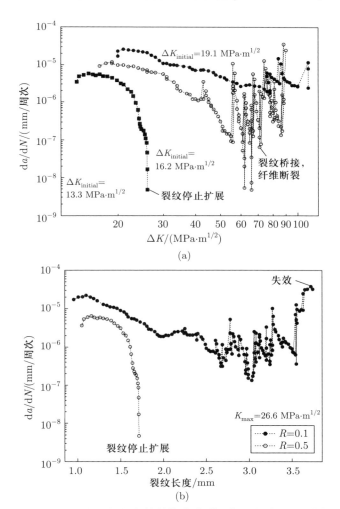

图 8.24　碳化硅纤维增强钛合金复合材料的疲劳裂纹扩展行为: (a) 增加 ΔK 的影响; (b) R 比值的影响。裂纹扩展需要 $K_{\max}$ 和 ΔK 的临界值 (Cotterill 和 Bowen, 1996)

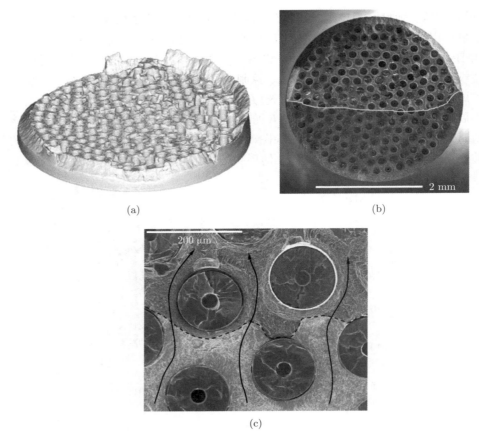

图 8.25 SCS-6 纤维增强钛合金基复合材料室温低周疲劳的裂纹扩展行为 (Bettge 等, 2007): (a) 疲劳断口的共聚焦显微图像; (b) 稳定疲劳裂纹扩展向快速断裂转变的低倍图像; (c) 图 (b) 的高倍图像。(图片由 Portella P. 提供)

给出了室温下经受 LCF 的 SCS-6/Ti 合金基复合材料的断口分析 (Bettge 等, 2007), 可以观察到稳定疲劳裂纹扩展和快速断裂之间的明显转变。

在 $S-N$ 疲劳的极高温下, 频率对疲劳裂纹扩展行为有影响。在较低频率下, 基体的老化和晶界的弱化会导致复合材料断裂 (Cotterill 和 Bowen, 1993)。蠕变期间或由于保持时间 (或较低的循环频率) 导致的基体应力松弛也可能导致裂纹闭合, 有助于裂纹桥接 (Zhang 和 Ghonem, 1995)。

Rao 等 (1993) 研究了 6061/SiC/40$_f$(SCS-8) 复合材料在纵向和横向的疲劳裂纹扩展行为, 结果如图 8.26 所示, 表明复合材料的抗裂纹扩展能力在纵向上高于未增强合金, 但在横向上低于未增强合金。由于 SCS-8 纤维上的富 C 涂层所提供的纤维与基体之间的结合相对较弱, 纤维脱黏和裂纹偏转机制在

L–T 方向上增韧了复合材料。这些作者还提出了一个横向疲劳裂纹扩展的力学模型, 在此模型中, 纤维从脱黏扩展到多个脱黏点相互连接达到临界点, 从而导致断裂, 如图 8.27 所示。这些作者还试图量化横向加载过程中韧性相桥接的程度, 桥接的贡献 ΔK_{b} 由下式得出:

$$\Delta K_{\mathrm{b}} = \frac{2}{\sqrt{\pi a}} \int_0^l \sigma(x) F\left(\frac{x}{a}, \frac{a}{W}\right) \mathrm{d}x$$

式中, a 为裂纹长度; l 为桥接区长度; W 为样品宽度; $\sigma(x)$ 为桥接区上的应力分布; x 为裂纹尖端后的距离。那么, 总韧性为

$$K = K_{\mathrm{o}} + \Delta K_{\mathrm{b}}$$

其中, K_{o} 为复合材料的固有韧性。假设 $\sigma(x) = f\sigma_{\mathrm{o}}$, 其中, f 是韧性相的分数, σ_{o} 是基体的流变应力,

$$\Delta K_{\mathrm{b}} = 2f\sigma_{\mathrm{o}}\sqrt{\frac{2l}{\pi}}$$

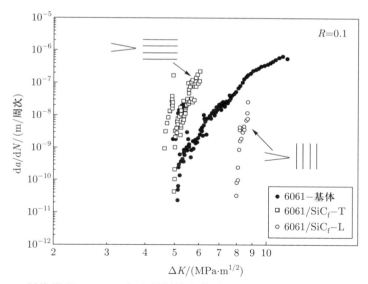

图 8.26 SiC 纤维增强 Al 6061 复合材料的疲劳裂纹扩展响应。纵向的疲劳阈值优于横向和未增强合金的疲劳阈值(Rao 等, 1993)。

利用这一关系式, 预测复合材料的稳态韧性约为 $12.4\ \mathrm{MPa \cdot m^{1/2}}$, 略低于实验测量值。作者将这种差异归因于界面处的热诱导位错冲孔, 它强化了基体以及塑性产生的残余应变。

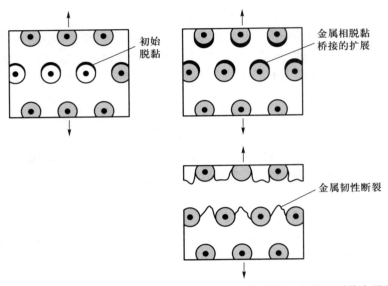

图 8.27　横向载荷下的疲劳裂纹扩展机制示意图。纤维脱黏一直发展到单个脱黏连接的
临界点, 导致断裂 (Rao 等, 1993)

Davidson 等 (1989) 研究了 Al_2O_3 纤维增强镁合金复合材料 (通过液相浸渗制备) 的疲劳裂纹扩展行为, 他们开发了一个简单的模型来预测作为 ΔK 函数的裂纹扩展速率。循环裂纹张开位移 (crack opening displacement, COD)δ_c 由下式给出

$$\delta_c = \frac{c_o \Delta K^2}{E_i}$$

式中, c_o 是常数; ΔK 是循环应力强度范围; E_i 是基体的弹性模量 (E_m) 或复合材料的弹性模量 (E_c)。假设裂纹扩展速率与 COD 成正比, 则 Paris 定律可以写为

$$\frac{\mathrm{d}a}{\mathrm{d}N} = C \left[\left(\frac{E_m}{E_c} \right)^{\frac{1}{2}} \Delta K \right]^n$$

通过考虑纤维的屏蔽作用, 可以得到一个下限, 而通过考虑主裂纹和微裂纹之间的相互作用可以得到一个上限。通过将与复合材料模量相关的裂纹扩展数据进行归一化处理, 对于具有不同纤维取向 (相对于加载方向) 的复合材料以及非增强镁合金, 都获得了良好的一致性, 如图 8.28 所示。

人们还对定向共晶或原位自生复合材料进行了疲劳裂纹扩展研究。由于许多原位自生复合材料用于涡轮机的高温环境, 因此对其在室温到 1100 ℃ 范围内的疲劳行为进行了研究。普遍的共识是原位自生复合材料的力学性能, 即静态强度和循环强度优于传统铸造高温合金 (Stoloff, 1978)。

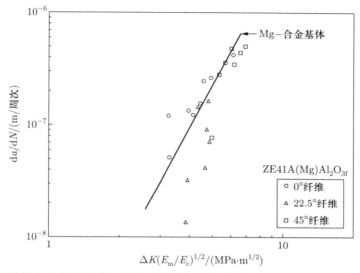

图 8.28　用基体和复合材料的杨氏模量进行归一化后 Mg(ZE41A)/Al$_2$O$_{3f}$ 复合材料的疲劳裂纹扩展行为。对于不同纤维取向的复合材料以及未增强镁合金, 均得到了良好的一致性 (Davidson 等, 1989)

8.2.2　颗粒增强金属基复合材料

颗粒增强 MMC 的裂纹扩展行为也在很大程度上依赖于增强体特性 (Shang 等, 1988; Lukasak 和 Bucci, 1992; Allison 和 Jones, 1993; LLorca 等, 1994; Vasudevan 和 Sadananda, 1995) 和基体微观结构 (Bonnen 等, 1990; Sugimura 和 Suresh, 1992)。一般而言, 复合材料的阈值 ΔK_{th} 高于单一材料, 如图 8.29 所示。此外, 颗粒体积分数的增加也会导致 ΔK_{th} 的增加, 如图 8.30 所示。这是因为复合材料的模量较高, 导致在给定应力强度因子下的 COD 较低。复合材料的 da/dN 和 ΔK 曲线的 Paris 定律斜率一般与未增强合金相当, 但是, 当 ΔK 很高时, 复合材料中的裂纹扩展速率要高得多。这是因为相对于未增强合金, 复合材料的断裂韧性较低。

值得注意的是, 这些趋势只适用于具有稳定基体微观结构的复合材料。例如, Sugimura 和 Suresh(1992) 研究了 SiC 体积分数对铸造 MMC 疲劳裂纹扩展的影响。由于铸造工艺, 基体晶粒尺寸与颗粒的体积分数成反比 (见第 4 章), 即基体的显微组织随体积分数的增加而变化。这是因为颗粒的体积分数越高, 复合材料基体中可能出现的晶粒成核位点就越多, 总体晶粒尺寸就越细小。因此, 在他们的研究中, 颗粒体积分数的增加 (即基体晶粒尺寸的减小) 导致疲劳裂纹扩展阻力降低, 如图 8.31 所示。

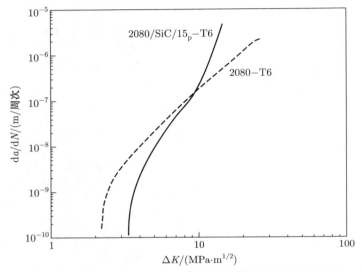

图 8.29　2080–T6 合金与 2080/SiC/15$_p$–T6 复合材料的疲劳裂纹扩展行为。复合材料具有较高的疲劳阈值和略高的 Paris 定律斜率 (Lukasak 和 Bucci, 1992)

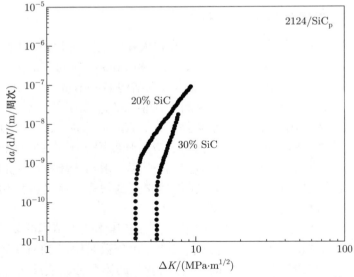

图 8.30　体积分数对 2124/SiC$_p$ 复合材料疲劳裂纹扩展的影响 (Bonnen 等, 1990)。增加体积分数导致疲劳阈值增加 (这种粉末冶金复合材料的基体显微组织相对稳定)

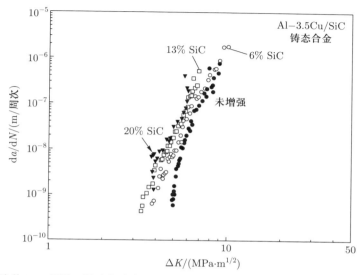

图 8.31   随着 SiC 颗粒 (铸造复合材料) 体积分数的增加, 疲劳裂纹扩展阻力降低。由于采用了不同的铸造工艺路线, 较高颗粒体积分数的基体晶粒尺寸明显减小, 导致抗疲劳性能降低 (Sugimura 和 Suresh, 1992)。

有趣的是, 粗颗粒比细颗粒具有更好的抗疲劳裂纹扩展能力, 这是由于大范围的粗糙度导致裂纹闭合 (Shang 等, 1988), 如图 8.32 所示。此外, 过时效

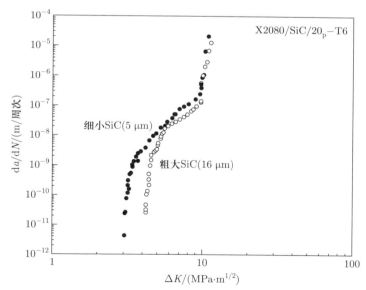

图 8.32   颗粒尺寸对 2080/SiC/20$_p$-T6 复合材料疲劳裂纹扩展行为的影响。较大颗粒导致粗糙度引起的闭合程度较大, 从而提高疲劳阈值(Shang 等, 1988)

和欠时效复合材料的实验表明, 抗疲劳裂纹扩展能力差别不大 (Bonnen 等, 1990), 说明控制变形的机制只与颗粒特征和空间分布有关, 如图 8.33 所示。载荷比 $R(K_{\min}/K_{\max} = \sigma_{\min}/\sigma_{\max})$ 对疲劳裂纹扩展行为也有很大影响。图 8.34(a)

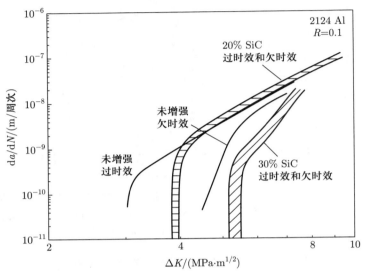

图 8.33　2124 合金及其复合材料在欠时效和过时效条件下的疲劳裂纹行为。未增强合金对时效很敏感, 而复合材料则不敏感, 表明颗粒控制了疲劳裂纹扩展行为 (Bonnen 等, 1990)

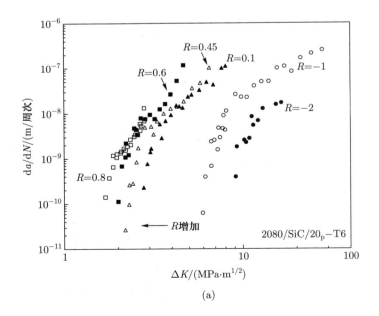

(a)

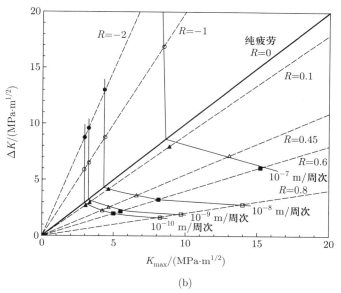

(b)

图 8.34　载荷比 R 对 2080/SiC/20$_p$ 疲劳裂纹扩展的影响: (a) da/d$N - \Delta K$ 行为, 表明随着 R 的增加, 疲劳阈值降低和 Paris 定律斜率增加; (b) 使用 ΔK 与 K_{max} 方法绘制相同的数据, 表明随着 K_{max} 增加, 抗疲劳裂纹扩展能力降低 (Ganesh 和 Chawla, 2004)

所示为 2080/SiC/20$_p$ 复合材料在不同 R(从 -2 到 0.8) 下的疲劳裂纹扩展行为。随着 R 的增加, 疲劳阈值减小, Paris 定律斜率增大。这些数据可以通过使用 ΔK 与 K_{max} 的双参数方法进一步表示 (Vasudevan 等, 1994), 如图 8.34(b) 所示。该方法可以简单理解为, 裂纹扩展必须满足 ΔK 和 K_{max} 的临界值。因此, 随着裂纹扩展速率的增大, 在高 R 下, 对于给定的 ΔK 值, 为了使裂纹扩展, 需要使用更小的 K_{max} 值。

　　可以用裂纹尖端损伤区大小和增强体/裂纹之间的交互作用解释 ΔK 和 K_{max} 的影响 (Shang 等, 1988; Chawla 和 Chawla, 2004)。这可以通过使用 20 vol% SiC 颗粒增强 2080 铝合金中疲劳裂纹的原位 3D X 射线同步辐射断层扫描显示出来 (Hruby 等, 2013)。样品在同步加速器中以 0.1 和 0.65 的 R 值进行预制裂纹和疲劳试验。在较低的 R 值下, 观察到裂纹偏转, 如图 8.35 所示, 具有最小的颗粒断裂。在较高的 R 值下, 颗粒在裂纹尖端之前断裂 (绿色颗粒), 然后裂纹通过这些颗粒 (深蓝色) 扩展, 如图 8.36 所示。颗粒断裂的定量测量展示了这种行为, 如图 8.37 所示。请注意, 一个循环的 "过载" 或峰值载荷足以在裂纹尖端之前造成显著损伤。图 8.38 呈现了疲劳裂纹扩展期间观察到的这种行为的示意图 (Chawla 和 Chawla, 2004)。在低 K_{max} 和/或 ΔK 下, 疲劳裂纹在颗粒周围扩展; 而在高 K_{max} 和/或 ΔK 下, 颗粒在裂纹尖端之前发生断裂, 导致相对平面裂纹扩展。

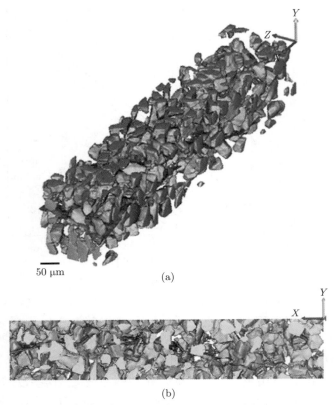

50 μm

(a)

(b)

图 8.35　低 R 值 $(R = 0.1)$ 下, SiC 颗粒增强 2080 铝合金复合材料疲劳裂纹扩展的原位 X 射线同步辐射断层扫描 (Hruby 等, 2013): (a) 倾斜的 3D 模型, (b)3D 模型的侧视图。注意裂纹 (红色) 在颗粒周围扩展, 几乎没有颗粒断裂, 裂纹偏转较多。(参见书后彩图)

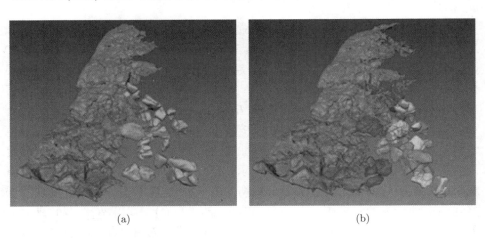

(a)　　　　　　　　　　　　　　　　　　(b)

(c)

图 8.36 高 R 值 ($R = 0.65$) 下, SiC 颗粒增强 2080 铝合金复合材料疲劳裂纹扩展的原位 X 射线同步辐射断层扫描 (Hruby 等, 2013): (a) 0 次循环; (b) 6000 次循环; (c) 17 000 次循环。绿色颗粒在裂纹 (红色) 前面断裂。蓝色颗粒对应于裂纹已经穿过的颗粒。注意, 颗粒在裂纹尖端之前先断裂, 然后裂纹通过颗粒扩展。(参见书后彩图)

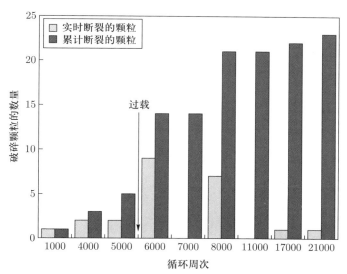

图 8.37 $R = 0.65$ 时颗粒断裂的定量测量。随着疲劳循环周次的增加, 所分析的体积中的断裂颗粒数量也增加 (Hruby 等, 2013)。请注意, 一个周期的 "过载" 或峰值载荷足以在裂纹尖端之前造成重大损伤

反映这种行为的机制可以用损伤区的大小相对于颗粒的尺寸和断裂强度来解释。当 K_{max} 和/或 ΔK 较低时, 裂纹尖端的塑性区大小与颗粒尺寸相当。Ayyar 和 Chawla(2006) 以材料的二维微观结构作为基础, 利用有限元模型对

SiC 颗粒增强复合材料的裂纹扩展行为进行了模拟。采用修正的裂纹闭合准则
计算了裂纹尖端的应力强度, 同时利用最大周向拉伸应力准则来确定裂纹扩展
方向。预测结果定性地显示出与实验中观察到的相同行为, 即裂纹在 SiC 颗粒
周围以某种曲折的方式生长, 如图 8.39 所示。Boselli 等 (2001) 开发了类似的
模型, 用于单一尺寸的完美圆形颗粒。

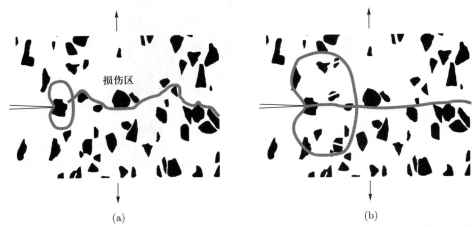

图 8.38　颗粒增强 MMC 的疲劳损伤示意图: (a) 低 R 值, 损伤区的大小与颗粒大小相
近, 裂纹扩展是曲折的; (b) 高 R 值, 损伤区远大于颗粒尺寸, 导致颗粒在裂纹尖端之前断
裂, 并导致平面裂纹扩展 (Chawla 和 Chawla, 2004)。

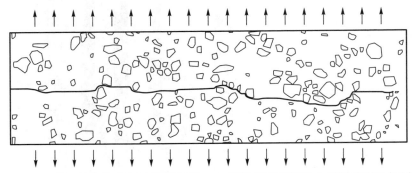

图 8.39　基于微观结构的有限元模型预测 SiC 颗粒增强铝基复合材料的裂纹扩展, 显示
增强颗粒周围的曲折裂纹扩展 (Ayyar 和 Chawla, 2006)

在 K_{max} 和/或 ΔK 较高时, 塑性区大到足以吞没几个颗粒, 所以颗粒断
裂发生在裂纹尖端前面, 且裂纹呈相对线性扩展。在 R 值分别为 0.1 和 0.8 时,
实验测量的颗粒断裂程度证实了这一行为, 如图 8.40 所示。值得注意的是, 在
较高的 R 值下, 颗粒断裂的程度要高得多, 即它是由 K_{max} 驱动的。

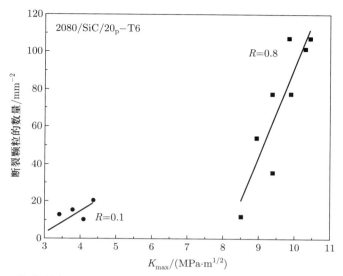

图 8.40 在 R 值分别为 0.1 和 0.8 时, $2080/SiC/20_p$ 的颗粒断裂程度与施加的 K_{max} 的关系曲线, 即 K_{max} 值越高, 颗粒断裂程度就越大

在本节结束时, 我们将讨论压–压疲劳中的疲劳损伤机制。这里, 损伤的性质与在拉–拉疲劳中观察到的截然不同。图 8.41 所示为 R 值为 -2 时 $2080/SiC/20_p$ 复合材料疲劳扩展后的断口形貌。观察 SiC 颗粒表面的磨损痕迹, 以及表面上存在的球形颗粒。能谱 (EDS) 分析显示这些颗粒为 Al_2O_3, 表明可能被氧化了的基体颗粒嵌入 SiC 颗粒中。在含有碳化物颗粒的钢中也观察到类似的行为 (Aswath 等, 1988)。

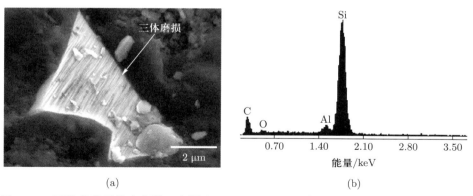

(a)   (b)

图 8.41 压缩疲劳后的疲劳断口表面 ($R = -2$)(Chawla 和 Ganesh, 2010)。疲劳过程中产生的碎片 (右侧的 EDS 光谱中的 Al_2O_3) 嵌入 SiC 颗粒中, 导致三体磨损

8.2.3 混杂和层压复合材料

含有多种增强材料的复合材料称为混杂复合材料。这种由两种或两种以上增强材料制成的复合材料拓展了设计复合材料以满足特定性能要求的想法。混杂复合材料的另一吸引人的特点就是用便宜且充足的纤维类型来部分替代昂贵的纤维。

金属板层压复合材料已被证明比单片材料具有更好的抗疲劳性能 (Chawla 和 Liaw, 1979)。它有两种可能的裂纹几何形状: 止裂型几何形状和裂纹分割型几何形状。在裂纹止裂型几何形状中, 随着裂纹垂直于复合材料的厚度扩展, Cook 和 Gordon (1964) 提出的机制似乎是有效的 (另见第 5 章)。根据这一模型, 如果界面较弱, 则裂纹在到达界面时分叉并改变方向, 从而延迟复合材料的失效。裂纹分割型几何形状能提高疲劳裂纹扩展阻力的事实已被许多研究人员所验证 (McCartney 等, 1967; Taylor 和 Ryder 等, 1976; Pfeiffer 和 Alic, 1978)。这种性能的提高要么归因于界面分离, 它消除了三轴应力状态, 要么归因于裂纹被裂纹扩展速率较慢的组分阻止于裂纹扩展速度较快组分的界面处。

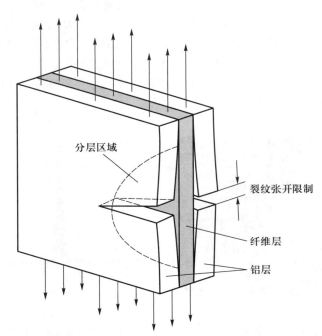

图 8.42　玻璃增强铝层压板 (GLARE) 的疲劳损伤示意图。裂纹被横跨裂纹尖端的玻璃纤维/环氧树脂复合材料阻碍, 只能在短距离内扩展 (Wu 和 Yang, 2005)

　　一种有趣的混杂复合材料是由高强度铝合金薄板交替层和环氧基体中单向芳纶或玻璃纤维层组成的。这样的层压板有很多种; 其中玻璃增强铝 (GLARE) 层压板获得了显著的商业成功。GLARE 抗疲劳性能优于单一铝结构是其吸引人的主要特点。如图 8.42 (Wu 和 Yang, 2005) 所示, 铝中的裂纹因被横跨裂纹尖端的玻璃纤维阻碍而只能扩展很短的距离。图 8.43 显示了芳纶纤维/环氧铝 [芳纶铝层压板 (aramid aluminum laminate, ARALL)] 与两种单一铝合金相比的缓慢疲劳裂纹扩展特性 (Mueller 和 Gregory, 1988)。ARALL 已在一些小型军用飞机的机身、下机翼和尾翼蒙皮等张力为主导的疲劳结构件中得到应用。ARALL 的使用比传统结构减小了 15%~30% 的质量。GLARE 已经被用于双层 550 座空客 A380 飞机的机身。除了具有优越的疲劳性能, GLARE 还比铝轻, 使空中客车 A380 质量减小 1000 kg。混合层压 MMC 的另一种版本是由外皮为金属、芯部为黏弹性材料 (例如聚乙烯、尼龙、聚丙烯、纸或软木) 组成的层状复合材料大家族。这种复合材料在需要减振降噪时很有用, 黏弹性层提供了高损耗因子, 即将振动能量转换为热量的能力很强。

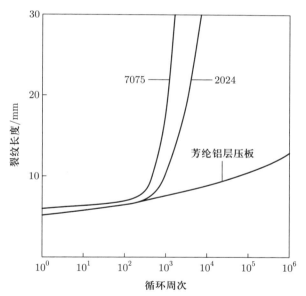

图 8.43　芳纶铝层压板 (ARALL) 与传统 7075 和 2024 铝合金的疲劳裂纹扩展行为的比较 (Mueller 和 Gregory, 1988)。ARALL 明显具有更好的抗裂纹扩展特性

　　工程混杂复合材料的其他创新方法包括由 SiC 颗粒增强 Al 层与纯 Al 合金层扩散连接形成的层压复合材料, 如图 8.44(a) 所示 (Hassan 等, 2004)。结果表明, 与传统颗粒增强 MMC 相比, 韧性金属层的加入降低了在 Paris 定律范围内的裂纹扩展速率, 提高了断裂韧性, 并略微降低了疲劳裂纹阈值, 如

图 8.44(b) 所示。作者认为对于给定的应力强度因子, 层压板的杨氏模量越高, 抗裂纹扩展的能力越强, 导致 COD 越低。弹性失配还导致裂纹尖端在层间界面处产生屏蔽效应。

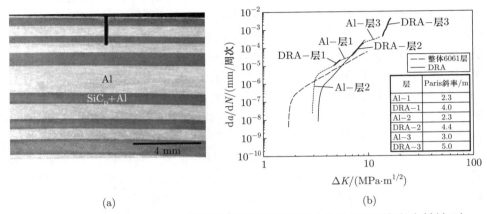

(a)   (b)

图 8.44　(a) 的由纯铝和 SiC 颗粒增强铝复合材料组成的带缺口混杂复合材料 (由 Lewandowski J. 提供); (b) 疲劳裂纹扩展行为, 在 Paris 定律范围内表现出增强的裂纹扩展阻力 (Hassan, 2004)

8.3　热疲劳

复合材料各组分之间的热膨胀失配问题是一个非常普遍和严重的问题 (Chawla, 2012)。由于增强体和基体的热膨胀系数 (α) 存在较大差异, 复合材料中会产生热应力。应该强调的是, 即使复合材料的整个体积内温度变化是均匀的, 复合材料中的热应力也会产生。这种热应力可以在复合材料制造、退火的高温冷却过程中或在服役期间的任何温度漂移 (无意或设计) 过程中被引入。例如, 涡轮叶片就非常容易发生热疲劳。

第 6 章中描述了热应力的起源和分析。综上所述, 复合材料中的热应力与热应变 $\Delta\alpha\Delta T$ 成正比, 其中 $\Delta\alpha$ 为两组分的膨胀系数之差, ΔT 为热循环幅值。在 MMC 中, 金属基体的热膨胀系数通常比陶瓷增强体高得多。当纤维增强复合材料在一定温度范围内加热或冷却时, 可能会产生较大的内应力。当这种情况重复发生时, 就有了热疲劳, 因为循环应力起源于热。热疲劳可导致韧性金属基体发生塑性变形 (Chawla, 1973a, b)。在复合材料中, 热疲劳引起的其他形式的损伤是基体中的空化效应和纤维/基体脱黏 (Kwei 和 Chawla, 1992; Xu 等, 1995)。图 8.45 显示了氧化铝纤维 (体积分数为 35%) 增强镁合金 (ZE41A)

基体的扫描电子显微图像, 该材料在室温和 300 ℃ 之间经历了不同的热循环。请注意, 随着循环周次的增加, 空化损伤越来越严重。

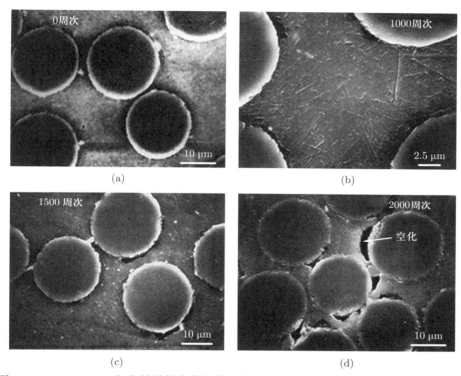

图 8.45　Mg/Al$_2$O$_{3f}$ 复合材料热疲劳损伤的演变。随着循环周次的增加, 由于纤维和基体之间的内应力失配, 会发生界面空化 (Xu 等, 1995)

　　Xu 等 (1995) 通过测量杨氏模量和密度随热循环的变化来量化热循环过程中的损伤。热循环过程中的损伤也可以用复合材料阻尼行为的变化来量化 (Carreno-Morelli 等, 2001)。定义一个损伤参数, 其中以杨氏模量损伤为例:

$$D_E = 1 - \frac{E_n}{E_o}$$

式中, E_n 为 n 次循环后的杨氏模量; E_o 为循环前的初始杨氏模量。采用类似的方法来监测密度 ρ 损伤。为了将 D_E 和 D_ρ 联系起来, 我们引用了 Mackenzie 方程 (Mackenzie, 1950):

$$E_n = E_o \left(1 - aV_v - bV_v^2 \right)$$

式中, V_v 是孔隙的体积分数; a 和 b 是完全致密材料的常数。对于泊松比为 0.3 的材料, a 为 1.91, b 为 -0.91。将这些方程合并, 并利用复合材料密度的混合

定律: $\rho_c = \rho_f V_f + \rho_m V_m$, 得到以下关系式:

$$D_E = b\frac{\rho_o}{\rho_m}D_n + b_1\left(\frac{\rho_o}{\rho_m}D_\rho\right)^2$$

式中, ρ_m 是基体的密度。图 8.46 所示为 D_E 和 D_ρ 的实验值与预测值曲线, 显示出很好的一致性。通常, 通过选择具有高屈服强度和大失效应变 (即延性) 的基体材料来减少基体中的损伤。只有选择纤维和基体热膨胀特性差异较小的材料, 才能避免最终的纤维/基体脱黏。

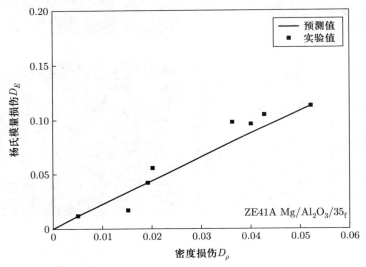

图 8.46　$Mg/Al_2O_3/35_f$ 复合材料的杨氏模量损伤与密度损伤之间的关系表明, 预测结果与实验结果之间存在良好的相关性 (Xu 等, 1995)

应该指出的是, 仅对损伤进行表面观察是不够的。例如, 在 X 射线同步辐射源中用原位热循环观察, 考察 SiC 微粒增强 2080 铝合金中孔隙生长的演变, 如图 8.47 所示 (Chapman 等, 2013)。采用原位炉对样品进行热循环, 并在不同循环周次下进行 X 射线同步辐射断层扫描。孔隙普遍存在于应力集中的碳化硅颗粒的尖角处, 或存在高的三轴应力状态的颗粒团簇内。在 1200 个周期内, 孔隙的体积分数几乎增加了 5 倍, 如图 8.48(a) 所示。另一个有趣的现象是, 随着热循环周次的增加, 原本存在的非常小的孔隙会合并且变大, 如图 8.48(b) 所示。

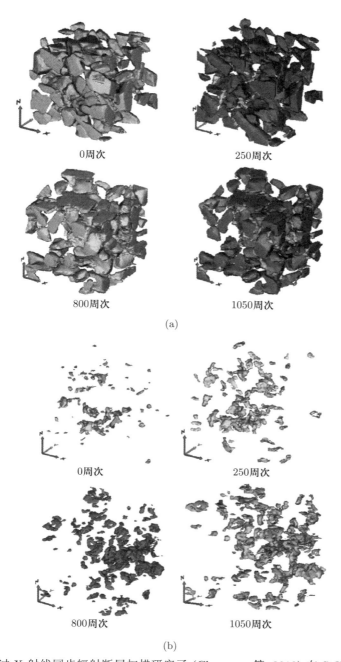

(a)

(b)

图 8.47 通过 X 射线同步辐射断层扫描研究了 (Chapman 等, 2013) 在 SiC 颗粒增强铝合金复合材料的热循环过程中的损伤演化: (a) 颗粒和孔隙; (b) 仅孔隙。主要损伤机制是颗粒尖角和颗粒团簇内部的孔隙萌生和长大。(参见书后彩图)

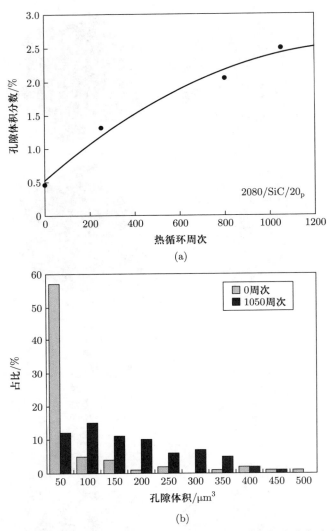

(a)

(b)

图 8.48　通过 X 射线同步辐射断层扫描研究了 SiC 颗粒增强铝合金复合材料热循环过程中的损伤演化 (Chapman 等, 2013): (a) 孔隙体积分数与循环周次的函数关系; (b) 孔隙尺寸随着循环的分布。孔隙体积分数随循环周次的增加而增加。图 (b) 显示了较小孔隙合并为较大孔隙

　　一种类型的热疲劳试验涉及样品的循环温度, 而其标距长度保持不变。这种约束导致了样品的内应力。因此, 对复合材料热循环时产生的内应力的测量可用于研究热疲劳。图 8.49 显示了氧化铝纤维/Al–Li 复合材料在 300~500℃ 之间循环的结果 (Kwei 和 Chawla, 1992)。氧化铝纤维沿应力轴方向平行排列, 纤维体积分数为 35%。该图显示了拉伸和压缩时的最大应力作为循环周次函数

的变化。最大拉伸应力曲线的初始升高是由于热应力引起的铝合金基体加工硬化所致。随着循环的继续,微观结构损伤开始出现,只要由于基体加工硬化引起的强度增加被由于微观结构损伤 (如界面孔隙) 引起的强度降低所平衡,就会在最大拉伸应力与循环曲线上得到一个平台。然而,最大压应力随着循环次数的增加而降低到一个平台值。这可能是由于包辛格效应,即较高的拉伸强度会导致压缩强度同时降低。最终,氧化铝纤维断裂,导致图 8.49 中的拉伸应力曲线下降。

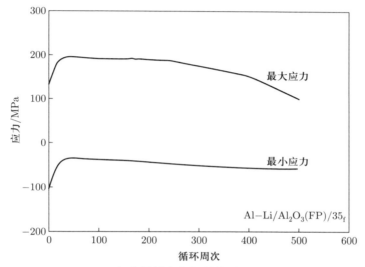

图 8.49 Al–Li/Al$_2$O$_3$/35$_f$ 复合材料应变控制热循环过程中的应力演变 (Kwei 和 Chawla, 1992)。随热循环周次的增加,界面空化等松弛过程会导致应力松弛

机械和热载荷的叠加效应在各种应用中都很重要,例如在汽车发动机或燃气轮机中。可施加两种类型的热机械载荷: ① 同相加载,即最大应力和最小应力分别发生在最高温度和最低温度; ② 异相加载,即最大应力和最小应力与温度的最大值和最小值相反。热机械载荷的性质对纤维和基体的内应力有直接影响。考虑异相加载的情况。在冷却过程中,陶瓷纤维处于残余压缩状态,金属基体处于受拉状态。因此,在最低温度下,当施加的应力最大时,基体上的总应力将增加,而纤维中的总应力则会降低。在同相加载时,在最高温度下,纤维处于受拉状态,而基体处于压缩状态。由于最高温度对应于最大应力点,纤维上的应力最大。

Ti-6242/SiC$_f$ 复合材料异相和同相热机械疲劳(TMF) 期间的内应力效应,如图 8.50(a) 所示 (Bettge 等, 2004, 2007; Peter 等, 2004)。通常, TMF 载荷下的疲劳寿命明显低于纯机械 LCF。同相加载导致整体抗疲劳性能下降,而异相

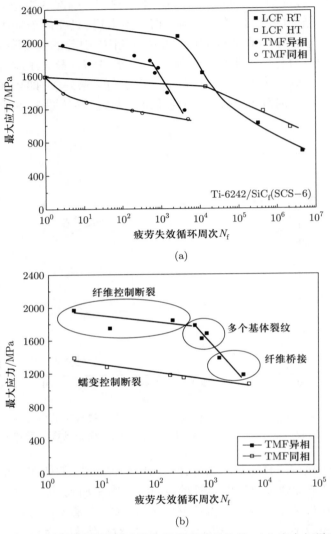

(a)

(b)

图 8.50　Ti/SiC$_f$ 复合材料的热机械疲劳和低周疲劳的比较: (a) 应力与循环周次的关系,
显示热疲劳具有更大的损伤效应; (b) 损伤机制 (Bettge 等, 2004)

加载在大约 10^3 个循环时疲劳寿命急剧下降。由于不同的内应力状态, TMF 的
断裂机制也大不相同。在同相载荷作用下, 基体发生松弛, 导致纤维中的应力
逐渐增大。因此, 疲劳寿命受蠕变控制, 如图 8.50 所示。在异相加载时, 基体中
的应变范围很大, 因此损伤主要是由基体控制的。随着基体开裂, 氧气进入, 当
裂纹到达纤维/基体界面时, 纤维发生氧化和断裂, 如图 8.50(b) 所示。因此, 在
较高的应力下, 断裂是由纤维控制的, 应力减小, 出现多个基体裂纹和纤维桥接

现象。不连续增强 MMC的热循环损伤略低于连续纤维增强 MMC, 因为不连续增强 MMC 的基体更容易扩散松弛 (不连续增强体对基体的约束更小)。在热循环过程中, 还观察到非常大的塑性应变 (对于 SiC 含量为 20％和 30％的铝复合材料, 塑性应变约为 150％)(Pickard 和 Derby, 1990)。此外, 还观察到复合材料的表面粗糙度显著增加。Rezaii–Aria 等 (1993) 研究了 $Al/Al_2O_3/15_{sf}$(Saffil) 复合材料的热循环行为。其表面粗糙度的增加是由于自由表面附近位错的高迁移率造成的。在材料块体内, 在热循环过程中形成了胞状位错结构。

参考文献

Allison J. E., and Jones J. W. (1993) in Fundamentals of Metal Matrix Composites, Suresh S., Mortensen A., and Needleman A., eds., Butterworth-Heinemann, Stoneham, MA, p. 269.

Almond E. A., and Roebuck B. (1980) Metals Technology, 7, 83–85.

Arsenault R. J., and Pillai U. T. S. (1996) Metall. Mater. Trans., 27A, 995–1001.

Arsenault R. J., and Wu S. B. (1987) Mater. Sci. Eng., 96, 77–88.

Aswath P. B., Suresh S., Holm D. K., and Blom A. F. (1988) J. Eng. Mater. Tech., 110 278–85.

Ayyar A., and Chawla N. (2006) Comp. Sci. Tech., 66, 1980–1994.

Baker A. A., Braddick D. M., and Jackson P. W. (1972) J. Mater. Sci., 7, 747–762.

Bauschinger J. (1886) Mitt: Mech-Tech Lab., XIII Munchen.

Bettge D., Gunther B., Wedell W., Portella P. D., Hemptenmacher J., and Peters P. W. M. (2004) in Low Cycle Fatigue 5, (Portella P. D., Sehitoglu H., Hatanaka K., eds.), DVM, Berline, pp. 81–86.

Bettge D., Gunther B., Wedell W., Portella P. D., Hemptenmacher J., Peters P. W. M., and Skrotzki B. (2007) Mater. Sci. Eng., A452–453, 536–544

Blatt D., Jira J. R., and Larsen J. M. (1995) Scripta Metall. Mater., 33, 939–944.

Bonnen J. J., You C. P., Allison J. E., and Jones J. W. (1990) in Proceedings of the International Conference on Fatigue, Pergamon Press, New York, pp. 887-892.

Boselli J., Pitcher P. D., Gregson P. J., and Sinclair I. (2001) Mater. Sci. Eng., A300, 113–124.

Calabrese C., and Laird C. (1974a) Mater. Sci. Eng., 13, 141–157.

Calabrese C., and Laird C. (1974b) Mater. Sci. Eng., 13, 159–174.

Carreno-Morelli E., Chawla N., and Schaller R. (2001) J. Mater. Sci. Lett., 20, 163–165.

Champion A. R., Krueger W. H., Hartman H. S., and Dhingra A. K. (1978), in Proc. 1978 Intl. Conf. Composite Materials (ICCM/2), TMS-AIME, New York, p. 883.

Chapman N. C., Singh S. S., Williams J. J., Xiao X., De Carlo F., and Chawla N., Mater. Sci. Eng. (2013) in preparation.

Chawla K. K. (1973a) Metallography, 6, 155.

Chawla K. K. (1973b) Phil. Mag., 28, 401.

Chawla K. K. (2012) Composite Materials: Science & Engineering, 3rd ed., Springer-Verlag, New York.

Chawla K. K. (1975) Fiber Sci. Tech., 8, 49.

Chawla K. K. (1991) in Metal Matrix Composites: Mechanisms and Properties, Everett R. K. and Arsenault R. J., eds., Academic press, pp. 235–253.

Chawla K. K. and Chawla N. (2004) in Kirk-Othmer Encyclopedia, John-Wiley and Sons, New York.

Chawla K. K., and Liaw P. K. (1979) J. Mater. Sci., 14, 2143.

Chawla K. K., and Metzger M. (1972) J. Mater. Sci., 7, 34.

Chawla N. (1997) Metall. Mater. Trans., 28A, 2423.

Chawla N., and Allison J. E. (2001) in Encyclopedia of Materials: Science and Technology, vol. 3, (B. Ilschner and P. Lukas, eds.), Elsevier Science, pp. 2969–2974.

Chawla N., Andres C., Jones J. W., and Allison J. E. (1998a) Metall. Mater. Trans., 29A, 2843.

Chawla N., Andres C., Jones J. W., and Allison J. E. (1998b) Scripta Mater., 38, 1596.

Chawla N., Davis L. C., Andres C., Allison J. E., Jones J. W. (2000a) Metall. Mater. Trans., 31A, 951–957.

Chawla N., and Ganesh V. V. (2010) Int. J. Fatigue, 32, 856–863.

Chawla N., Habel U., Shen Y. -L., Andres C., Jones J. W., and Allison J. E. (2000b) Metall. Mater. Trans., 31A, 531–540.

Chawla N., Holmes J. W., and Lowden R. A. (1996) Scripta Mater., 35, 1411.

Chawla N., Jones J. W., and Allison J. E. (1999) in Fatigue'99 (Wu X. R. and Wang Z. G., eds.), EMAS/HEP.

Chawla N., Kerr M., and Chawla K. K. (2005) J. Am. Ceram. Soc., 88, 101–108.

Chawla N. and Shen Y. -L. (2001) Adv. Eng. Mater., 3, 357–370.

Cook J., and Gordon J. E. (1964) Proc. Roy. Soc. Lond., A282, 508.

Cotterill P. J., and Bowen P. (1993) Composites, 24, 214–221.

Cotterill P. J., and Bowen P. (1996) Mater. Sci. Tech., 12, 523–529.

Couper M. J., and Xia K. (1991) in Metal Matrix Composites–Processing, Microstructure and Properties, (Hansen N. et al., eds.), Riso National Laboratory, Roskilde, Denmark, p. 291.

Davidson D. L., Chan K. S., McMinn A., and Leverant G. R. (1989) Metall. Trans., 20A, 2369–2378.

Doker H., and Marci G. (1983) Int. J. Fatigue, 5, 187–191.

Foulk III J. W., Allen D. H., and Helms K. L. E. (1998) Mech. Mater., 29, 53–68.

Ganesh V. V., and Chawla N. (2004) Metall. Mater. Trans., 35A, 53–62.

Gomez J. P., and Wawner F. E. (1988) personal communication.

Gouda M., Prewo K. M., and McEvily A. J. (1981) in Fatigue of Fibrous Composite Materials, p. 101, ASTM STP, 723, Amer. Soc. Testing and Materials, Philadelphia.

Hack J. E., Page R. A., and Leverant G. R. (1987) Metall. Trans., 15A, 1389.

Hall J., Jones J. W., and Sachdev A. (1994) Mater. Sci. Eng., A183, 69.

Harmon D. M., Saff C. R., and Sun C. T. (1987) AFW AL–TR–87–3060. Air Force Wright Aeronautical Labs., Dayton, Ohio.

Hassan H. A., Lewandowski J. J., and Abd El-latif M. H. (2004) Metall. Mater. Trans., 35A, 45–52.

Hruby P., Singh S. S., Silva J., Williams J. J., Xiao X., De Carlo F., and Chawla N., Comp. Sci. Tech., (2013) submitted.

Huang J., Spowart J. E., and Jones J. W. (2006) Fatigue Fract. Engng. Mater. Struct., 29, 507–517.

Johnson W. S. (1982) in Damage in Composite Materials, ASTM STP 775, American Society for Testing and Materials, Philadelphia, p.83.

Johnson W. S. (1988) in Mechanical and Physical Behavior of Metallic and Ceramic Composites, 9th Risø Intl. Symp. on Metallurgy and Materials Science, Rise Nat. Lab., Roskilde, Denmark.

Johnson W. S., and Wallis R. R. (1986) in Composite Materials: Fatigue and Fracture, ASTM STP 907, American Society for Testing and Materials, Philadelphia, p. 161.

Kerr M., Chawla N., and Chawla K. K. (Feb.,2005) JOM, 2, 67–70.

Kindermann P., Schlund P., Sockel H. -G., Herr M., Heinrich W., Görtring K., and Schleinkofer U. (1999) Int. J. Refractory & Hard Materials, 17, 55.

Kwei L. K., and Chawla K. K. (1992) J. Mater. Sci., 27, 1101–1106.

Lewandowski J. J. (2000) in Comprehensive Composite Materials, vol. 3, (Kelly A. and Zweben C., eds.), Elsevier Press, pp. 151–187.

Li C., and Ellyin F. (1996) Mater. Sci. Eng., A214, 115.

Liu J., and Bowen P. (2002) Acta Mater., 50, 4205–4218.

Liu J., and Bowen P. (2003) Metall. Mater. Trans., 34A, 1193–1202.

LLorca J. (1994) Acta Metall. Mater., 42, 151–162.

LLorca J. (2002) Prog. Mater. Sci., 47, 283–353.

LLorca J., Needleman A., and Suresh S. (1990) Scripta Metall. Mater., 24, 1203.

LLorca J., Ruiz J., Healy J. C., Elices M., and Beevers C. J. (1994) Mater. Sci. Eng., A185, 1–15.

LLorca J., Suresh S., and Needleman A. (1992) Metall. Mater. Trans., 23A, 919–933.

Lukasak D. A., and Bucci R. J. (1992) Alloy Technology Div. Rep. No. KF-34, Alcoa Technical Center, Alcoa, PA.

Lukasak D. A., and Koss D. A. (1993) Composites, 24, 262.

Mackenzie J. K. (1950) Proc. Phys. Soc., B63, 2.

Mall S., and Portner B. (1992) J. Eng. Mater., Tech., 114, 409–415.

McCartney R. F., Richard R. C., and Trozzo P. S. (1967) Trans. ASM, 60, 384.

McGuire M. A., and Harris B. (1974) J. Phys., Appl. Phys., 7, 1788.

Majumdar B. S., and Newaz G. M. (1995) Mater. Sci. Eng., A200, 114–129.

Meyers M. A., and Chawla K. K. (2009) Mechanical Behavior of Materials, 2 nd ed., Cambridge University Press, Cambridge.

Mott N. F. (1952) Phil. Mag., 43, 1151.

Mueller L. R., and Gregory M. (1988) paper presented at First Annual Metals and Metals Processing Conf., SAMPE, Cherry Hill, NJ.

Orowan E. (1959) in Internal Stresses and Fatigue in Metals, (G. M. Rassweiler and W. L. Grube, eds.), Elsevier Press, New York.

Page R. A., Hack J. E., Sherman R., and Leverant G. R. (1987) Metall. Trans., 15A, 1397.

Paris P. C., Gomez M. P., and Anderson W. P. (1961) The Trend in Engineering, 13, 9.

Paris P. C., and Erdogan F. (1963) J. Basic. Eng. Trans. ASME, 85, 528.

Pfeiffer N. J., and Alic J. A. (1978) J. Eng. Mater. Tech., 100, 32.

Peters P. W. M., Hemptenmacher J., Gunther B., Bettge D., and Portella P. D. (2004) in Proc. ECCM-11.

Pickard S. M., and Derby B. (1990) Acta Metall. Mater. 38, 2537–2552.

Poza P., and LLorca J. (1999) Metall. Mater. Trans., 30A, 857.

Pugsley V. A., and Sockel H. -G. (2004) Mater. Sci. Eng., A366, 87.

Rao K. T. Venkateshwara, Siu S. C., and Ritchie R. O. (1993) Metall. Trans., 24A, 721–734.

Rezai-Aria F., Liechti T., and Gagnon G. (1993) Scripta Metall. Mater., 28, 587–592.

Roebuck B., Almond E. A., and Cottenden A. M. (1984) Mater. Sci. Eng, 66, 179.

Salazar A., Pastor J. Y., and LLorca J. (2004) IEEE Trans. Appl. Supercon., 14, 1941–1947.

Sanders B. P., and Mall S. (1996) J. Comp. Tech. Res., 18, 15–21.

Seeger A., Diehl J., Mader S., and Rebstock H. (1958) Phil. Mag., 2, 323.

Shang J. K., Yu W. K., and Ritchie R. O. (1988) Mater. Sci. Eng. A102, 181-192.

Shen Y. -L., Finot M., Needleman A. and Suresh S. (1995) Acta Metall. Mater., 43, 1701.

Soumelidis P., Quenisset J. M., Naslain R., and Stoloff N. S. (1986) J. Mater. Sci., 21, 895–903.

Starke E. A., and Luetjering G. (1979) in Fatigue and Microstructure, Stayley J. T. and Starke E. A., eds., American Society for Metals, pp 205–243.

Stoloff N. S. (1978) in Advances in Composite Materials, p. 247. Applied Sci. Pub., London.

Sugimura Y., and Suresh S. (1992) Metall. Trans., 23A, 2231–2242.

Suresh S. (1998) Fatigue of Materials, 2nd Ed., Cambridge University Press, Cambridge, UK.

Taylor L. G., and Ryder D. A. (1976) Composites, 1, 27.

Vasudevan A. K., Sadananda K., and Louat N. (1994) Mater. Sci. Eng., A188, 1–22.

Vasudevan A. K., and Sadananda K. (1995) Metall. Mater. Trans., 26, 1221–1234.

Vyletel G. M., Van Aken D. C., and Allison J. E. (1991) Scripta Metall. Mater., 25, 2405–2410.

Walls D. P., Bao G., and Zok F. W. (1993) Acta Metall. Mater., 41, 2061–2071.

Walls D. P., and Zok F. W. (1994) Acta Metall. Mater., 42, 2675–2681.

Wu G., and Yang J. -M. (2005) JOM, 57, 72–79.

Xu Z. R., Chawla K. K., Wolfenden A., Neuman A., Liggett G. M., and Chawla N. (1995) Mater. Sci. Eng., A203, 75.

Zhang T., and Ghonem H. (1995) Fatigue. Fract. Eng. Mater. Struc., 18, 1249–1262.

Zhang W., Gu M., Chen J., Wu Z., Zhang F., Devé H. E. (2003) Mater. Sci. Eng., A341, 9–17.

第 9 章

蠕变

  MMC 的蠕变行为具有重要意义, 因为在许多结构和非结构应用中, 这些材料将在温度超过其相对温度一半的情况下, 长期承受恒定的应力 (或应变)(相对温度是相关温度除以熔点, 均以 K 为单位, 即 T/T_{m})。大多数材料表现出 3 个不同的蠕变阶段: ① 初级蠕变, ② 二级蠕变或稳态蠕变, ③ 三级蠕变。在初级蠕变中, 应变相对较小。在二级或稳态状态下, 应变和时间之间存在线性关系 (恒应变率)。这被认为是蠕变过程中硬化和恢复机制共同作用的结果。最后, 在第三阶段, 材料会经历空化效应和孔隙生长, 表现为应变随时间快速增加。

  通常, 稳态蠕变率 $\dot{\varepsilon}_{\mathrm{s}}$, 由以下称为 Mukherjee–Bird–Dorn 关系的一般表达式描述 (Mukherjee 等, 1964):

$$\dot{\varepsilon}_{\mathrm{s}} = \frac{AGbD}{kT} \left(\frac{b}{d} \right)^{p} \left(\frac{\sigma}{G} \right)^{n}$$

式中, σ 是外加应力; T 是温度, 单位为 K; G 是剪切模量; b 是伯格斯矢量; d 是平均晶粒尺寸; p 是晶粒度的倒数; n 是应力指数; d 是材料的扩散系数; k 是玻尔兹曼常数; A 是一个量纲一常数。应力指数的值通常与特定的蠕变机制有关 (例如 $n = 4 \sim 5$ 对应位错攀移)。扩散系数 D 为

$$D = D_o \exp\left(\frac{-Q_D}{RT}\right)$$

式中, D_o 为前指数常数; R 为通用气体常数, Q_D 为蠕变激活能, 通常等于扩散激活能。对于蠕变基本原理的详细讨论, 读者可以参考 Evans 和 Wilshire (1993) 和 Meyers 和 Chawla (2009) 等文章。

　　一般来说, 与未增强合金相比, 高刚度增强体的加入能大大提高抗蠕变性能。与纯基体的蠕变机制相比, 添加增强体还改变了蠕变变形机制。具有连续和不连续增强体的 MMC 的典型蠕变曲线示意图如图 9.1 所示 (应变随时间变化)(Lilholt, 1991)。含连续纤维的复合材料表现出较短的初级蠕变区, 随后是较长的稳态区, 如图 9.1 所示。这种行为可以通过简单的黏弹性模型来预测, 例如等应变模型, 其中基体被建模为黏性组分, 而纤维是弹性组分。在不连续增强体 (短纤维或颗粒) 情况下, 由于载荷转移的程度不如连续纤维高, 可以观察到更典型的蠕变曲线, 有 3 个不同的蠕变阶段, 如图 9.1 所示。

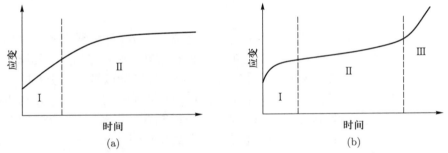

图 9.1　纤维增强 (a) 和不连续增强 (b) MMC 的蠕变应变与时间的关系示意图 (Lilholt, 1991)。蠕变的 3 个阶段是 (I) 初级蠕变; (II) 稳态蠕变; (III) 快速断裂

9.1　连续纤维增强金属基复合材料

　　连续纤维增强金属基复合材料的纵向蠕变强度通常明显高于未增强合金。图 9.2 所示为 Ti–6Al–4V/SiC$_f$ 复合材料在 430~650 ℃ 温度下的蠕变应变与时间的关系曲线 (Leyens 等, 2003)。如前所述, 蠕变曲线在蠕变过程中表现为两个阶段。在最高温度 650℃ 时, 蠕变应变随时间呈指数增长。蠕变速率 $\dot{\varepsilon}$ 与应力 σ 的关系如图 9.2(b) 所示, 可以看出, 相对于未增强合金, 复合材料中需要更高的应力才能引发给定的蠕变应变。然而, 复合材料的应力指数要大得多 (复合材料的 $n \sim 20$, 非增强合金的 $n \sim 6$)。本章后面将解释复合材料中

应力指数异常高的原因。通常, 偏轴蠕变的抗蠕变性能较差 (Ohno 等, 1994)。45° 时, 基体中发生大型剪切变形, 而 90° (横向加载) 时, 界面脱黏导致蠕变断裂。

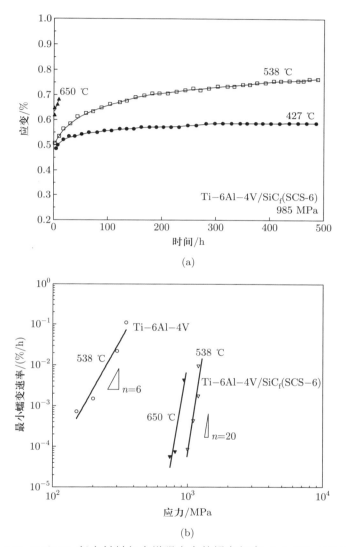

(a)

(b)

图 9.2　Ti–6Al–4V/SiC$_f$ 复合材料与未增强合金的蠕变行为: (a) 430∼650 ℃ 温度范围内的蠕变应变与时间的关系曲线; (b) 最小稳态蠕变速率与应力的关系。MMC 表现出明显更高的抗蠕变性能, 但蠕变应力指数 n 却高得多 (Leyens 等, 2003)

　　Bullock 等 (1977) 研究了定向凝固 Ni–Ni$_3$Al–Cr$_3$C$_2$ 原位自生复合材料的性能。发现蠕变速率与共晶显微组织的大小即平均纤维半径 λ 成反比。针对

蠕变速率对霍尔–佩奇 (Hall–Petch) 关系进行了修订, 可写成:

$$\log \dot\varepsilon = \log \dot\varepsilon_\infty + K\lambda^{-\frac{1}{2}}$$

式中, $\dot\varepsilon$ 为蠕变速率; $\dot\varepsilon_\infty$ 为 $\lambda = \infty$ 时的蠕变速率; K 为常数。图 9.3 对实验确定的蠕变速率与模型预测结果进行了比较, 结果表明两者具有合理的一致性。

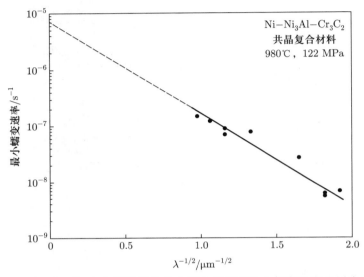

图 9.3　Ni–Ni$_3$Al–Cr$_3$C$_2$ 定向凝固原位自生复合材料的最小蠕变速率与纤维半径的平方根倒数的关系 (Bullock 等, 1977)。蠕变速率遵循修正的 Hall–Petch 关系

　　蠕变过程中, 从蠕变的基体到刚性增强体 (大部分纤维在金属基体蠕变的温度下不会蠕变) 的载荷转移演变, 对复合材料的蠕变有重要影响。随着基体蠕变, 越来越多的载荷转移到纤维上, 如图 9.4(a) 所示。卸载后, 纤维和基体上的载荷减小。然而, 基体中的应力降到 0 以下然后略有增加。这种现象称为蠕变恢复。纤维增强 MMC 的 3D 有限元模型 ($E_\mathrm{m} = 60$ GPa, $E_\mathrm{f} = 470$ GPa, 纤维的体积分数为 15%, 基体通过幂律蠕变变形) 很好地说明了这一行为, 如图 9.4(b) 所示 (Sørensen 等, 1992)。

　　假设纤维为弹性体, 且基体遵循下面的幂律蠕变 ($\dot\varepsilon = A\sigma^n$), 对载荷从基体向纤维的逐渐转移进行建模。则复合材料的蠕变速率为

$$\dot\varepsilon_\mathrm{c} = \dfrac{A\sigma^n \left(1 - \dfrac{\dot\varepsilon}{\dot\varepsilon_\infty}\right)^n}{\left(1 + \dfrac{V_\mathrm{f}E_\mathrm{f}}{V_\mathrm{m}E_\mathrm{m}}\right) V_\mathrm{m}^n}$$

式中, $\dot{\varepsilon}_\infty$ 是渐进蠕变应变, 当所有载荷都已经转移到纤维上时达到渐进蠕变应变。它可表示为

$$\dot{\varepsilon}_\infty = \frac{\sigma_c}{V_f E_f}$$

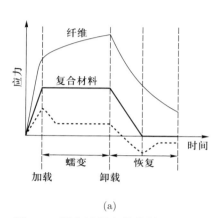

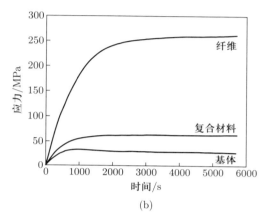

(a) (b)

图 9.4 蠕变过程中载荷转移的演变, 从蠕变基体到刚性增强体: (a) 试验行为的示意图; (b) 三维有限元模型 (Sørensen 等, 1992)。随着基体的蠕变, 越来越多的载荷转移到纤维上。卸载后, 基体发生轻微的蠕变恢复

复合材料的蠕变行为还取决于基体的蠕变是否比纤维快, $\dot{\varepsilon}_m > \dot{\varepsilon}_f$ 或者反之, 如图 9.5 所示。在基体蠕变更快的情况下, 人们可能会期望纤维首先断裂。在相反的情况下, 即 $\dot{\varepsilon}_f > \dot{\varepsilon}_m$, 基体应首先断裂, 从而使纤维桥接裂纹。

Lilholt (1985) 提出了用于预测纤维增强 MMC 蠕变行为的分析模型。他考虑了两种情况: ① 纤维弹性和基体蠕变, ② 纤维和基体蠕变。使用修正的剪切滞后理论对转移到纤维的载荷进行了模拟, 其中纤维之间的基体被剪切变形, 纤维端部的基体被拉伸变形。当纯金属经历幂律蠕变时, 复合材料基体中的局部应力明显较高, 因此描述基体蠕变的指数定律被认为更合适 (在这些应力下, 幂律失效)。基体蠕变应变的指数定律如下:

$$\dot{\varepsilon} = \dot{\varepsilon}_o \exp\left[-\frac{Q}{RT}\left(1 - \frac{\sigma}{\sigma_o}\right)\right]$$

式中, σ 是施加的应力; $\dot{\varepsilon}$ 是蠕变速率; $\dot{\varepsilon}_o$ 是常数; Q 是蠕变激活能 (此处为位错滑移的激活能), σ_o 是在 0 K 时阻碍滑移的强度。复合材料的总强度用以下物理量的总和来模拟:

$$\sigma_c = \sigma_m + \sigma_{th} + \langle\sigma\rangle$$

式中, σ_m 是基体的蠕变强度; σ_{th} 是位错 Orowan 弯曲的临界应力; $\langle\sigma\rangle$ 是与施加的应变成正比的平均应力。模拟结果与 Ni/W_f 和 $Ni/NiAl_f$、Cr_3C_{2f} 等模型复合材料的实验结果吻合良好。

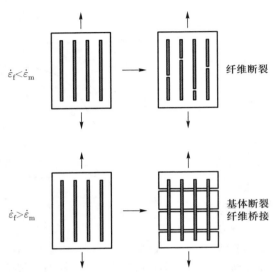

图 9.5　纤维增强 MMC 的蠕变行为。当基体的蠕变比纤维体快时, 即 $\dot{\varepsilon}_m > \varepsilon_f$, 则纤维首先断裂。对于 $\dot{\varepsilon}_m < \dot{\varepsilon}_f$, 则基体首先开裂, 使纤维桥接裂纹

Goto 和 McLean(1989, 1991) 根据纤维/基体界面的性质, 对连续纤维和短纤维增强 MMC 的蠕变行为进行了模拟, 如图 9.6 所示。如果纤维/基体界面完全非共格, 则 Orowan 环将在界面处停止并平行于纤维长度方向攀移。这将导致大量的恢复, 界面几乎没有硬化。它还导致界面处大量的应变松弛, 并导致边界滑移。对于完全共格界面, 存在两种情况: 如果基体的模量大于纤维的模量, 即 $E_m > E_f$, 则位错会被吸引到边界并保持共格性, 尽管可能会发生一些滑移。对于 $E_m < E_f$ 的情况, 则位错环被纤维排斥, 并形成不利于界面滑移的加工硬化区 (work-hardened zone, WHZ)。他们的模拟结果表明, 在将载荷转移到纤维之前, 加工硬化的边界会暂时承担大部分载荷, 这将提高蠕变寿命。弱界面的情况确实影响了短纤维的行为, 但它似乎对连续纤维的蠕变行为没有显著影响。

Lee 等 (1995) 也分析了纤维断裂和界面脱黏的方面。这些作者对 SCS-6 纤维增强 Ti 基复合材料的蠕变行为进行了参数分析。他们使用迭代计算机模拟来确定给定时间内纤维和基体中的应力, 并考虑了单纤维模型和多纤维模型。图 9.7 给出了数值模型预测的两个示例。图 9.7(a) 显示了复合材料的情况: ① 没有纤维断裂; ② 纤维断裂但没有界面脱黏; ③ 纤维断裂并界面脱黏。

不出所料, 具有纤维断裂和界面脱黏的材料在给定的时间内表现出最高的蠕变应变, 而没有纤维断裂的复合材料则具有最高的抗蠕变性能。界面强度的影响如图 9.7(b) 所示。请注意, 随着界面强度的增加, 基体的蠕变受到更多约束, 因此总的复合材料蠕变速率更低。

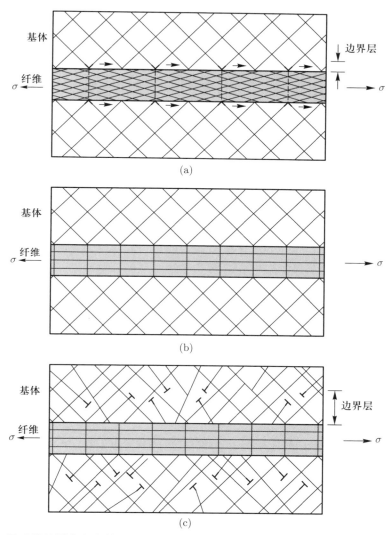

图 9.6　用于模拟蠕变行为的纤维/基体界面类型 (Goto 和 McLean, 1989, 1991): (a) 滑移边界 (弱界面); (b) 非滑移边界 (理想强度界面); (c) 非滑移边界 (加工硬化界面)

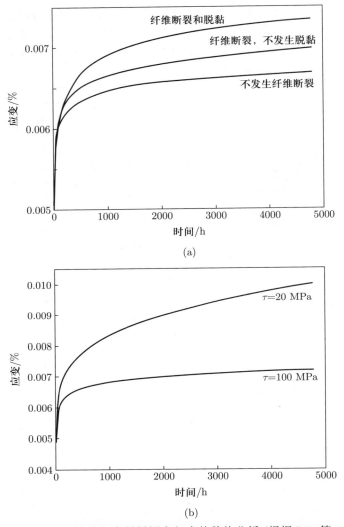

(a)

(b)

图 9.7　SCS–6 纤维增强钛基复合材料蠕变行为的数值分析 (根据 Lee 等, 1995): (a) 纤维断裂和脱黏断裂的影响——断裂和脱黏增加了复合材料的蠕变速率; (b) 界面剪切强度 τ 的影响, 增加界面强度会增加对基体的约束, 降低复合材料的蠕变速率

9.2　不连续增强金属基复合材料

　　Dlouhy 等 (1993, 1995) 研究了挤压铸造 Al_2O_3 短纤维增强 Al_7Si_3Cu 合金基体复合材料的蠕变行为, 并提出了蠕变损伤的 3 种主要机制: ① 载荷通过距离纤维/基体界面一定距离处的 WHZ 转移至纤维; ② 导致 WHZ 位错密

度降低的扩散/恢复机制; ③ 多纤维断裂。WHZ 在初级蠕变阶段发展, 这有助于将大量载荷转移到纤维上。恢复过程是由于位错通过攀移和滑移过程相结合而移动到纤维端部所致, 如图 9.8 所示。图 9.9 所示为复合材料基体在制备态下

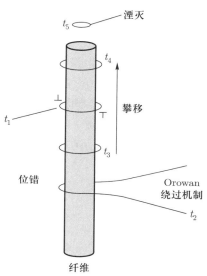

图 9.8　提出的纤维增强 MMC 的蠕变变形机制 (Dlouhy 等, 1993, 1995)。位错在纤维周围弯曲。界面处的位错段平行于纤维轴攀移, 并在纤维端部湮灭

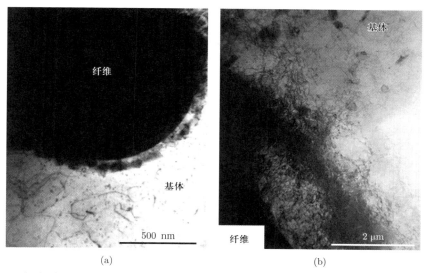

(a)　　　　　　　　　　　　　　　　　(b)

图 9.9　复合材料基体中位错的比较: (a) 制备态; (b) 在 623 K、40 MPa 下蠕变变形, 并在 1.7%总应变下断裂后 (由 Dlouhy A. 和 Eggeler G. 提供)。注意蠕变后纤维/基体界面处位错密度增加

以及在 623 K 下蠕变变形、40 MPa 应力和 1.7% 总应变下断裂后的位错结构比较。请注意, 蠕变后纤维/基体界面处的位错密度高得多。合金中 Mg 的添加导致在纤维/基体界面处形成金属间化合物颗粒 (Dlouhy 等, 1993)。颗粒被认为在界面处的作用是产生一个较长的有效恢复路径, 因此提高了蠕变强度。最终, 由纤维/基体界面处位错堆积引起的应力集中导致纤维断裂, 如图 9.10 和图 9.11 所示。由于基体在纤维裂纹处扩散, 这也有助于恢复。纤维断裂和恢复的增加导致三级蠕变的开始。通过使用弹簧 (弹性行为) 和阻尼器 (黏弹性行为) 表示材料各个组分的行为, 获得了与实验良好的相关性。3D X 射线同步辐射断层扫描显示, 由于纤维之间的孔隙难以在挤压铸造中充分获得基体, 因此纤维之间的区域易于具有较高的孔密度 (Kurumlu 等, 2012), 如图 9.12 所示。因此, 在蠕变过程中, 纤维之间预先存在的孔隙也会影响纤维断裂。

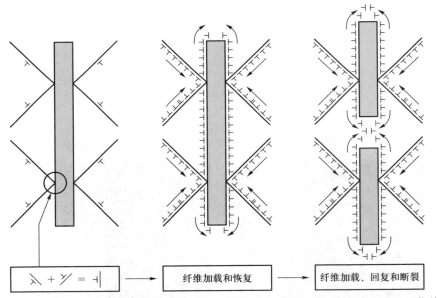

图 9.10　蠕变过程中纤维/基体界面处位错堆积的影响 (根据 Dlouhy 等, 1993)。位错堆积引起的应力集中导致纤维断裂, 纤维断裂处的扩散有助于恢复

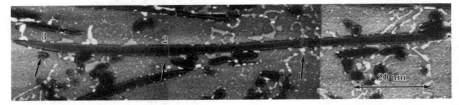

图 9.11　在蠕变过程中, Al_2O_3 短纤维增强 Al_7Si_3Cu 合金基复合材料中的纤维断裂 (箭头所示)。(由 Dlouhy A. 和 Eggeler G. 提供)。加载轴是水平的

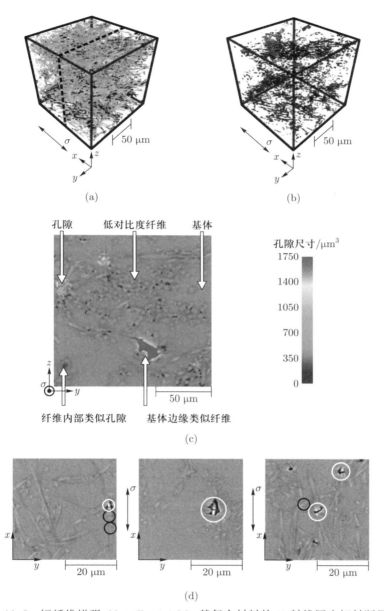

图 9.12 Al$_2$O$_3$ 短纤维增强 Al–11Zn–0.2 Mg 基复合材料的 X 射线同步辐射断层扫描图像: (a) 纤维; (b) 孔隙; (c) 孔隙尺寸图; (d) 蠕变过程中的纤维断裂和孔隙形成 (由 Eggeler G. 提供)。(参见书后彩图)

    虽然短纤维或晶须可提供显著的蠕变强化, 但颗粒增强体也可用于提高抗蠕变性能。Nieh(1984) 研究了 6061/SiC/20$_p$ 和 6061/SiC/20$_w$ 的蠕变行为, 并将其与未增强 6061 合金的蠕变行为进行了比较, 如图 9.13 所示。他注意到, 复合材料具有更高的抗蠕变性能, 但同时对外加应力具有更高的敏感性 (应力指数 n 更高)。与颗粒相比, 长径比更高的晶须具有更高的抗蠕变性能, 这可能是因为从基体到高刚度和高长径比的晶须载荷转移更有效。Webster(1982) 还表征了基体合金及其晶须增强复合材料随温度升高的蠕变行为。在中等温度 (500~720 K) 下, 载荷能被转移到高模量和高长径比的晶须上, 因此强度由晶须控制。在非常高的温度 (720~900 K) 下, 强度变得受基体控制, 这可能是由于界面剪切强度越来越低, 向晶须增强材料转移载荷的效率也越来越低。人们还主要在增强颗粒团簇处观察到了蠕变空化现象 (Whitehouse 等, 1998)。

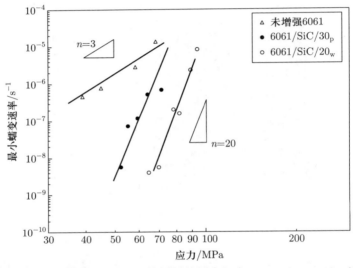

图 9.13　6061/SiC 颗粒和晶须增强复合材料的蠕变行为 (Webster, 1982)。注意, 晶须增强材料具有更高的抗蠕变性能, 这是由于载荷能更有效地转移到增强材料上

　　Krajewski 等 (1993, 1995) 研究了 2219/TiC/15$_p$–T6 复合材料的蠕变行为, 并将其与未增强合金的蠕变行为进行了比较。他们发现, 复合材料基体中的沉淀物结构对控制蠕变速率起主导作用。由于间接强化作用, 该复合材料的沉淀物间距比未增强合金的更小 (参见第 7 章)。图 9.14(a) 所示为复合材料基体中未增强的沉淀物结构。在 Al–Cu 和 Al–Cu–Mg 合金中观察到沉淀物具有特征性的针状形态。在 250 ℃ 和 75 MPa 下蠕变变形后, 沉淀物成为位错运动的障碍, 如图 9.14(b) 所示。

　　Sherby 等 (1977) 的研究表明, 在未增强铝合金中, 蠕变行为与亚结构晶粒尺寸 λ 的 3 次方成正比, 即 λ^3。他们还得出结论, 在蠕变期间亚晶粒尺寸相对恒定的材料中, 稳态蠕变速率最好用应力指数 8 来描述, 而不是用位错蠕

变的常规值 5 来描述。因此, 采用下式描述纯铝的稳态蠕变速率:

$$\dot{\varepsilon} = S \left(\frac{D_{\text{eff}}}{b^2} \right) \left(\frac{\lambda}{b} \right)^3 \left(\frac{\sigma}{E} \right)^8$$

式中, S 为常数; E 是材料的杨氏模量; D_{eff} 是蠕变的有效扩散率。Krajewski 等 (1993, 1995) 也发现 $2219/\text{TiC}/15_{\text{p}}$ 复合材料的蠕变速率与基体中沉淀物间距的 3 次方成正比。他们假设由于增强体的存在而形成了亚结构, 并且亚结构的尺寸可能由沉淀物间距控制, 从而合理地解释了这种行为。

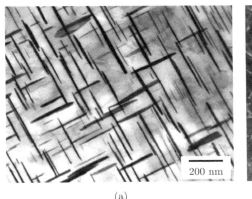

(a)   (b)

图 9.14 $2219/\text{TiC}/15_{\text{p}}$–T6 复合材料基体中的沉淀物结构 (根据 Krajewski 等, 1993): (a) 制备后; (b) 250 ℃ 和 75 MPa 下蠕变变形后。注意位错和沉淀物之间的相互作用 (由 Krajewski P. 提供)

应力指数 n 和激活能 Q 异常高的原因可以通过使用临界应力的概念来合理解释 (Webster, 1982; Nieh, 1984; Nardone 和 Strife, 1987)。Nardone 和 Strife(1987) 将临界应力 σ_{R} 的概念用于描述复合材料的蠕变变形。该理论最初被用于解释弥散强化合金中高的 Q 和 n 值 (Davies 等, 1973; Parker 和 Wilshire, 1975; Nardone 和 Tien, 1986; Kerr 和 Chawla, 2004)。通过引入临界应力, 将一般稳态蠕变速率修改为

$$\dot{\varepsilon}_{ss} = A \left(\frac{\sigma - \sigma_{\text{R}}}{E} \right)^n \exp \left(\frac{-Q}{RT} \right)$$

式中, A 为常数; E 为复合材料的弹性模量; Q 为激活能。插图显示了从实验中确定临界应力的方法。

不连续增强复合材料中临界应力的物理解释可归因于多种原因 (Dunand 和 Derby, 1993; Pandey 等, 1992): ① 颗粒之间的 Orowan 弯曲; ② 位错攀

移引起的背应力; ③ 由颗粒/基体界面上位错应变场的松弛所引起的位错与颗粒之间的吸引力 (Arzt 和 Wilkins, 1986)。由于基体的加工硬化率较高, 即颗粒的添加导致基体材料体积变小, 相对于未增强的合金, 其加工硬化率增加了, 虽然这种位错/位错相互作用的增强在环境温度下看似更合理, 但它可以促进 σ_R 的增加。

临界应力法不能总是用来解释在 MMC 中观察到的高应力指数。尽管颗粒和晶须的长径比较低, 但载荷转移到增强体的作用是显著的。随着载荷向增强体转移的增加, 基体中位错上的分解剪应力可能会大大低于 Orowan 弯曲所需的剪应力。Dragone 和 Nix(1992) 研究了 Al_2O_3 短纤维增强 Al–5%Mg 合金在 200~400 ℃ 之间的蠕变行为。他们还观察到复合材料中的应力指数异常高 (n = 12~15), 而未增强合金的典型值 ($n \approx 3$) 则低得多, 如图 9.15。所测量的复合材料的激活能 (225 kJ/mol) 也异常高。临界应力分析表明, Orowan 弯曲的贡献很小。使用由铝合金基体中随机取向的短纤维组成的模型, 并考虑到蠕变过程中纤维的渐进损伤, 他们能够预测实验观察到的高应力指数和激活能值。Dragone 和 Nix(1990) 还指出, 纤维的排列对基体约束程度有显著影响。随着体积分数、纤维长径比和纤维之间重叠程度的增加, 可以观察到有效应力降低 (基体约束增加)。图 9.16 显示, 随着短纤维体积分数和长径比的增加, 基体中的 von Mises 应力减小。纤维和基体中的应力和应变分布随时间的变化如图 9.17 所示。纤维中的应力随着蠕变而稳定增加, 表明载荷从基体转移到纤

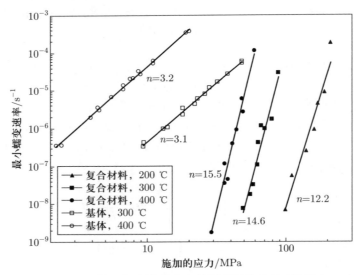

图 9.15   Al–5Mg/Al_2O_3/26$_{sf}$ 与未增强合金的蠕变行为比较 (根据 Dragone 和 Nix, 1992)。在复合材料中观察到异常高的应力指数 n 值

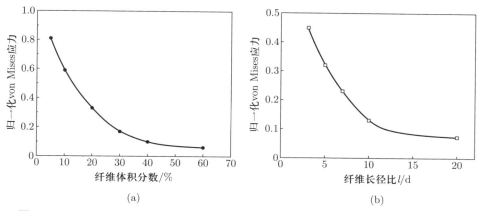

图 9.16 Al₂O₃ 短纤维增强铝合金基复合材料蠕变的有限元模拟 (Dragone 和 Nix,
1990)。基体中的 von Mises 应力随着短纤维体积分数的增加 (a) 和长径比的增加 (b)
而减小

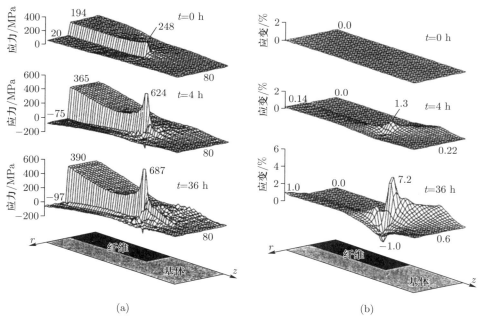

图 9.17 Al₂O₃ 短纤维增强铝合金基复合材料蠕变的有限元模拟: 应力 (a) 和应变 (b)
随时间的分布 (Dragone 和 Nix, 1990; 由 Nix W. D. 提供)。纤维中的应力随着蠕变而稳
定增加, 表明载荷从基体向纤维转移。塑性应变的局域化始于纤维的尖角处, 并在垂直于
加载轴的纤维/基体界面上扩展

维。从纤维的尖角处开始局部塑性应变, 并在垂直于加载轴的纤维/基体界面
上扩展。纤维/基体界面处的法向应力和剪应力也很大, 这表明在蠕变过程中

可能会发生孔隙生长或脱黏。

蠕变临界应力分析

临界应力分析如下所示。图 9.16(a) 部分 (Li 和 Langdon, 1998a) 给出了 Al 7005/Al$_2$O$_3$/20$_p$ 复合材料的实验蠕变数据, 以介于 573~773 K 之间的剪切应变率 $\dot{\gamma}$ 与剪应力 τ 的关系表示。如上所述, 复合材料的应力指数随着施加应力的减小而增大。

下一步是找到 "真实的" 应力指数。这是通过绘制多个 n 值的 $\dot{\gamma}^{1/n}$ 的数据来获得的。具有最佳线性拟合的曲线通常是真实应力指数的良好指示。在当前情况下, (b) 部分获得了约 4 的应力指数 (Li 和 Langdon, 1998a)。通过线性回归计算出的指数应与纯金属性能所用的未增强合金的指数相似 (除非基体本身含有一些氧化物颗粒, 并且表现为弥散强化材料)。对 x 轴的线性拟合进行线性外推会得到给定温度下材料的临界应力 τ_o。

为了完成分析, (c) 部分绘制了归一化蠕变速率与有效应力的关系图 (Li 和 Langdon, 1998a)。根据 Mukherjee–Bird–Dorn 方程的归一化蠕变速率如下

$$\frac{\dot{\gamma} k T}{D_c G b}$$

有效应力是外加应力减去临界应力, 由剪切模量的温度依赖性将其归一化为

$$\frac{\tau - \tau_o}{G}$$

如果临界应力值正确, 上图应将所有温度的数据 "压缩" 到一条斜率等于真实应力指数的线上。

其他基于连续单元的方法也已被用于模拟不连续增强金属基复合材料的蠕变 (Bao 等, 1991; Davis 和 Allison, 1995; Atkins 和 Gibeling, 1995; Biner, 1996)。假设金属基复合材料的增强体为球形颗粒, 且满足幂律蠕变公式, Davis 和 Allison(1995) 指出, 复合材料与基体稳态蠕变率之比主要取决于增强体的体积分数和几何形状, 其中复合材料和基体的应力指数保持相对恒定。复合材料中较高的抗蠕变性能主要归因于受约束的基体流动, 导致复合材料的蠕变速率降低。增强体与基体模量比的变化会影响初始应力分布和蠕变速率, 但不会真正影响最终蠕变速率。增强体和基体之间的模量失配程度越高, 初始蠕变速率也越高。热膨胀失配引起的残余应力也会提高复合材料的初始蠕变速率。

蠕变变形的其他方面, 还包括晶界滑动等 (Biner, 1996)。研究表明, 当基体中的晶粒允许滑动时, 增强体的掺入导致基体中的应力增加 (如上所述), 从而导致不均匀的晶界滑动。图 9.18(a) 显示了短纤维增强 MMC 中晶界空化效应和滑动的演变。如上所述, 应变集中发生在增强体的极点处, 这与基体晶粒空化效应的开始位置相吻合。随着时间的增加, 在孔隙或部分裂纹处发生晶界滑动。随着增强体长径比的增加, 这种影响更加明显, 如图 9.18(b) 所示, 因为增强体正上方基体中的局部应变集中度会增加。图 9.19 显示了①表现出空化效应和滑动的基体; ②表现出基体空化和滑动的复合材料; ③表现出复合材料滑动而无空化的预测蠕变速率的比较。未增强合金比复合材料具有更高的蠕变速率。基体滑动但无空化的复合材料在较低应力下表现出较慢的蠕变速率, 但在相对较大的应力下其蠕变速率接近基体。

人们还观察到, 当低于临界应变率时, SiC 颗粒周围的扩散松弛是速率控制机制, 而高于此值时, 高刚度颗粒承受了更大程度的载荷 (Zong 和 Derby, 1997)。除临界应力外, 对于异常高 Q 和 n 值, 其他被提出的机制还包括基体的幂律失效 (Zong 和 Derby, 1997; Lilholt, 1985) 和颗粒/基体界面脱黏 (Taya 和 Lilhott, 1986)。在蠕变过程中, 增强体可能会通过促进尖角处或界面处基体的局部再结晶和颗粒/基体界面处的沉淀物粗化 (因为冷却时界面处的热失配应力最大, 在界面处的沉淀物密度最高导致基体发生变化)。

有趣的是, 在粉末法制备的复合材料中, 氧化物分散体 (未增强合金中不存在) 也可能导致 n 和 Q 的 "异常" 值极高 (Park 等, 1990; Li 和 Langdon, 1998b)。Park 等 (1990) 认为, 用于制备复合材料的粉末冶金工艺而产生的与基体非共格的细小氧化物颗粒作为位错运动的有效屏障, 引起了临界蠕变应力。由于基体中氧化物颗粒的存在, 蠕变应力指数较高, 且其随外加应力的减小而增大。Li 和 Langdon(1998a) 的研究支持了这一结论。他们补充说, 与通过相同成分的粉末冶金加工的复合材料相比, 在通过铸锭冶金加工的复合材料中, 因为无氧化物颗粒, 黏滞滑移是速率控制的机制。

Li 和 Langdon(1998a) 还提出了金属基复合材料中两类不同的蠕变行为。在 M 类 (纯金属型) 中, 材料位错攀移是一种速率控制机制, 其应力指数约为 5, 激活能与基体中的自扩散值相近。在 A 类 (合金型) 金属中, 黏性位错滑移是速率控制机制, 其应力指数约为 3, 且激活能与溶质气团的黏性阻力相关。在最高应力水平下观察到异常高的蠕变速率, 这可能是由于位错脱离了溶质原子气团所致 (Li 和 Langdon, 1998b)。应注意的是, 在非增强固溶合金中, 在低应力下呈现 M 类行为, 在高应力下则转变为 A 类行为 (Yavari 等, 1981)。

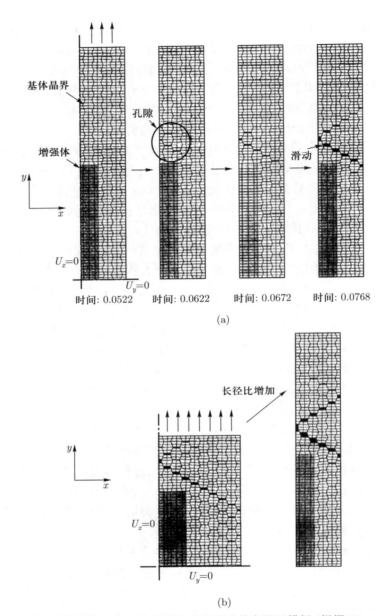

图 9.18 (a) 短纤维增强 MMC 中晶界空化和滑动的有限元模拟 (根据 Biner, 1996; 由 Biner S. 提供)。应变集中发生在增强体的极点, 这与基体晶粒空化的开始位置相吻合。随着时间的增加, 孔隙或端面裂纹处发生滑动; (b) 增强体长径比的增加加剧了基体中的局部应变集中

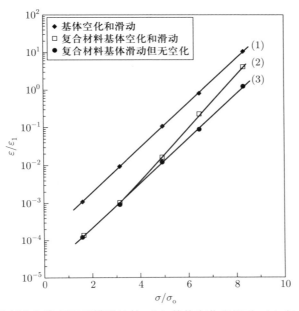

图 9.19 预测蠕变速率的有限元模型比较: (1) 基体空化和滑动, (2) 复合材料基体空化和滑动, (3) 复合材料基体滑动但无空化 (Biner, 1996)。未增强合金的蠕变速率高于复合材料。基体滑动但无空化的复合材料在较低应力下蠕变速率较慢, 但在相对较大应力下, 蠕变速率接近基体

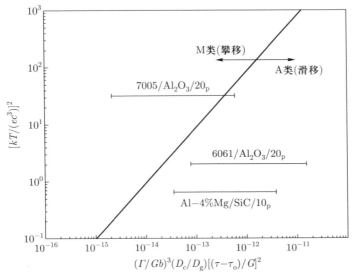

图 9.20 从 M 类 (纯金属型) 行为转变为 A 类 (合金型) 行为的图形表示 (Li 和 Langdon, 1998a)

Li 和 Langdon(1998a) 推导了一个表达式, 可用于确定材料性能从 M 类到 A 类的转变:

$$\alpha \left(\frac{KT}{ec^{0.5}Gb^3} \right)^2 = B \left(\frac{\Gamma}{Gb} \right)^3 \left(\frac{D_c}{D_g} \right) \left(\frac{\sigma_e}{G} \right)^2$$

式中, σ_e 是有效应力; α 是与各种黏性滑移过程的相对贡献相关的常数; e 是溶质–溶剂尺寸失配度; Γ 是基体的堆垛层错能; B 是常数; D_c 和 D_g 分别是位错攀移和滑移的扩散系数。图 9.20 所示为几种材料系统的该式的图形表示。

9.3　超塑性

超塑性可以定义为材料以均匀变形方式承受很大的塑性应变 ($> 100\%$ 应变) 的能力, 即没有颈缩 (Meyers 和 Chawla, 2009)。大多数材料的应力 (σ)–应变率 ($\dot{\varepsilon}$) 行为可通过下式描述:

$$\sigma = K\dot{\varepsilon}^m$$

式中, K 和 m 为常数, m 称为应变率敏感性参数。对于牛顿黏性固体, $m = 1$。因此, m 的任何增加都将有助于超塑性的增加。在大多数合金中, 高 m 值的微观结构要求是非常细的晶粒尺寸。这是因为超塑性中获得的大塑性应变由晶界滑动来调节 (Ahmed 和 Langdon, 1977; Mohamed 等, 1977)。

超塑性已在颗粒增强金属基复合材料中得到证实, 例如 SiC 颗粒或晶须增强 Al。由于这些材料具有较低的延展性和较高的应变硬化率, 通过减小晶粒尺寸实现常规超塑性是不可行的。Wu 和 Sherby(1984) 使用热循环在复合材料中产生内应力, 这是由于增强体和基体之间的热膨胀失配所致。内部应力有助于塑性流动并增加 m 指数。Nieh 等 (1984) 在材料的固–液区进行了等温成形, 并能够在较高的应变率 (约 $3\times 10^{-1} \mathrm{s}^{-1}$) 下获得 300% 的应变。Mahoney 和 Ghosh(1987) 研究了 SiC 颗粒 (直径约为 5 μm) 增强 Al–Zn–Mg–Cu 基复合材料的超塑性行为。他们能够在复合材料中获得 500% 的超塑性应变, 而在非增强合金中则达到 800%。图 9.21 显示了在 516 ℃ 下超塑性过程中流动应力与应变率的关系图。SiC 体积分数的增加导致超塑性所需的流动应力增加。流动应力与应变率行为的关系分为 3 个区域, 如图 9.22 所示。复合材料的预期行为由虚线给出。但是, 测得的流动应力远高于预期行为, 尤其是在区域 I 中, 这归因于 SiC 颗粒钉扎晶界而产生的临界应力。在区域 II 中, 应变率敏感性最高 (m 的最高值), 而在区域 III, 超塑性由基体中的位错蠕变控制。

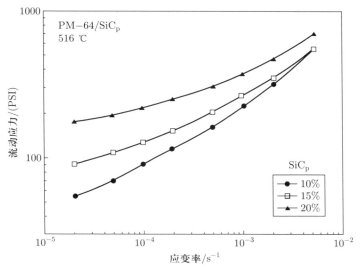

图 9.21 516 ℃ 下 SiC 颗粒增强铝合金基复合材料超塑性期间的流动应力与应变率的关系曲线 (Mahoney 和 Ghosh, 1987)。SiC 体积分数的增加导致超塑性所需的流动应力增加

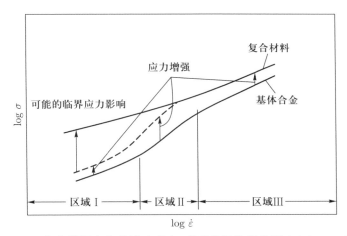

图 9.22 MMC 和未增强合金的流动应力–应变率行为示意图 (Mahoney 和 Ghosh, 1987)。复合材料的预期性能由虚线表示。测得的流动应力远远高于预期行为, 特别是在区域 I。在区域 II, 应变率敏感性最高 (m 值最高), 而在区域 III, 超塑性受基体中位错蠕变的控制

在超塑性过程中测得的激活能通常高于晶格扩散能或晶界扩散能。Li 和 Langdon(1998c) 表明, 当把载荷转移到颗粒的贡献包括在内时 (通过临界应力方法), 真实激活能与晶界扩散的激活能相似。Mishra 等 (1997) 研究了 Si$_3$N$_4$ 颗粒增强 2124Al 基复合材料的超塑性机制。在单相材料中, 通过晶界滑动提

供滑动调节。在弥散强化体系中,存在细小的第二相粒子,它们会钉扎晶界,因此必须在颗粒周围发生局部扩散弛豫。但是,在颗粒增强 MMC 中,颗粒比弥散强化体系中的颗粒大,因此滑动受颗粒/基体界面扩散调节的控制。如果没有发生应变调节,则会发生空化。Mahoney 和 Ghosh(1987) 指出,对于给定的施加应变,增加增强体含量导致孔隙体积分数增加,如图 9.23(a) 所示。这可以解释为: 由于存在刚性的、不变形颗粒,基体中的三轴应力增加 (参见第 7 章)。

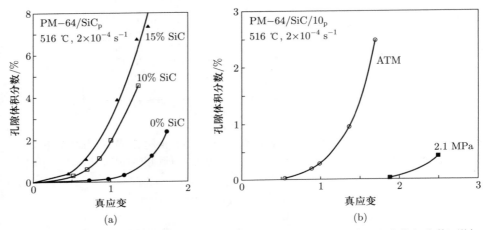

(a)　　　　　　　　　　　　(b)

图 9.23　(a) 随着铝合金基复合材料中 SiC 颗粒的增加, 空化程度 (孔隙体积分数) 增加 (Mahoney 和 Ghosh, 1987)。如果不发生应变调节, 则会发生空化。由于存在刚性、非变形颗粒, 基体中的三轴应力增加, 从而导致空化; (b) 当压缩静水压力的叠加抵消了三轴拉伸应力时, 空化开始延迟

通过压缩静水压力的叠加可以延迟空化的发生, 这抵消了三轴拉伸应力 (Vasudevan 等, 1989; Lewandowski 和 Lowhaphandu, 1998)。图 9.23(b) 显示了超塑性过程中, 由于静水压力的叠加, 孔隙开始增长的延迟。Mabuchi 和 Higashi(1999) 认为, 超塑性过程中的液相还可能降低局部应力集中并延迟超塑性的发生。然而, 大量液相是不可取的, 因为它会在颗粒和基体之间形成脆性金属间化合物 (参见第 5 章), 并且会发生空化效应(Mishra 等, 1997)。

参考文献

Ahmed M. M. I., and Langdon T. G. (1977) Metall. Trans., 8, 1832.

Arzt E., and Wilkinson D. S. (1986) Acta Metall Mater., 34, 1893–1898.

Atkins S. L., and Gibeling J. C. (1995) Metall. Mater. Trans., 26A, 3067–3079.

Bao G., Hutchinson J. W., and McMeeking R. M. (1991) Acta Metall. Mater., 39, 1871–1882.

Biner S. B. (1996) Acta Mater., 44, 1813–1829.

Bullock E., McLean M., and Miles D. E. (1977) Acta Metall., 25, 333–344.

Davies P. W., Nelmes G., Williams K. R., and Wilshire B. (1973) Metal Sci. J., 7, 87–92.

Davis L. C., and Allison J. E. (1995) Metall. Mater. Trans., 26A, 3081–3089.

Dlouhy A., Merk N., and Eggeler G. (1993) Acta Metall. Mater., 41, 3245–3256.

Dlouhy A., Eggeler G., and Merk N. (1995) Acta Metall. Mater., 43, 535–550.

Dragone T. L., and Nix W. D. (1990) Acta Metall. Mater., 38, 1941.

Dragone T. L., and Nix W. D. (1992) Acta Metall. Mater., 40, 2781.

Dunand D. C., and Derby B. (1993) in Fundamentals of Metal Matrix Composites, (Suresh S., Mortensen A., and Needleman A., eds.), Butterworth-Heinneman, Boston, pp. 191–214.

Evans R. W., and Wilshire B. (1993) Introduction to Creep, The Institute of Materials, London.

Goto S., and McLean M. (1989) Scripta Mater., 23, 2073–2078.

Goto S., and McLean M. (1991) Acta Metall. Mater., 39, 153–164.

Kerr M., and Chawla N. (2004) Acta Mater., 52, 4527–4535.

Krajewski P. E., Allison J. E., and Jones J. W. (1993) Metall. Trans., 24A, 2731–2741.

Krajewski P. E., Allison J. E., and Jones J. W. (1995) Metall. Mater. Trans., 26A, 3107–3118.

Kurumlu D., Payton E. J., Young M. L., Schöbel M., Requena G., and Eggeler G. (2012) Acta Materialia, 60, 67–78.

Lee S., Jeng S. M., and Yang J. -M. (1995) Mech. Mater., 21, 303–312.

Lewandowski J. J., and Lowhaphandu P. (1998) Int. Mater. Rev., 43, 145–187.

Leyens C., Hausmann J., and Kumpfert J. (2003) Adv. Eng. Mater., 5, 399–410.

Li Y., and Langdon T. G. (1998a) Acta Mater., 46, 1143–1155.

Li Y., and Langdon T. G. (1998b) Mater. Sci. Eng., A245, 1–9.

Li Y., and Langdon T. G. (1998c) Acta Mater., 46, 3937–3948.

Lilholt H. (1985) Comp. Sci. Tech., 22, 277–294.

Lilholt H. (1991) Mater. Sci. Eng., A135, 161-171.

Mabuchi M., and Higashi K. (1999) Acta Mater., 47, 1915–1922.

Mahoney M., and Ghosh A. K. (1987) Metall. Trans., 18A, 653–661.

Meyers M. A., and Chawla K. K. (2009) Mechanical Behavior of Materials, 2nd ed., Cambridge University Press, Cambridge, UK, pp. 653–705.

Mishra R. S., Bieler T. R., and Mukherjee A. K. (1997) Acta Mater., 45, 561–568.

Mohamed F. A., Ahmed M. M. I., and Langdon T. G. (1977) Metall. Trans., 8, 933.

Mukherjee A. K., Bird J. E., and Dorn J. E. (1964) Trans. ASM, 62, 155.

Nardone V. C., and Strife J. R. (1987) Metall. Trans., 18A, 109–114.

Nardone V. C., and Tien J. K. (1986) Scripta Mater., 20, 797–802.

Nieh T. G. (1984) Metall. Trans., 15A, 139–146.

Nieh T. G., Henshall C. A., and Wadsworth J. (1984) Scripta Metall., 18, 1405–1408.

Ohno N., Toyoda K., Okamoto N., Miyake T., and Nishide S. (1994) Trans. ASME, 116, 208–214.

Pandey A. B., Mishra R. S., and Mahajan Y. R. (1992) Acta Metall. Mater., 40, 2045–2052.

Park K. -T., Lavernia E. J., and Mohamed F. A. (1990) Acta Metall. Mater., 38, 2149–2159.

Parker J. D., and Wilshire B. (1975) Metal Sci. J., 9, 248–252.

Sherby O. D., Klundt R. H., and Miller A. K. (1977) Metall. Trans., 8A, 843–850.

Sørensen N, Needleman A., and Tvergaard V. (1992) Mater. Sci. Eng., A158, 129–137.

Taya M., and Lilholt H. (1986) in Advances in Composite Materials and Structures (Wang S. S. and Rajapakse Y. D. S., eds.), ASME, New York, 21–27.

Vasudevan A. K., Richmond O., Zok F., and Embury J. D. (1989) Mater. Sci. Eng., A107, 63–69.

Webster D. (1982) Metall. Mater. Trans., 13A, 1511–1519.

Whitehouse A. F., Winand H. M. A., and Clyne T. W. (1998) Mater. Sci. Eng., A242, 57–69.

Wu M. Y., and Sherby O. D. (1984) Scripta Metall., 18, 773–776.

Yavari P., Mohamed F. A., and Langdon T. G. (1981) Acta Metall., 29, 1495.

Zong B. Y., and Derby B. (1997) Acta Mater., 45, 41–49.

第 10 章
磨损与腐蚀

10.1　引言

　　磨损可以定义为两个表面相互摩擦时发生的材料损失。两种常见的磨损形式为: 黏着磨损和磨料磨损。

　　黏着磨损也称为冲刷、擦伤或卡死。剪切变形是黏着磨损的主要机制。通常, 高接触应力会导致局部塑性变形, 从而导致两个表面之间形成黏结, 如图 10.1 所示。继续滑动会增加黏结区域的剪应力, 直到明显超过较软材料的屈服强度为止。

　　如图 10.2(a) 所示, 当硬质陶瓷颗粒 (例如 WC 或 SiC) 被夹在滑动表面之间时, 就会发生磨料磨损。这称为两体磨料磨损。材料损失的程度 (体积或质量) 是陶瓷颗粒相对硬度和滑动表面积的函数。环境可能是磨损的另一个因素, 它可能导致微动、空化、腐蚀等。在磨料磨损期间, 表面微凸体会被磨掉, 接触面会变得紧密结合。由于接触面积的增加, 这降低了局部接触应力。在这种初始磨料磨损之后, 沿着表面会去除氧化颗粒。这通常是稳态过程, 因为它需要对裸露的新表面进行再氧化才能继续去除氧化的颗粒。磨损的最后阶段变为黏着模式, 如果接触压力增加到剪切颗粒临界点, 则会发生磨损。剪切的结果是形成薄板状的磨损碎屑。这取决于施加的载荷, 板材可能会导致明显的材料损失。

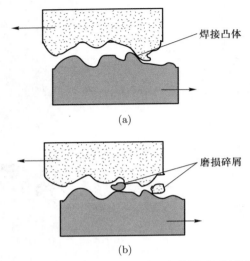

图 10.1 由于高接触应力导致的黏着磨损会导致局部塑性变形以及焊接凸体 (a) 和两个表面之间 (b) 的磨损碎屑

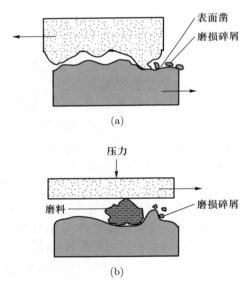

图 10.2 涉及 WC 或 SiC 等陶瓷颗粒的磨料磨损, 导致碎屑被卡在滑动表面之间: (a) 两体磨损;(b) 三体磨损

　　重要的是需记住, 磨损通常是一种系统特性, 需要考虑所涉及的不同类型的变量: 基体、增强纤维或颗粒、纤维相对于磨损方向的取向、增强体/基体界面以及复合材料中各相的形态、尺寸和体积分数。这些属于固有的微观结构

变量。测试或操作条件也会影响磨损行为。这些因素包括相对表面或磨料的类型、力、速度、接触面积、几何形状和环境 (润滑或干燥), 这些属于外部变量。插图中描述了两种重要的磨损测试技术。

在适当条件下, 向金属基体中添加陶瓷颗粒可以提高耐磨性。但应该认识到, 如果条件不适合, 添加陶瓷颗粒可能会降低耐磨性。例如, 如图 10.2(b) 所示, 陶瓷颗粒可能从基体中被拔出, 并导致三体磨料磨损过程。需要记住的另一点是, 随着增强体的体积分数或尺寸变大, 复合材料的断裂韧性将大大降低。如果断裂韧性不足, 则增强颗粒将断裂并且有助于磨损过程。在不降低韧性的情况下, 提高耐磨性是一个挑战。

MMC 在磨损领域的大部分工作都是关于颗粒增强的复合材料。因此, 在本章中, 我们主要关注两个重要体系的磨损行为: SiC/Al 复合材料和 SiC/Co。最后, 我们将简短地介绍制动材料的磨损方面的内容。第 11 章将对制动材料的应用进行更全面的论述。

磨损测试

销盘磨损试验 (ASTM G99-95a)

在该测试中, 通过一个销将法向载荷施加到旋转盘上。滑动可以在一个方向上或往复运动。测试可以在干燥或润滑条件下进行。摩擦系数 μ 可以从该测试的任意位置获得。通常, 人们会通过灵敏的微量天平测量磨损测试前后的质量。磨损率由下式给出:

$$磨损率 = \frac{质量损失}{滑动距离}$$

磨损率也可以表示为

$$磨损率 = \frac{体积损失}{滑动距离}$$

高应力和低应力磨损测试

在高应力磨损测试 (ASTM B611) 中, 将粗的氧化铝颗粒浆料 ($\sim590\ \mu m$) 用作磨料。钢轮以 100 r/min 的速度在浆料槽中旋转。将测试样品以已知的力压在钢轮上。钢轮旋转 1000 转后测量质量损失, 并得出磨损数为

$$磨损数 = \frac{密度}{质量损失}$$

从物理上讲, 磨损数给出了去除单位体积样品的转数。磨损数越高, 耐磨性越好。

接上页

在低应力磨损测试 (ASTM G65) 中, 使用干燥的石英砂 (粒度为 200~300 μm) 作为磨料, 它比高应力磨损测试中使用的氧化铝浆料软, 并用橡胶轮代替钢轮。在 200 r/min 下经过 0.5 h 后, 我们得到的体积损失为

$$\text{体积损失} = \frac{\text{质量损失}}{\text{密度}}$$

体积损失越小, 耐磨性越高。

10.2　颗粒增强铝基复合材料

在 MMC 磨损的磨料阶段, 磨损程度是外加载荷、速度、增强体的尺寸和体积分数以及增强体与基体之间界面结合强度的函数。一些研究人员已经研究了几种含有各种陶瓷颗粒和体积分数的铝合金的耐磨性 (Hosking 等, 1982; Wang 和 Rack, 1991; Chung 和 Hiang, 1994; Zhang, 1995; Garcia-Cordovilla 等, 1996)。向铝合金中添加陶瓷颗粒 (如氧化铝) 可大幅降低磨损率 (Hosking 等, 1982), 即提高了耐磨性能。磨损率的降低程度受增强颗粒尺寸和增强体体积分数的影响。如图 10.3 所示, 具有最大体积分数和最大颗粒尺寸的合金通常具有最高的耐磨性。图 10.4 为 SiC 颗粒对耐磨性影响的一个例子 (Venkataraman 和 Sundarajan, 1996a, b)。在较高载荷下, 复合材料相对于非增强合金的改进最大。

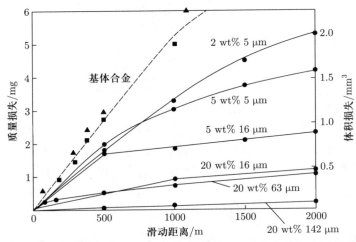

图 10.3　随着氧化铝颗粒体积分数和尺寸的增加, 铝 2024 合金基复合材料的耐磨性提高
(Hosking 等, 1982)

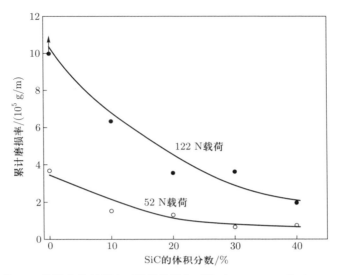

图 10.4 随着 SiC 体积分数的增加, 耐磨性增加 (Venkataraman 和 Sundarajan, 1996a)

磨损后, 未增强铝合金的磨损表面通常由长而连续的凹槽组成, 这是磨料颗粒在表面上犁削的结果。另一方面, 复合材料的表面犁削现象显著减少 (Garcia-Cordovilla 等, 1996)。复合材料的磨损率随着增强体体积分数的增加而降低。对于较小的颗粒, 由于颗粒强度高于界面强度, 较小的颗粒在被压裂之前就会被拔出。较大的颗粒在基体中保留的时间更长, 并且能够承受表面载荷, 直到它们断裂成较小的颗粒。因此, 颗粒尺寸大的耐磨性要高一些。

应该记住的是, 除了硬度, 增强体的断裂韧性也起着重要作用。随着应力的增加, 增强体的断裂韧性成为一个重要的参数。断裂韧性决定了增强体的断裂程度。因此, 应力增加时磨损的控制因素是增强颗粒的断裂韧性。

MMC 磨损过程中的另一种现象是磨损过程中表面碎屑的氧化。经过一定的滑动距离后, 磨损会转变为氧化磨损。随着载荷的增加, 磨损行为会从轻微的氧化磨损变为严重的黏着磨损。对磨损表面和碎屑的检查表明, 在磨料区域内, 碎屑的形成对磨损率的影响大于材料变形 (Ludema, 1996)。在一定的滑动距离后, 由于相同载荷下接触面积的增加, 表面微凸体被磨损, 从而降低了接触应力。因此, 在此期间磨损率和摩擦系数也会降低。

Suh(1973) 提出了一种分层磨损机制, 其中孔隙和裂纹在亚表面区域 (即接触面下方) 的第二相颗粒处成核。这归因于作用于粗糙接触处的较大静水压力。磨损过程中的裂纹通常平行于接触面扩展 (Suh, 1973; Jahanmir 和 Suh, 1977)。在滑动磨损期间, 表面会发生塑性变形, 从而在接触材料的亚表面区域产生位错。这些位错导致亚表面区域最终形成裂缝和/或孔隙。颗粒的碎裂也会导致颗粒/基体面的脱黏, 从而导致形成更多的孔隙。随着持续的滑动, 裂纹和孔隙最终会合并而导致更长的裂纹。当裂纹达到临界长度时, 裂纹和表面之间的材料会以磨损碎屑的形式从表面脱落。这种由亚表面裂纹引发的分层过程可能会导致严重的黏着磨损。影响这一现象的因素有 3 个: 颗粒大小、体积分数和增强体类型。较大的颗粒需要较大的载荷才能引发亚表面开裂并最终分层。Zhang 和 Alpas(1993) 和 Chung 和 Hiang(1994) 的工作支持 Suh 的分层理论。他们研究了 SiC 颗粒增强铝合金的磨损表面的横截面, 发现有磨损碎屑以薄片的形式存在。这些碎屑是由亚表面分层产生的。显微分析表明裂纹形成于颗粒/基体界面, 并平行于表面扩展。裂纹和由此产生的孔隙合并在一起, 最终导致材料从表面分层。根据磨损碎屑形成的速率, 分层可通过在接触表面之间形成碎屑层来减少磨损。该层也称为机械混合层 (mechanically mixed layer, MML), 包括增强体、基体材料和来自对磨表面的材料 (Venkataraman 和 Sundarajan, 1996a, b)。

Venkataraman 和 Sundarajan(1996b) 发现, MML 的硬度约为块体复合材料的 6 倍。他们假设随着变形的增加, 磨损表面的增强颗粒会断裂, 孔隙数量开始增加。一旦达到临界孔隙密度, 剪切失稳就会从亚表面的某一位置开始。剪切不稳定性促进了严重的塑性流动, 导致两个表面材料的混合。材料的混合导致形成 MML, 这似乎对磨损率有直接影响。MML 的形成速率控制着磨损速率, 并与分层磨损直接相关。

通常, 还可以通过添加润滑剂或添加具有润滑特性的增强材料来改善磨损性能。Rohatgi 等 (1992) 观察到铝中以石墨颗粒形式存在的碳可以降低与干燥的钢之间的摩擦系数。另一方面, 微晶形式的碳实际上是没有作用的。由于石墨薄片很容易裂开, 因而可以用作润滑剂。应注意的是, 除了上述参数外, 环境也对最终磨损性能起着决定性作用。

10.3　碳化钨/钴复合材料

碳化钨/钴 (WC/Co) 复合材料, 通常称为硬质合金, 由于其出色的耐磨性而成为最重要的 MMC 之一 (Upadhyaya, 1998)。它们最初是为制造拉拔白炽灯丝的模具而开发的; 在该种拉拔操作中, 耐磨性显然非常重要。它们还广泛用于切割、加工和钻孔目的。硬质合金主要由细小的碳化钨颗粒和金属钴黏结剂组成。

传统 WC/Co 复合材料的磨损行为以钴基体的塑性以及 WC 颗粒的高强度和高硬度为特征。在高速加工中, 切削刃的温度可能超过 1000 ℃, 从而导致诸如切削刀具的扩散和氧化、磨损和黏着 (切屑可能黏附在侧面) 等现象。通常,磨损行为与硬度直接相关,而硬度又是碳化钨颗粒体积分数和尺寸的函数。

10.3.1 硬质合金的硬度和强度

硬度是决定材料耐磨性的关键性能。WC/Co 复合材料已被广泛研究,并获得了一些有用的关系式。Lee 和 Gurland(1978) 对 WC/Co 复合材料的硬度提出了以下表达式:

$$H = H_{WC}CV_{WC} + H_{Co}(1 - CV_{WC})$$

式中,H 是复合材料的硬度; H_{WC} 和 H_{Co} 分别是 WC 和 Co 的硬度; C 是 WC 颗粒的邻接度,而 V_{WC} 是复合材料中 WC 的体积分数。邻接度参数定义为

$$C = \frac{2S_{cc}}{2S_{cc} + S_{cm}}$$

式中,S_{cc} 是碳化物颗粒之间的面积; 而 S_{cm} 是单位体积内碳化物颗粒和基体之间的面积。钴的硬度与复合材料中钴基体的平均自由程 (λ) 有关,其经验关系如下:

$$H_{Co} = 304 + 12.7\lambda^{-0.5}$$

在这种情况下获得的重要结果是钴基体的硬度与平均自由程的平方成反比。

在传统硬质合金中,高体积分数的细 WC 颗粒在钴基体中的均匀分布提高了复合材料的强度、耐磨性、热导率等,但以牺牲韧性为代价。这导致了一种新型复合材料的开发,我们将在下一节中对其进行介绍。

10.3.2 双硬质合金

一种新型的颗粒复合金属基复合材料—双硬质合金 (double cemented carbide, DCC) (Fang 和 Albert, 1999; Fang 等, 1999; Deng 等, 2001) 被开发出来。这种材料由嵌入 Co 或其他金属基体中的 WC/Co 复合材料颗粒组成, 如图 10.5 所示。因此, 它是一种具有 "复合材料中的复合材料" 结构的 "双重" 复合材料。这一概念提供了传统颗粒金属基复合材料无法提供的微观结构设计变量。本书描述了这种新型复合材料的加工、微观结构和性能之间的一些有趣关系。这些额外的自由度可以显著增强性能的组合,例如高韧性和高耐磨性。

图 10.5(a)、(b) 所示为在钴基体中含有 75% 体积分数 WC 颗粒的复合材料, 但具有两种不同类型的结构: ①具有均匀分布颗粒的传统颗粒复合材料结构; ② DCC 结构。DCC 材料在 Co 基体中含有 WC/Co 复合材料颗粒。在相

同的总颗粒体积分数下, 其韧性是传统材料的两倍, 高应力耐磨性是传统材料的 6 倍。这些性能的改善源于对基体进行了划分, 以产生分离颗粒区域的无颗粒基体区域, 而颗粒区域的颗粒体积分数高于总体平均值。这些颗粒间的韧性 Co 区域增强了抗断裂性能, 而对耐磨性几乎没有损害。通过对颗粒组成和性质、颗粒大小、基体成分和热处理进行微调, 可以实现多种组合。

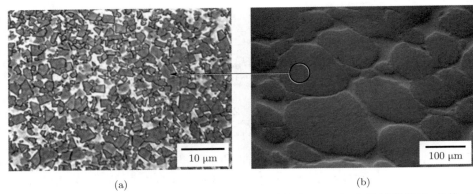

图 10.5 具有 (a) 常规结构和 (b)DCC 结构的硬质合金 (WC/Co) 的显微组织, 总的 Co 含量相同, 为 25vol%。图 (b) 中的粗颗粒具有类似于图 (a) 的细小分散的显微组织

图 10.6 显示了断裂韧性与磨损数之间的关系图, 以单位体积转数表示, 更具体地, 是 kr/cm³。它说明了传统复合材料和 DCC 复合材料在韧性/耐磨性方面的差异。回想一下, 转数越高, 耐磨性越好。粗线代表了基本上所有等级的传统硬质合金的关系, 即钴基体含量和 WC 粒径有很大变化范围。与大多数传统颗粒复合材料一样, 任一性能的改善都以牺牲另一种性能为代价的。因此, 韧性增强意味着耐磨性较差, 反之亦然。这种受限制的关系是源于微观结构设计中的有限自由度, 并且限制了基本上所有颗粒 MMC 的性能平衡。具有不同颗粒性能 (钴含量减少, 颗粒变硬, 耐磨性增加而韧性降低) 和不同颗粒间基体体积分数的 DCC 的曲线表明, 在耐磨性相当的情况下, DCC 结构比常规结构具有更高的韧性, 在相当的韧性下, DCC 具有较高的耐磨性 (Deng 等, 2001)。

DCC 复合材料韧性的提高是颗粒间基体的平均自由程 (约 20 μm, 而传统硬质合金中的小于 1 μm) 增加的函数。双重复合材料耐磨性的提高是由于其与常规颗粒 MMC 不同的耐磨机理所致。如图 10.7 所示, 磨损后可以看到磨损表面上大而硬的复合颗粒突起。最佳的耐磨性/韧性组合来自相对较大的硬颗粒的高体积分数, 因为颗粒尺寸增大会增加颗粒间的平均自由程, 从而提高韧性。较大的颗粒在耐磨性方面表现得最突出, 并且最难通过基体侵蚀去除。

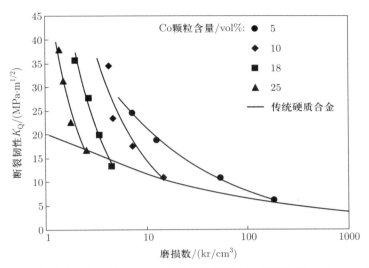

图 10.6 与传统硬质合金相比, DCC 具有更好的韧性和耐磨性组合 (Deng 等, 2001)

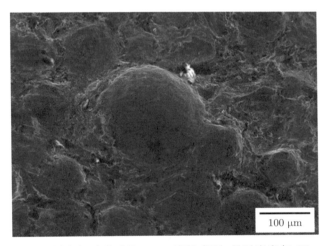

图 10.7 高应力磨料磨损试验后的 DCC 磨损表面, 显示出突起 (Deng 等, 2001)

10.4 制动材料磨损

在用于制动应用的材料中, 磨损和摩擦特性非常重要。此外, 还必须考虑诸如导热性等物理性质。每当我们使用制动器来停止行驶中的车辆时, 车辆旋转元件的动能都必须被制动器吸收。该能量以热量的形式耗散在制动器内。由

于热量耗散而导致的温度升高可以简单地写为

$$E = mC\Delta T$$

式中, m 是设备的质量; C 是比热容; ΔT 是温升。通常我们使用钢、铸铁 (火车) 和石棉作为制动材料。石棉由于其致癌性, 大部分已被替代。制动系统中使用的材料必须能够产生足以使车辆停止的扭矩, 必须能够吸收和消散在停车过程中产生的热量, 并且必须能承受停车过程中达到的高温。它还应具有优越的结构性能, 以将扭矩传递给轮胎而不会给车辆增加额外重量 (Chawla, 2012)。具有适当摩擦特性 (例如磨损、耐久性和耐高温能力) 的 MMC 是制动材料的理想候选材料。通过添加体积分数为 30% 的 SiC 颗粒, 可以大大提高铝合金的耐热性。这种复合材料已用于制造制动盘 (Nakanishi 等, 2002)。复合材料制动盘比常规铸铁盘具有更高的耐热性, 尤其是更稳定的摩擦系数。

Zeuner 等 (1998) 开发了一种用于高速列车的 MMC 盘式制动器, 其结果不仅在力学性能上优于常规铸铁, 而且在制造方面具有高的性价比。列车的制动系统由 4 个制动盘和必要的卡钳、手制动器和电磁轨道制动器组成。铝较高的热导率和较低的弹性模量会导致制动过程中热应力相对较低, 与铸铁相比, 这是 Al–MMC 制动盘的一大优势。对于给定的制动载荷, 铸铁制动盘比Al–MMC 盘显示出更高的热应力和不均匀的温度分布, 导致铸铁制动盘出现热应力引起的裂纹, 而复合材料制动盘则没有, 见 11 章。

总之, 金属基复合材料, 尤其是颗粒种类, 可以显著改善在摩擦和磨损领域的应用。调整其特性 (如刚度、硬度和韧性) 的能力是进行此类改进的关键。材料性能、增强体尺寸和体积分数对耐磨性有显著影响。增加体积分数会增加刚度, 但通常会降低断裂韧性。因此, 增加陶瓷颗粒体积分数将在较低载荷下具有较高的耐磨性, 但是随着载荷的增加, 断裂韧性成为一个重要问题。对于给定的体积分数, 增大颗粒尺寸可提高耐磨性, 但较大的颗粒也更容易断裂。细颗粒不太可能发生断裂, 但更可能被掩埋在基体中并通过分层去除。加载条件、基体和增强体性能、增强体尺寸和体积分数会影响接触表面之间 MML 的形成, 这将有助于保护表面并减缓磨损率。因此, 在设计耐磨性时, 重要的是选择基体、增强体以及增强材料尺寸和体积分数的合适搭配。

10.5　金属基复合材料的腐蚀

人们对金属基复合材料的腐蚀、应力腐蚀和腐蚀疲劳行为进行了大量的研究 (Lucas 和 Clarke, 1993; Hihara 和 Latanision, 1994)。Metzger 和 Fishman(1983) 指出, MMC 的主要潜在腐蚀问题是: ①增强体和基体之间的电偶腐蚀; ②增强体/基体界面处的优先腐蚀; ③孔隙、气孔或微裂纹等缺陷的腐蚀。

早期的工作集中于碳纤维增强铝基复合材料。对该系统的研究表明, 碳纤维和铝基体的结合形成了电偶。但是, 该系统中高的阴极电流是源于碳纤维的氧还原。因此, 如果通过对纤维进行涂层处理或确保纤维本身不暴露于环境中, 可以将纤维与惰性环境隔离开来, 则电流就不会发挥作用 (有关处理碳纤维/铝基复合材料的加工, 请参阅第 4 章)。

在碳和 SiC 增强的 MMC 中, 避免形成 Al_4C_3 非常重要, 原因是 Al_4C_3 会与水反应发生如下反应 (Crowe, 1985):

$$Al_4C_3 + 12H_2O \longleftrightarrow 4Al(OH)_3 + 3CH_4 \uparrow$$

因此, $Al(OH)_3$ 的形成会导致局部体积膨胀、CH_4 气体析出和开裂。在铸造 Al–SiC 中, 可以通过添加 Si 来减少 Al_4C_3 的形成 (请参见第 4 章)。

最后, 在腐蚀疲劳载荷下, 复合材料和未增强合金的疲劳寿命都会降低 (Crowe 和 Hasson, 1982)。图 10.8 给出了 SiC 晶须增强铝 6061 合金在空气和湿盐 (潮湿含盐) 空气中的交变应力与循环失效之间的关系。两种材料在湿盐条件下均显示出性能下降, 但是由于该复合材料在空气中具有更好的抗疲劳性能, 因此其在湿盐环境中也比铝合金具有更好的性能。

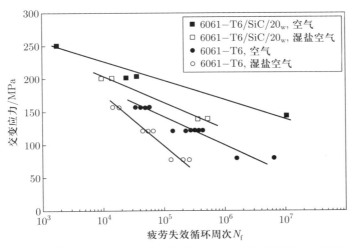

图 10.8　SiC 晶须增强铝 6061 合金在空气和湿盐空气中的交变应力与循环失效图。两种材料在湿盐条件下性能都有所下降, 但由于复合材料在空气中有更好的抗疲劳性能, 因此在湿盐环境中也比铝合金具有更好的性能 (Lucas 和 Clarke, 1993)

参考文献

Chawla K. K. (2012) Composite Materials: Science and Engineering, 3rd ed., Springer, New York, p. 304.

Chung S., and Hiang B. (1994) Tribol. Inter., 27, 307–314.

Crowe C. R. (1985) U. S. Naval Research Laboratory, Report No. MR-5415.

Crowe C. R., and Hasson D. F. (1982) Proc. Strength of Metals and Alloys, Oxford: Pergamon Press, 2, pp. 859–865.

Deng X., Patterson B. R., Chawla K. K., Koopman M. C., Fang Z., Lockwood G. and Griffo A. (2001) J. Refractory Metals and Hard Materials, 19, 547.

Fang Z. and Albert S. J. (1999) U. S. Patent, 5,880,382.

Fang Z., Lockwood G., and Griffo A. (1999) Metall. Mater. Trans., 30A, 3231.

Garcia-Cordovilla C., Narciso J., and Louis E. (1996) Wear, 192, 170.

Hihara L. H. and Latanision R. M. (1994) Inter. Mater. Rev., 39, 245.

Hosking F. M., Folgar-Portillo F., Wundnerlin R., and Mehrabian R. (1982) J. Mater. Sci., 17, 477.

Jahanmir S., and Suh N. P. (1977) Wear, 44, 17–38.

Lee H. C. and Gurland J. (1978) Mater. Sci. Eng., 33, 125.

Ludema K. C. (1996) Friction, Wear, Lubrication: A Textbook in Tribology, CRC Press: Boca Raton, FL, p. 139.

Lucas K. A., and Clarke H. (1993) Corrosion of Aluminium-Based Metal Matrix Composites, Wiley, pp. 49, 65, 79, 97, 117–120.

Metzger M., and Fishman S. G. (1983) Ind. Eng. Chem. Prod. Res. Dev., 22, 296–302.

Nakanishi H., Kakihara K., Nakayama A., and Murayama T. (2002) Japan Soc. Auto. Eng. Rev., 23, 365–370.

Rohatgi P. K., Ray S., Liu Y. (1992) Inter. Mater. Rev., 37, 192.

Suh N. P. (1973) Wear, 25, 111–124.

Upadhyaya G. S. (1998) Cemented Tungsten Carbides, Noyes Pub., Westwood, NJ.

Venkataraman B., and Sundarajan G. (1996a) Acta Mater., 44, 451–460.

Venkataraman B., and Sundarajan G. (1996b) Acta Mater., 44, 461–473.

Wang A., and Rack H. J. (1991) Wear, 146, 337.

Zeuner T., Stojanov P., Sahm P. R., Ruppert H., and Engels A. (1998) Mater. Sci. Tech., 14, 857–863.

Zhang J., and Alpas A. T. (1993) Mater. Sci. Eng., A160, 25–35.

Zhang Z. F., Zhang L. C., and Mai Y. W. (1995) J. Mater. Sci., 30, 1961–1966.

第 11 章
应用

金属基复合材料 (metal matrix composite, MMC) 具有广泛的应用。与传统材料相比, 其高的比强度、优异的力学和热学性能以及性能可调节性使其在各种应用中极具吸引力。MMC 已经越来越多地被应用于以下这些领域 (Evans 等, 2003):

(1) 航空航天;

(2) 交通 (汽车和铁路);

(3) 电子和热管理;

(4) 纤维超导磁体;

(5) 电力传输;

(6) 休闲产品和体育用品;

(7) 耐磨材料。

本章我们将回顾 MMC 的一些重要应用, 并指出使用 MMC 的优势。

11.1 航空航天

在航空航天应用中, 低密度、可调节的热膨胀和导电性以及高刚度和高强度是主要驱动因素。在该工业领域中, 关于材料开发, 对性能的考虑往往超过成本。

11.1.1　飞机结构

MMC 已被应用于航空航天若干的部件中, 这在很大程度上归因于具有高比刚度和强度的材料可以显著提高飞机的性能。图 11.1 介绍了一个简单的例子。桁条通常用于稳固机身蒙皮。蒙皮刚度增加意味着蒙皮屈曲的可能性减小。此外, 可以使用大型桁条来稳固蒙皮, 如使用 SiC 颗粒增强 Al 基复合材料作为蒙皮, 则可以增加铝合金桁条的有效允许尺寸, 可以提高蒙皮的稳定性。

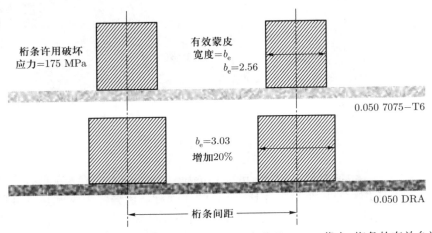

图 11.1　飞机蒙皮上的桁条示意图。通过使用颗粒增强 MMC 蒙皮, 桁条的有效允许尺寸增加, 从而提高蒙皮的刚度 (由提供 Bowden D.)。DRA 代表不连续增强铝

MMC 在军用飞机上有大量应用 (Miracle, 2001)。在 F-16 飞机上, 传统的铝制通道门越来越容易产生疲劳断裂。若将铝门替换为颗粒增强铝基复合材料 (Al/SiC_p), 则既可以提高其抗疲劳性能, 又可减小通道门质量。MMC 还被用作 F-16 腹翼中未增强铝的替代品, 如图 11.2(a)、(b) 所示。图 11.2(c) 显示了腹翼的挠度与飞行次数的关系。由于较高的刚度, MMC 的挠度要小得多, 这种复合材料的使用使得飞机该组件的寿命延长了 4 倍, 并节省了 2600 万美元的寿命周期成本。通过将 MMC 应用在 F-16 燃油检修门盖中, 也获得了类似的性能提升。连续纤维增强 MMC 由于具有较高的比强度、刚度和抗疲劳性能, 也已用于军用飞机中。连续 SiC 纤维增强 Ti 基复合材料已被用作 F-16 发动机中 F119 发动机的喷嘴驱动器控制装置, MMC 也可代替驱动器连杆中较重的 Inconel 718 合金和活塞杆中的不锈钢。

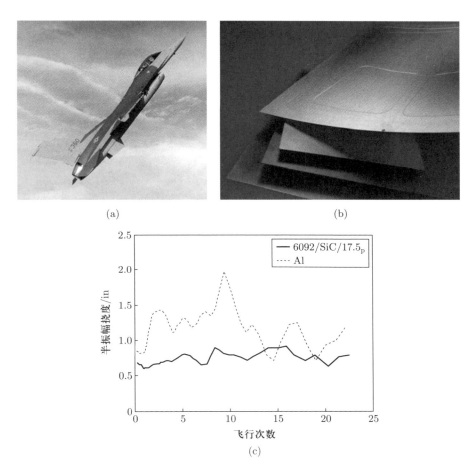

(a)   (b)

(c)

图 11.2　SiC 颗粒增强 Al 基复合材料用于 F–16 飞机腹翼替代未增强铝 (由 Miracle D.
提供): (a) F–16 飞机; (b) 复合材料腹翼 (由 DWA 铝基复合材料提供); (c) 腹翼的偏差与
　　　飞行次数的关系。由于较高的刚度, MMC 的挠度要小得多 (1 in = 25 mm)。

　　MMC 也已在商用飞机中得到应用。图 11.3 所示为 MMC 在波音 777 普
惠发动机风扇出口导向叶片上的应用, MMC 取代了存在外来物损伤 (FOD) 问
题的碳/环氧树脂复合材料。空客公司利用 MMC 高比刚度的特性将其应用于
一种机身支杆。这个 MMC 材料代替了碳纤维增强聚合物复合材料, 以降低成
本并增加损伤容限。

　　一般来说, 颗粒增强 MMC 的成本明显低于碳/环氧树脂复合材料。每种
材料的成本分布也有很大相同。图 11.4 给出了聚合物基复合材料和 MMC 的
成本分析比较。在聚合物基复合材料中, 很大一部分成本用于初级加工和二级
加工。在 MMC 中, 加工成本只占总成本的很小一部分。相反, 基体和增强体
的原材料成本占成本的大部分。

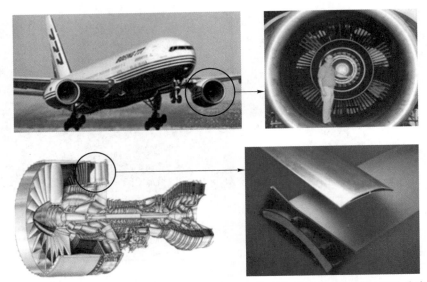

图 11.3　SiC 颗粒增强 Al 基复合材料在波音 777 普惠发动机风扇出口导向叶片中的应用。MMC 以较低的成本取代了存在外来物损伤 (FOD) 问题的碳/环氧树脂复合材料

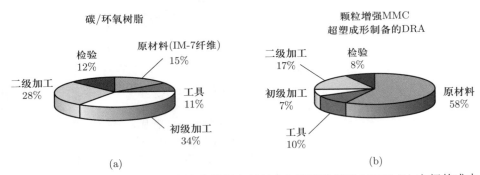

(a)　　　　　　　　　　　　　　　(b)

图 11.4　风扇出口导向叶片的聚合物基复合材料 (a) 和颗粒增强 MMC (b) 之间的成本比较 (由 Bowden D. 提供)。在聚合物基复合材料中, 很大一部分成本用于初级和二级加工。在 MMC 中, 加工成本只占总成本的很小一部分, 原材料成本 (基体和增强体) 占成本的大部分

　　航空航天中的另一个重要应用是直升机的叶桨轴套, 如图 11.5 所示。叶桨轴套必须能够承受从叶桨到转子的离心载荷, 因此需要轴套材料具有高的疲劳寿命、抗微动性、高韧性和高比强度。轴套材料采用 SiC 增强 Al 基复合材料, 采用粉末冶金工艺制备坯料, 再经过挤压、切割和锻造加工完成, 最终仅产生 1 ％的废料。复合材料的疲劳强度约为 270 MPa(假设 10^7 周次为指定疲劳寿命), 比未增强铝的疲劳强度增加了 50 ％∼70 ％, 断裂韧性可接受, 为 25 MPa·m$^{1/2}$, 且

其比强度和成本低于该应用中早期使用的钛合金。

 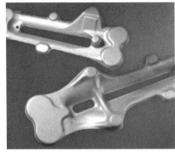

(a)　　　　　　　　　　　　　　(b)

图 11.5　(a) 直升机中的 MMC 叶桨轴套; (b) 锻造部件 (由D. Miracle 和 DWA 复合材料提供)。叶桨轴套必须能够承受从叶片到转子的离心载荷。因此, 需要疲劳寿命、抗微动性、高韧性和高比强度。比强度当量和成本低于该应用中使用的单一钛合金

11.1.2　纤维金属层压板

纤维金属层压板 (fiber metal laminate, FML) 由交替堆叠的薄 (厚度约为 1 mm 或更小) 的金属薄片 (通常为铝) 和纤维增强聚合物 (通常为环氧树脂) 薄片组成 (Vlot 和 Gunnick, 2001; Vogelesang 等, 1995)。第一个商业 FML 是芳纶铝层压板, 即 ARALL。ARALL 被用于一些精选的飞机部件, 但其结构局限限制了其更广泛的使用。为了部分克服这种结构限制, 人们开发了 GLARE 或玻璃增强层压板, 即玻璃–铝 FML。GLARE 由铝层和玻璃纤维/环氧树脂层交替组成。这种层压板在高压釜中生产, 用于固化聚合物基体。层压材料的不同层在固化前可通过手工或自动机器进行堆叠。这些复合材料具有灵活的可设计性, 因为聚合物基复合材料层中纤维的层数和方向可以根据结构部件的应用而变化。GLARE 的主要特点是具有极佳的抗疲劳性能、高损伤容限能力和最佳冲击性能。根据这些性能发挥重要作用的地方, 可以确定结构部件是主要的还是次要的。特别是, GLARE 已用于双层 550 座空客 A380 飞机的机身。

图 11.6 示意性地给出了金属板和聚合物基复合材料板的结构。除了具有优异的抗疲劳性能, GLARE 还比铝轻, 这使空客 A380 的质量减小了 1000 kg。研究发现, 经黏合和层压的铝具有良好的抗裂纹扩展能力, 因为裂纹一次只在单层中扩展, 而剩余层可以有效地桥接裂纹。这一发现被应用于 F–27 飞机机翼的开发, 而机翼是一种高度疲劳敏感的结构。

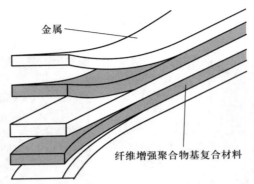

金属

纤维增强聚合物基复合材料

图 11.6　由金属和纤维增强聚合物基复合材料板交替组成的纤维金属层压板示意图

采用 ARALL 的机身结构表明, 在飞机机身遇到载荷的条件下, 疲劳裂纹周围的芳纶纤维会断裂。一旦纤维断裂, 裂纹就不再受到抑制, 而是会扩展。随着裂纹的增长, 将发生层离, 使压缩应力施加在芳纶纤维上, 导致屈曲。众所周知, 芳纶纤维具有低的压缩强度 (例如, 参见 Chawla, 1998)。据观察, 芳纶纤维在相当低的压缩载荷下会断裂, 而且很明显, ARALL 对任何钻孔引起的强度降低也很敏感。这种孔在诸如机身的大型结构中是不可避免的, 它们会导致过早产生疲劳裂纹。虽然 ARALL 不适合用作机身结构, 但这种材料可以减轻重量, 非常有吸引力。ARALL 的首次商业应用是在 C-17 军用运输机上, 由于飞机尾部的重量问题, ARALL 取代了大型铝制货舱门。

新型的 GLARE 纤维金属层压板采用玻璃纤维取代了芳纶纤维, 具有比 ARALL 更好的钝化缺口强度和承受更大的压缩应力的能力 (Vlot 和 Gunnick, 2001)。GLARE 也比 ARALL 更耐冲击, 因此 GLARE 的首次商业应用是在波音 777 的货舱地板上, 该处利用了 GLARE 优异的冲击性能。另一个大量使用 GLARE 的场景是空客 A380 飞机机身面板。

纤维金属层压板设计的主要考虑因素是其优越的疲劳强度。如图 11.7 所示, 裂纹长度与循环周次的关系图表明, 在循环载荷下, GLARE 的疲劳强度优于铝。针对飞机材料的另一个重要考虑因素是易燃性。由于铝的熔点低, 火灾等来源造成的损坏已经困扰了早期的飞机设计。例如, 在曼彻斯特机场的一次事故中, 外部火灾通过烧穿和熔化机身进入客舱, 造成了严重的人员伤亡 (Vlot 和 Gunnick, 2001)。由于复合材料的性质, 在机身设计中使用 GLARE 可以提高飞机的耐火性。在图 11.8 中, 若外部铝层烧穿后, 玻璃纤维/环氧树脂层就会暴露在火焰中, 由于玻璃纤维的软化温度高, 环氧树脂层碳化, 这种预浸料可以有效地形成绝缘屏障, 防止烧熔剩余的铝层。在大约 1050 ℃ 下, 10 min 后未观察到 GLARE 被火焰穿透, 而 2024–T3 铝样品在 100 s 内就被烧穿。GLARE

的阻燃特性使得其大部分强度和抗疲劳性能在外部铝层烧穿后仍能保持, 尽管可能需要对材料进行修复 (Vogelesang 等, 1995)。

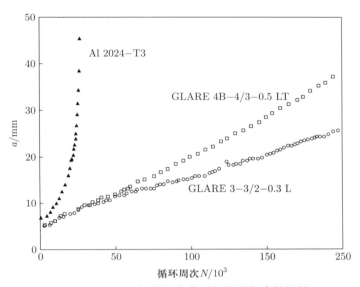

图 11.7   GLARE 复合材料和 2024 铝的抗疲劳裂纹扩展能力的比较。GLARE 具有更好的抗疲劳性能 (Vlot 和 Gunnick, 2001)

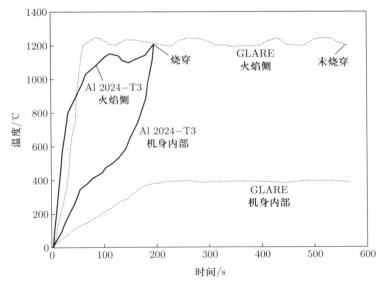

图 11.8   机身内部和火焰侧的 2024 Al 和 GLARE 的温度 (Vlot 和 Gunnick, 2001)。由于复合材料的特性, 在机身设计中引入 GLARE 可以提高飞机的耐火性

纤维金属层压板在很大程度上具有可设计性。容易看出, 根据最终应用场合, 人们可以选择纤维/聚合物复合材料、金属合金类型、层厚和堆叠顺序、聚合物基复合材料层中的纤维取向等。GLARE 层压板的密度取决于铝板和玻璃纤维/环氧树脂层的相对厚度、层压板的层数以及纤维体积分数。一般来说, GLARE 层压板的密度比单独铝合金的密度至少低 8 ％。

11.1.3 导弹

MMC 的一个重要应用是在导弹方面 (Shakesheff 和 Purdue, 1998)。随着对导弹性能要求的提高, 传统铝合金已不具备所需的强度和耐温性。从重量角度来看, 钢和钛是不可接受的。MMC 既提供高的强度和刚度, 且重量不会减少。此外, 导弹的高温暴露时间很短 (从发射到达目标)。因此, MMC 是导弹机翼和尾舵的候选材料, 如图 11.9 所示。

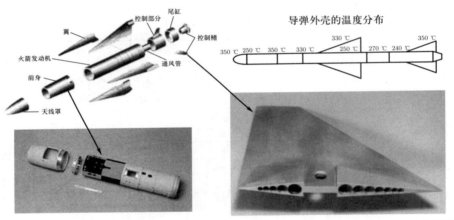

图 11.9　MMC 在导弹中的应用 (Shakesheff 和 Purdue, 1998; 经英国 Maney 出版社许可转载)。导弹暴露在高温下的时间很短

11.1.4 航天器结构

部件重量的减轻是航空航天应用的重要推动力。连续纤维增强 MMC 的首次成功应用是在航天飞机机身中部的框架和肋桁架构件中的硼纤维增强管状支杆, 如图 11.10 所示 (Rawal, 2001)。这种材质的支杆比未增强铝减轻了约 45 ％的重量。

图 11.10 航天飞机中间机身部分的框架和肋桁架构件中的 Al/B$_f$ 管状支杆 (由 Rawal S. 提供, 经矿物、金属和材料协会许可转载)。与未增强铝相比, 支杆的重量减轻了 45 %

在哈勃太空望远镜中, 沥青基连续碳纤维增强铝由于其重量轻、弹性模量高、热膨胀系数低被用于波导吊杆中, 如图 11.11 所示。该材料由扩散黏结板材制成, 长度为 3.6 m。吊杆需要良好的刚度和低膨胀系数, 以在太空运动期间保持天线的位置。由于其优异的导电性, 吊杆还具有波导功能。表 11.1 列出了用于太空领域的单向纤维增强 MMC 的部分性能。

(a)　　　　　　　　　(b)

图 11.11 碳纤维增强 6061 铝基复合材料用作哈勃太空望远镜的天线波导管/吊杆 (由 Rawal S. 提供, 经矿物、金属和材料协会许可转载): (a) 集成到望远镜上之前; (b) 在太空中部署

表 11.1　太空应用单向纤维增强金属基复合材料的性能 (Rawal, 2001)

	P100/6061 Al	P100/AZ91C Mg	Boron–Al
增强体体积分数/%	42.2	43	50
密度/(g/cm^3)	2.5	2	2.7
泊松比	0.3	0.3	0.2
比热容/$[J/(kg·K)]$	812	795	801
纵向			
杨氏模量/GPa	343	324	235
极限抗拉强度/MPa	905	710	1100
导热系数/$(W/m·K)$	320	189	—
热膨胀系数/$(10^{-6}/K)$	−0.49	0.54	5.8
横向杨氏模量/GPa	35	21	138
极限抗拉强度/MPa	25	22	110
导热系数/$(W/m·K)$	72	32	—

注: P100 是一种沥青基碳纤维。

除了铝基复合材料之外, 含有 Nb、Ta 或 Cr 并以其作为不连续形式的第二相的铜基复合材料对于要求高热导率和高强度的某些应用也是有意义的, 如火箭发动机推力室中高热流的应用。

11.2　交通运输 (汽车和轨道交通)

MMC 已经用于各种汽车应用中。早期在发动机上的成功应用是在丰田柴油发动机中的选择性强化铝活塞 (Donomoto 等, 1983)。在该应用中, 在铝的压力铸造过程中, 将氧化铝——二氧化硅短切纤维预制件引入活塞的环形槽区域中。传统的柴油发动机活塞由铝硅合金铸造而成, 活塞顶由含镍的铸铁制成, 主要性能要求是提高该区域的耐磨性, 之前的方法使用了镍抗蚀环, 但增加了重量, 而且其热膨胀系数与铝合金活塞材料不同。SiC 颗粒增强 Al 基复合材料也已应用于活塞, 主要用于高速拉力赛车。在这种情况下, MMC 的热膨胀系数比传统铝低, 从而减少了活塞和气缸壁之间的间隙, 提高了性能。

MMC 在汽车发动机中的另一个早期应用是混杂颗粒增强铝基复合材料在本田 Prelude 发动机中用作气缸套。如图 11.12 所示, 该复合材料由铝硅基体组成, 其中 12 % 的 Al_2O_3 用于提高耐磨性能, 9 % 的碳促进润滑。该复合材料与发动机缸体一体化铸造, 与铸铁相比, 提高了冷却效率和磨损性能, 减少了 50 % 的重量, 但并没有增加发动机组件的尺寸。虽然这一概念最初是在本田 Prelude 2.3 L 发动机中应用的, 但它也被用于本田 S2000、丰田 Celica 和保时捷 Boxster 发动机 (Hunt 和 Miracle, 2001)。

MMC 在汽车行业的一个重要应用是作为驱动轴, 其关键的技术难题来自材料在动态不稳定时的临界转速。临界转速 (N_c) 由 Hoover(1991) 给出:

$$N_c = \frac{15\pi}{L^2} \left[\frac{E}{\rho} (R_o + R_i)^2 \right]^{\frac{1}{2}}$$

式中, L 是驱动轴的长度; E 是杨氏模量; ρ 是密度; R_o 和 R_i 分别是轴的外半径和内半径。

从上式得出的要点为, 控制临界速度的材料参数是比模量 E/ρ。驱动轴的要求之一是要焊接到轭架上。由于 Al 和 SiC 在液相过程中会形成有害的反应产物 (见第 4 章), SiC 增强体被排除在材料选择之外。Duralcan 使用了 $6061/Al_2O_3/20_p$ 复合材料, 其比模量比钢高 36%, 如图 11.13 所示 (Koczak 等, 1993)。

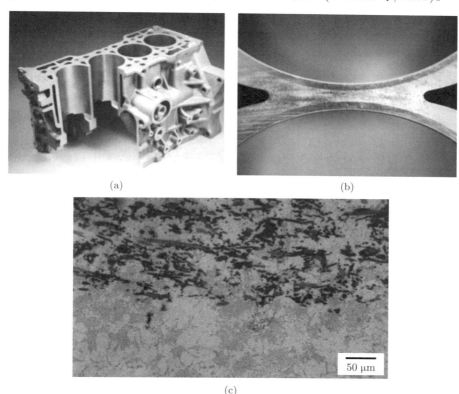

(a)

(b)

50 μm

(c)

图 11.12 混杂颗粒增强铝基复合材料用作本田 Prelude 发动机的气缸套 [图 (a) 和 (b) 由 D. Miracle 提供]。该复合材料由铝硅基体、12% 的 Al_2O_3(用于耐磨) 和 9 %的碳 (用于润滑) 组成: (a) Prelude 发动机缸体; (b) 气缸套的放大图; (c) 复合材料的微观结构显示碳短纤维 (黑色) 和 Al_2O_3 纤维 (深灰色)

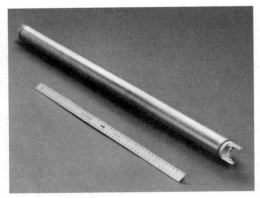

图 11.13　6061/Al₂O₃/20ₚ 复合材料用作 Corvette 的驱动轴 (由 Miracle D. 提供)。该复合材料的比模量比钢提高了 36%

　　用 SiC 颗粒增强 Al 基复合材料替代钢的另一个重要潜在部件是连杆, 如图 11.14 所示。连杆要求在 150 ℃ 高温下具有高的抗疲劳性能。较轻连杆的应用有以下效果: ①二次振动力降低 12%~20%; ②燃油经济性提高 0.5%~1%(使用轻质活塞和销); ③峰值转速提高 15%~20%; ④轴承宽度减小 (组件改进); ⑤轴承和曲轴耐用性提高。最初尝试开发的 MMC 连杆是用于制造航空部件, 是先热压后挤压成形。事实证明, 这种技术在汽车行业成本太高 (汽车行业的生产量远大于航空航天行业), 因为浪费了大量材料。近净成形烧结锻造 (见第 3 章) 的 MMC 连杆的拉伸和疲劳性能与挤压材料相当 (Chawla 等, 2002)。图 11.15 所示为该连杆的原型模型。

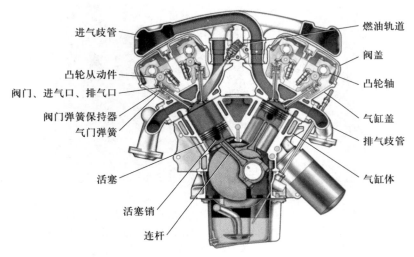

图 11.14　显示连杆位置的客车发动机横截面 (由 Allison J. 提供)

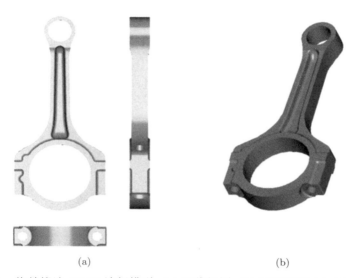

(a)   (b)

图 11.15   烧结锻造 MMC 连杆模型: (a) 二维视图; (b) 三维视图 (由 Liu F. 提供)

在表 11.2 中, 我们比较了 MMC 连杆和钢连杆的质量 (Chawla 和 Chawla, 2004)。MMC 的成本略有增加, 但实现了 57% 的减重。此外, 据估计, 从连杆上每减少 1 kg 质量, 就可以减少 7 kg 的支撑和平衡结构 (Hunt 和 Miracle, 2001)。其他要求苛刻的动力火车应用是进气口和排气口。这些部件必须在高温下具有良好的高周疲劳性能、良好的滑动耐磨性和抗蠕变性能。丰田 Altezza 中的奥氏体不锈钢被 TiB_2 增强钛基复合材料所取代 (Hunt 和 Miracle, 2001)。

表 11.2   MMC 和钢连杆的质量比较

	2080/SiC/20$_p$	钢
销质量/g	65.2	144.7
曲柄质量/g	184	437.7
总质量/g	249.2	582.4

颗粒增强 MMC, 特别是铝基复合材料, 已经在制动鼓和制动盘中替代铸铁, 如图 11.16 所示。高耐磨性和热导率, 再加上 50%～60% 的质量减小, 使得 MMC 在该应用中相当有吸引力。人们对铸造 359Al/SiC/20$_p$ 复合材料进行了大量的研究。虽然这种制动盘的成本比铸铁制造的略高, 但在一些特种车辆中的效益是合理的, 如 Plymouth Prowler 和 Lotus Elise (Hunt 和 Miracle, 2001)。在需要高强度和耐磨性的地方使用硬质 SiC 颗粒的 "选择性强化" 概念似乎很有吸引力。这也将加工成本降至最低, 因为无 SiC 区域更容易加工。

金属基复合材料泡沫也已被开发用于汽车的阻尼/能量吸收应用 (Leitlmeier

等, 2002)。法拉利汽车已使用了 6061 Al/Al$_2$O$_3$/22$_p$ 复合材料泡沫。图 11.17(a)
显示了通过计算机 X 射线同步辐射断层扫描获得的泡沫的三维微观结构, 可以看
出, 气孔直径约几毫米, 且分布均匀。图 11.17(b) 为复合材料的微观结构 (Babc-
san 等, 2004)。SiC 颗粒稳定了壁厚 [图 11.17(b)], 并向胞壁偏聚[图 11.17(c)]。
胞壁约为 SiC 颗粒直径的两倍。

图 11.16 颗粒增强 MMC 用于制动鼓和制动盘, 替代了铸铁产品 (由 Miracle D. 提供)。
高耐磨性和热导率加上 50%~60% 的减重, 使得 MMC 在该应用中极具吸引力

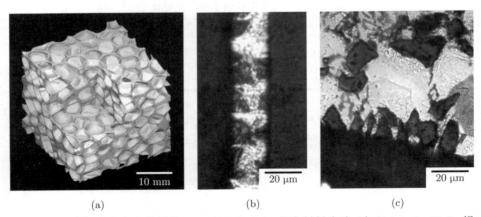

(a)   (b)   (c)

图 11.17 法拉利汽车中使用的 6061/Al$_2$O$_3$/22$_p$ 复合材料泡沫 (由 Deigische H. P. 提
供): (a) 通过计算机 X 射线同步辐射断层扫描获得的三维微观结构; (b) 胞壁的微观结构,
约为 SiC 颗粒直径的两倍; (c)SiC 颗粒向胞壁偏聚

11.2.1 铁路制动器

对轻质铁路列车的需求也促进了高性能 MMC 的使用 (Zeuner 等, 1998)。如图 11.18 所示, 铁路车辆的传统制动系统由 4 个制动盘、卡钳、手制动器和电磁轨道制动器组成, 约占转向架总质量的 20%。Zeuner 等 (1998) 将选择性 SiC 颗粒增强铸造铝基复合材料应用于该制动系统。这种复合材料是通过多层浇铸工艺制成的, 在该工艺中, 未增强合金层和 MMC 层被交替连续铸造。通过使用较少的 MMC 并将复合材料放置在战略重要意义的区域 (即与磨损表面接触), 这有助于降低成本。在这个特殊的应用中, 零件的质量从球墨铸铁盘的 115 kg 减少到 MMC 盘的 65 kg, 质量减小了 43 %。图 11.19 给出了磨损

图 11.18 SAB Wabco 公司生产的高速铁路客车转向架 (由 Ruppert H. 提供)。

(a)   (b)

图 11.19 Al/SiC$_p$ (a) 和钢 (b) 在磨损试验后的热裂行为 (由 Ruppert H. 提供)。钢制
动盘出现大量裂纹 (白线), 而 MMC 处于相对良好的状态

试验后 MMC 和钢制动盘的表面照片。可以看出, 钢制动盘出现大量裂纹, 而 MMC 制动盘处于相对良好的状态。

11.3　电子和热管理

　　Al 基和较低级别 Cu 基 MMC 的一个非常重要的市场领域是电子封装和热管理。金属基复合材料可以被调控成具有最佳的热性能和物理性能以满足电子封装系统的要求, 如芯、衬底、载体和外壳。MMC 在这些应用的主要吸引力是可控的热膨胀, 而热导率的损失可以忽略不计。图 11.20 显示 2080/SiC_p 复合材料的热膨胀系数随着 SiC 体积分数的增加而降低 (Deng 等, 2006)。

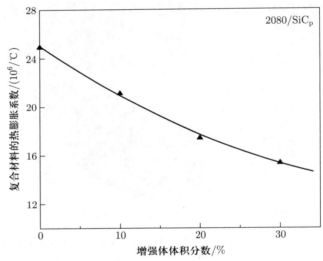

图 11.20　SiC 颗粒增强 Al 2080 基复合材料的热膨胀系数 (Deng 等, 2006)。随着低膨胀陶瓷颗粒增强体体积分数的增加, 复合材料的热膨胀系数减小

　　在多层封装中, 焊点将衬底 (如 AlN) 连接到基板上, 基板通常由 Cu 制成。Cu 和 AlN 之间的热膨胀失配将导致焊料中产生热应力, 从而可能导致封装失效。若用 MMC 基板代替 Cu 基板, 其热膨胀系数可以与 AlN(或任何其他合适的基板) 相匹配。从散热角度来看, SiC 增强的金属基体 (如 Cu 或 Al) 在热导率方面不会损失太多, 因为 SiC 的热导率与 Al 相似。为了达到热膨胀和热导率的必要要求, 通常使用含有 55%~65%增强颗粒的复合材料, 这种高体积分数的增强体是通过提高颗粒堆积程度的创新技术获得的。特别是, 颗粒的双峰分布已被用于获得所需的填充, 因为非常小的颗粒可以填充大增强颗粒之间的空隙, 如图 11.21 所示。微处理器和光电封装应用中使用的 SiC 颗粒增

强 Al 的例子如图 11.22 所示。

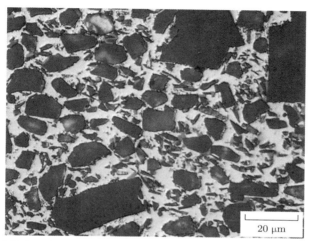

20 μm

图 11.21　用于热应用的 SiC 颗粒增强 Al 基复合材料的微观结构 (由陶瓷工艺系统的 Occhionero M. 提供)。双峰粒度分布能够获得较大体积分数的颗粒 (>50 %)

　　早期的应用是在微波封装中, 用体积分数为 40 % 的 SiC 颗粒增强 Al 金属基复合材料取代了较重的 Ni–Co–Fe 合金 Kovar。这里的主要需求驱动是减重, 并实现了 65 % 的成本降低, 且复合材料比基础合金具有更高的热导率。在绝缘栅双极晶体管 (IGBT) 功率模块基板中使用 Al–SiC 和 Al–碳 MMC 时, CTE 匹配材料的热导率增加而重量减轻。印刷线路板芯也由 Al–SiC 材料制成, 取代了传统的 Cu 芯或 Al 芯。除了热膨胀系数匹配外, 这些 MMC 增加的比刚度降低了热循环和振动引起的疲劳。Al–SiC 热物理特性非常重要的另一个应用是用作蜂窝电话基站功率放大器的混合电路的基板。通过扩散连接制备的连续硼纤维增强铝基复合材料也已被用作芯片基板多层板中散热器。

　　铝基体中单向排列的沥青基碳纤维沿纤维方向具有高热导率。纤维的横向电导率约为铝的 2/3。这种 C/Al 复合材料不仅能减轻重量, 在传热应用方面也非常有用, 例如用于计算机的高密度、高速集成电路封装和电子设备的基板。另一个可能的应用是高速飞机中机翼前缘散热。

　　一个有趣的应用是 MMC 用于导弹系统惯性制导系统外壳。这需要 MMC 与铍罩的热膨胀系数相匹配。MMC 具有可通过增强含量和基体选择来定制 CTE 的这种能力被证明是非常有价值的, 且可用 6061/SiC/40$_p$ 材料。需要注意的是, 在这种应用中使用铍的加工成本非常高, 并且存在严重的毒性问题。相比之下, 这种 MMC 外壳是精密锻造成近净成形的, 只需要少量的最终加工。

图 11.22　SiC 颗粒增强 Al 基复合材料在微处理器 (a) 和光电封装 (b) 中的应用示例
(由陶瓷工艺系统 Occhionero M. 提供)

11.4　纤维状超导磁体

纤维状超导复合材料有一些非常重要的应用。金属基复合材料超导线圈的应用实例包括 (Cyrot 和 Pavuna, 1992):

(1) 用于高能和凝聚态物理研究的高场磁体;

(2) 磁共振成像 (magnetic resonance imaging, MRI), 需要极其均匀的 1~2 T 磁场;

(3) 电动机和发电机绕组的线圈;

(4) 高速列车用磁悬浮 (magnetic levitating, MAGLEV) 线圈;

(5) 船舶和潜艇推进用磁流体动力和电磁推力系统。

自从发现所谓的高温超导体以来, 人们一直非常重视这些超导体的 T_c(临界温度)。正如第 3 章所指出的, 人们不仅要注意 T_c, 还要注意 J_c(临界电流密度)和 H_c(临界磁场)。根据大多数超导体应用的经验法则, 实用超导体的临界温度 T_c 应约为其使用温度的两倍 (Cyrot 和 Pavuna, 1992)。这意味着使用液氦 (4.2 K)作为冷却剂的超导体的临界温度 T_c 应大于 8 K。事实上, 由于磁铁的加热, 实际工作温度更接近 7 K, 因此需要 T_c 约为 15 K。因此, 若在 77 K 下应用氧化物高温超导体, 需要一个 T_c 约为 150 K 的超导体。这种材料尚未合成; T_c 约为 125 K 的铊的化合物是液氮温度下 "真正" 实用的最佳候选材料。

Nb_3Sn/Cu 超导复合材料用于大于 12 T 的磁场。在热核聚变反应堆中会遇到这样高的磁场, 超导复合磁体将占此类聚变发电站资本成本的相当大一部分。聚变反应堆和电力传输中使用的磁体之间的主要区别是, 前者在非常高的磁场下使用超导体, 而后者在低磁场下使用它们。

Nb–Ti/Cu 超导磁体的大规模应用是在磁悬浮列车中。日本国家铁路公司已经在小范围内以超过 500 km/h 的速度对这种列车进行了测试。图 11.23(a) 所示为一根含 15 股的 Nb–Ti/Cu 超导电缆。图 11.23(b) 是一股线的放大显微照片, 显示了 1060 根超导细丝。Nb–Ti/Cu 超导体复合材料也用于高能物理中粒子加速器的脉冲磁体中。

(a)　　　　　　　　　　　　　　　(b)

图 11.23　(a) 由 15 根多芯股制成的压实的超导电缆; (b) 包含 1060 根细丝的其中一股的放大视图 (由日立电缆公司提供)

通用电气和西门子等公司已经将超导体用于发电。在某些情况下, 通过使用超导材料, 设计者可以制造出一种比传统发电机产生更强磁场的发电机, 从而在相同的功率输出下显著减小发电机的尺寸。超导磁体确实需要低温才能运行, 但制冷的成本远远超过了节能的补偿。人们只需记住, 在几乎零电阻工作的超导电动机中, 与传统电动机转子绕组中的电流有关的正常损耗是不存在的, 从而提高了效率, 降低了运行成本。值得指出的是, 在通用电气公司的一个此类项目中, 一个大问题是如何防止转子绕组在强离心力和磁力作用下移动。转子以 360 r/min 的速度旋转。因此, 即使这些部件的微小运动也会通过摩擦产生足够的热量来淬火超导体。通用电气的研究人员使用了一种特殊的真空环氧树脂浸渍工艺, 将 Nb–Ti 超导体连接到稳固的模块和坚固的铝支架中, 以牢牢固定绕阻。

高温氧化物超导体发展的一个重要里程碑是在 1997 年, 当时日内瓦电力公司 SIG 将一台使用高温超导导线的变压器投入运行。该变压器由 ABB 制造, 它使用了美国超导公司制造的柔性高温超导电线, 其工艺包括将原材料装入空心银管, 拉成细丝, 将复合丝组合在另一个金属包壳中, 通过进一步拉伸和热处理以将原材料转化为氧化物超导体 (见第 4 章)。这种变压器的交流功率损耗仅为传统变压器的 1/5。因为高温超导导线能够承受更高的电流密度，这种新型变压器比传统变压器更紧凑、更轻。高温超导变压器中用作冷却剂的液氮比传统变压器中用作绝缘体的油更安全。这些超导体被称为"第一代"高温超导体，如图 11.24(a) 所示。由 RABiTS 工艺 (见第 4 章) 制造的较新的第二代涂层超导体由超导体层组成，在合金衬底上涂覆贵金属，如图 11.24(b) 所示。图 11.25 所示为带状形式的第二代超导体。

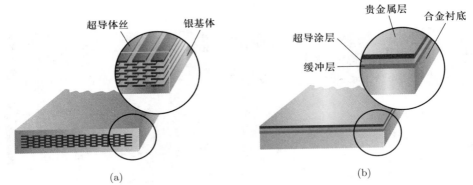

图 11.24　超导金属基复合材料: (a) 在银基体中的第一代高温超导体 (high temperature superconductor, HTS) 丝 (商业生产); (b) 第二代涂覆导体复合材料, 由合金衬底上涂覆贵金属的超导体层组成 (由美国超导公司 J. Jackson 提供)

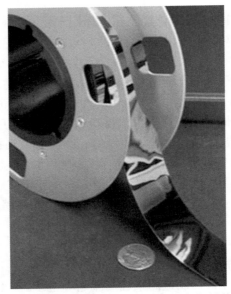

图 11.25　用 RABiTS 工艺加工的带状形式的第二代超导体 (由美国超导公司 J. Jackson 提供)

现在我们描述铌基超导复合材料的一个非常重要的应用: 它已经成为磁共振成像中非常常见的材料。核磁共振(nuclear magnetic resonance, NMR) 现象在磁共振成像 (MRI) 技术中得到了应用, 该技术与 X 射线成像技术相比有一个主要优势: 它是一种无创诊断技术, 人体不会受到电离辐射。NMR 利用人体内存在的氢、碳、磷等元素原子核的电磁特性, 当置于强磁场中时, 这些元素的原子核相当于条形磁铁。患者被置于一个非常强大的磁铁的中心。当磁场打开时, 受检患者身体部位的元素的原子核沿着磁场方向重新排列。如果我们施加射频场, 原子核会重新定向。如果我们反复重复这个过程, 原子核就会共振。共振频率由一根灵敏的天线拾取, 经过放大, 然后由计算机处理成图像。从共振模式获得的 MRI 图像比传统的软组织可视化技术所获得的图像更详细, 分辨率更高。最棒的是, 这些图像是在不将患者暴露于辐射或进行活检的情况下获得的。

超导螺线管由 Nb–Ti/Cu 复合丝制成, 浸入液氦低温杜瓦瓶中。液氦大约以 4 mL/h 的速度消耗, 杜瓦瓶的每次填充大约持续 3 个月。商业化制造的核磁共振(NMR) 光谱仪系统也称为磁共振成像系统, 在 20 世纪 80 年代开始用于医学诊断。如上所述, 磁共振成像在临床诊断中的最大优势是它不会使患者暴露于电离辐射及其可能的有害副作用。当然, 磁共振成像技术不必使用超导磁体, 但超导体具有某些优势, 例如, 比传统磁体具有更好的均匀性和分辨率以及更高的场强, 缺点是超导体的磁场越高, 屏蔽问题越严重。

11.5　电源导线

MMC 的一个相对较新的应用是在电力传输电缆领域 (3M, 2003)。该电缆由一个复合芯组成, 由 Al_2O_3 连续纤维 (Nextel 610) 在铝基体中组成, 并用 Al–Zr 线包裹。图 11.26(a) 所示为安装在亚利桑那州巴克利的复合导体电力线。由于复合芯材具有更高的刚度和强度, 因此可以承受大部分载荷。芯材的最高允许温度 (300 ℃) 也高于周围导线的温度 (240 ℃)。表 11.3 所示为复合芯材和周围 Al–Zr 绞线的性能 (Kawakami 等, 1991)。

人们已对实际导线进行了多项测试, 包括松弛–拉伸行为、振动疲劳、热膨胀、抗雷击性和电阻。这些试验是在安装于法国 Les Renardieres 的 235 m 跨度上进行的。抗雷击性是通过向导线施加雷电电弧并监测损坏情况来实现的, 如图 11.27 所示。复合材料增强铝导体 (aluminum conductor composite reinforced, ACCR) 和传统钢增强铝导体 (aluminum conductor steel reinforced, ACSR) 之间的损伤程度相似。损伤通常仅限于外部铝层, 包括单根绞线断裂、“飞溅” 和/或绞线的局部熔化 (3M)。

图 11.26　连续纤维铝复合导体: (a) 亚利桑那州巴克利的 230 kV 电力线; (b) 铝合金电缆环绕复合芯线的绞合复合导线; (c) 单根复合丝 (由 3M 公司 Devé H. 提供)

表 11.3　Al/Al_2O_{3f} 复合芯材和 $Al–Zr$ 线的性能

性能	复合芯材	$Al – Zr$ 线
抗拉强度/MPa	1380	162
密度/(g/cm^3)	3.3	2.7
杨氏模量/GPa	215~230	—
电导率/IACS[a]	24%	>60%
最高服役温度/℃	300	240
疲劳极限 (10^7 次)/MPa	690	—

注: [a]IACS 代表国际退火铜标准。通常, 电力行业的电导率以本标准的百分比表示。

　　导线测试的另一个重要方面是抗振动疲劳性能。用 7 m 长标距测试长导线; 如图 11.28(a) 所示。施加的峰–峰振幅在 0.7~1.4 mm 之间变化, 导致应力约为断裂强度的 25%, 并且旋转角度为 5°。在振幅为 0.75 mm(0.03 in) 下, 观察到耐久极限 (此处取为 1 亿次循环)。图 11.28(b) 所示为铝绞线失效起始点与振幅和振动周期的关系。由于复合芯线具有较高的抗疲劳性能, 铝线总是先于复合线失效。

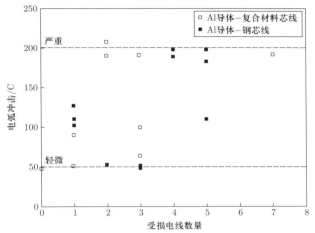

图 11.27 25 ℃ 电荷与受损电线数量的关系 (3M, 2003)。受损电线的数量随着电荷水平的增加而增加, 导线类型之间的差异很小

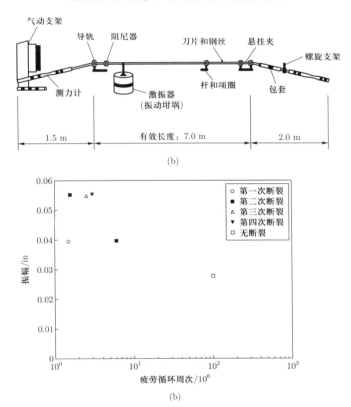

(b)

图 11.28 (a) 在截面为 284-kcmil 导线上进行的振动疲劳试验的设置示意图; (b) 位移振幅与疲劳循环曲线。当振幅低于 0.03 in 时, 导体没有失效 (3M, 2003)。1 in = 25.4 mm

11.6　休闲和体育用品

　　颗粒增强 MMC, 尤其是铝和镁等轻 MMC, 也可应用于汽车和体育用品中。在这方面, 每千克价格成为应用的驱动力。使用杜尔康 (Duralcan) 颗粒MMC 制造山地自行车就是一个很好的例子。美国的专业自行车公司销售这些自行车, 车架是由含约 10 % Al_2O_3 颗粒增强的 6061 铝挤压管制成的, 主要优点是刚度增加。

　　对休闲产品性能改进的追求往往会带来新的令人兴奋的材料选项。金属基复合材料已经应用于休闲产品的全真原型和生产应用中。所利用的主要性能优势是较高的比刚度, 特别是在高尔夫球杆和自行车车架的应用中。

　　一个有趣的 MMC 休闲应用是跑鞋鞋钉 (Grant, 1999), 如图 11.29 所示。该复合材料由 Al_2O_3、SiC、BN 或 TiC 颗粒增强铝合金基体组成, 颗粒的体积分数在 5%～30 % 之间。这种复合材料是使用一种称为 "渐进冷锻" 的技术

(a)

(b)

图 11.29　(a) 用于跑鞋鞋钉的颗粒增强 MMC; (b) 带有 MMC 鞋钉的跑鞋 (由Omni–Lite 公司 Wang T. 提供)

进行加工, 每分钟可以生产约 300 件。鞋钉的独特形状旨在压迫跑道, 而不会对运动员的脚和腿造成不必要的冲击和压力。

颗粒 MMC 的一个有趣实例是用于手表外壳。所用的复合材料由纳米 B_4C 颗粒增强的 18 克拉黄金基体组成, 由瑞士洛桑联邦研究所的 Hublot 及研究人员开发, 如图 11.30(a) 所示。该复合材料包含 70vol% 的增强体和 30vol% 的基体。按重量计算, 该复合材料仍含有 75 % 的黄金, 因此该复合材料仍可称为 18 克拉黄金, 尽管它实际上是一种复合材料而不是金属合金。增强体预制件加热至近 2000 ℃, 形成三维多孔网状结构, 然后浸渗液态黄金, 最终形成如图 11.30(b) 所示的微观结构。与纯金相比, 该复合材料非常耐刮擦, 但仍保留了纯金的光泽和审美情趣感, 该材料的维氏硬度约为 1000HV。

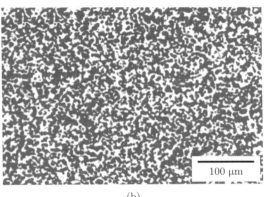

(a)   (b)

图 11.30 (a) B_4C 颗粒增强黄金基复合材料表壳; (b) 复合材料的三维网状微观结构, 其中亮的是黄金基体, 暗的是 B_4C, 增强体的体积分数为 70 % (由 Hasanovic S.、Hublot 提供)

11.7 耐磨材料

MMC 广泛应用于要求耐磨性的应用中。一般而言, 碳化物, 特别是 WC 是非常坚硬的材料。结合合适的韧性金属基体, 我们可以得到一种复合材料, 非常适用于切割、研磨、钻孔、轧机轧辊表面以及拉丝和类似操作的冲模顶尖。通过合适的微观结构设计技术, 可以获得宽范围的硬度 (与耐磨性有关) 和韧性组合 (Deng 等, 2001, 2002)。通常, WC 颗粒的体积分数在 0.70 和 0.90 之间, 颗粒大小通常在 0.2~15 μm 之间。此外, 在纯 WC/Co 复合材料中, 可以掺入不同量的其他碳化物, 如碳化钛 (TiC)、碳化钽 (TaC) 和碳化铌 (NbC)。

从微观结构来看, WC 基复合材料是各向同性的, 而且相当均匀。它们提供了一种技术上非常有效、可靠和经济上非常合理的产品。图 11.31 所示为用于油井钻井的牙轮钻头; 牙轮上使用由 WC/Co 复合材料制成的岩石切削刀片。

10 cm

图 11.31　石油钻井用牙轮钻头。岩石切削刀片由 WC/Co 金属基复合材料制成 (由史密斯国际公司 Griffo A. 提供)

参考文献

3M. 3M Aluminum Conductor Composite Reinforced Technical Notebook (2003) 3M, Minneapolis, MN, pp. 1–28.

Babcsan N., Leitlmeier D., Degischer H. P., and Banhart J. (2004) Adv. Eng. Mater., 6, 421–428.

Chawla K. K. (1998) Fibrous Materials, Cambridge University Press.

Chawla K. K., and Chawla N. (2004) in Kirk-Othmer Encyclopedia, John-Wiley and Sons.

Chawla N., Williams J. J., and Saha R. (2002) J. Light Metals, 2, 215–227.

Cyrot M., and Pavuna D. (1992) Introduction to Superconductivity and High-Tc Materials, World Scientific Publishers.

Deng X., Patterson B. R., Chawla K. K., Koopmnan M. C., Mackin C., Fang Z., Lockwood G., and Griffo A. (2001) Int. J. Refrac. Met. Hard Mater., 19, 547–552.

Deng X., Patterson B. R., Chawla K. K., Koopmnan M. C., Mackin C., Fang Z., Lockwood G., and Griffo A. (2002) J. Mater. Sci. Lett., 21, 707–709.

Deng X., Schnell D. R. M., and Chawla N. (2006) Mater. Sci. Eng., 426A, 314–322.

Donomoto T., Miura N., Funatani K., and Miyake N. (1983) SAE Tech. Paper No. 83052.

Evans A., Marchi C. S., and Mortensen A. (2003) Metal Matrix Composites in Industry, Kluwer. Academic Publishers, Dordrecht.

Grant D. (1999) United States Patent, 5,979,084.

Hoover W. (1991) in 12th Risø International Symposium, (Hansen N. et al. eds.), Roskilde, Denmark, Risø National Laboratory, pp. 387–392.

Hunt W. H., and Miracle D. B. (2001) in ASM Handbook – Composites, vol. 21, 1029–1032, Materials Park, OH.

Koczak M. J., Khatri S. C., Allison J. E., and Bader M. (1993) in Fundamentals of Metal Matrix Composites, (Suresh S., Mortensen A., and Needleman A., eds.), Butterworth-Heinemann, Stoneham, MA.

Kawakami K., Okuno M., Ogawa K., Miyauchi M., and Yoshida K. (1991) Furukawa Rev., 9, 81–85.

Leitlmeier D., Degischer H. P., Flankl H. (2002) Adv. Eng. Mater., 4, 735–740.

Miracle D. B. (2001) in ASM Handbook – Composites, vol. 21, 1043–1049, Materials Park, OH.

Rawal S. P. (April 2001) JOM, 53, 14.

Shakesheff A. J., and Purdue G. (1998) Mater. Sci. Tech., 14, 851.

Vlot A., and Gunnick J. W. (2001) Fibre Metal Laminates: An Introduction. Kluwer Academic Publishers, Netherlands.

Vogelesang L. B., Schijve J., and Fredell R., "Fiber Metal Laminates: Damage Tolerant Aerospace Materials," Case Studies in Manufacturing with Advanced Materials, vol. 2, (1995) (Demaid A. and de Wit J. H. W., eds.), Amsterdam: Elsevier, pp. 253–271.

Zeuner T., Stojanov P., Sahm P. R., Ruppert H., and Engels A. (1998) Mater. Sci. Tech., 14, 857–863.

索引

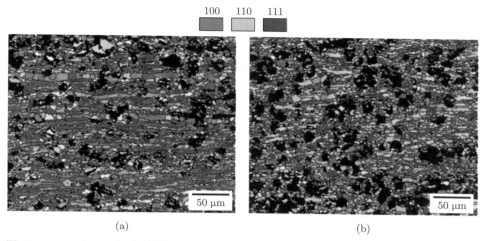

图 4.30   2080/SiC_p 复合材料基体晶粒取向成像图: (a) 平行于挤压轴; (b) 垂直于挤压轴
基体显示出 {100}<111> 织构, 为变形加工 FCC 材料的典型特征。在垂直于挤压方向上,
织构是随机的, 表现出整体纤维状织构

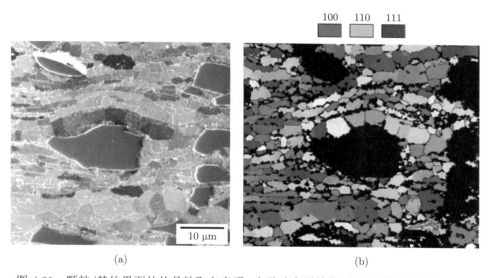

图 4.31   颗粒/基体界面处的晶粒取向表明: 由于动态再结晶, 界面处的晶粒随机取向

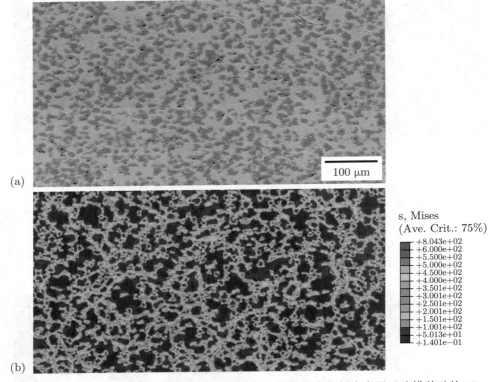

(a)

(b)

s, Mises
(Ave. Crit.: 75%)
+8.043e+02
+6.000e+02
+5.500e+02
+5.000e+02
+4.500e+02
+4.000e+02
+3.501e+02
+3.001e+02
+2.501e+02
+2.001e+02
+1.501e+02
+1.001e+02
+5.013e+01
+1.401e−01

图 6.11   (a) 用作挤压态 SiC 颗粒增强铝基复合材料热膨胀行为有限元建模基础的 2D 微观结构; (b) 热膨胀后的 von Mises 应力分布。复合材料的应力状态受 SiC 颗粒的形态和分布的影响很大 (Chawla 等, 2006)

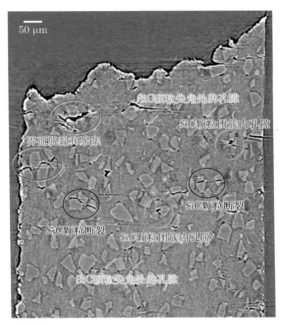

图 7.30 X 射线同步辐射断层扫描得到的拉伸断裂后复合材料厚度的 "虚拟截面" (Williams 等, 2010)。观察到 3 种主要类型的损伤: SiC 颗粒断裂、靠近 SiC/Al 合金基体界面的界面脱黏, 以及主要出现在 SiC 颗粒团簇区域或 SiC 颗粒尖角处的基体孔隙生长

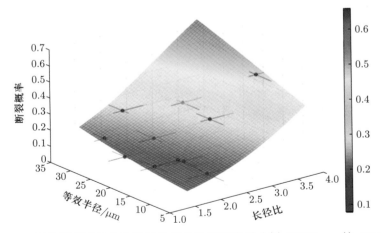

图 7.33 SiC 颗粒断裂特征的颗粒半径和长径比的定量分析 (Williams 等, 2010)。长径比和等效半径越大, 断裂的概率越大。高长径比颗粒可以实现更多的载荷转移, 而半径越大, SiC 颗粒中出现强度限制缺陷的概率越大

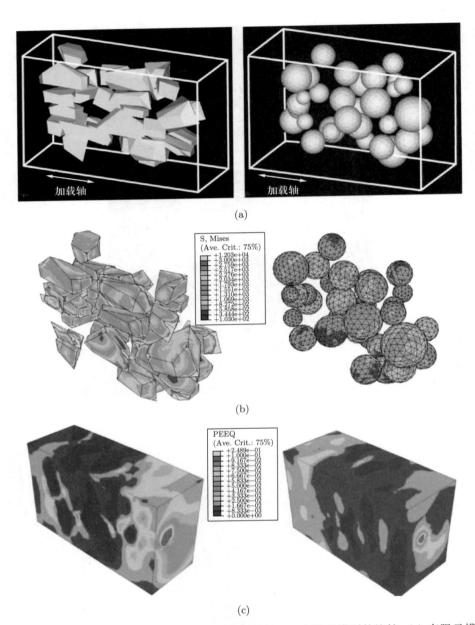

图 7.42　(1) 实际微观结构和 (2) 近似球形颗粒的 3D 有限元模型的比较: (a) 有限元模型; (b) 颗粒中的应力分布; (c) 基体中的塑性应变。请注意, 与简化的球形颗粒模型相比, 微观结构模型在颗粒中表现出更高的应力和更大且更不均匀的塑性应变

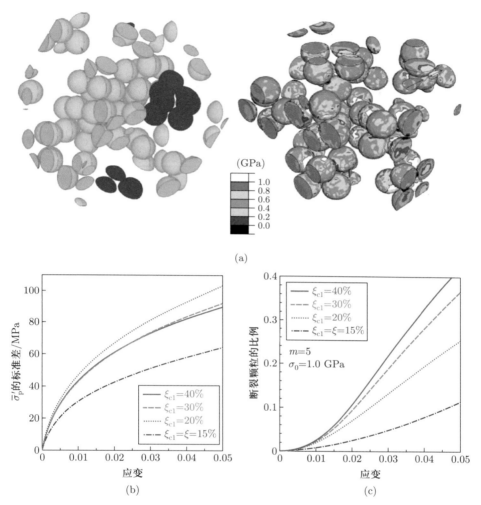

(a)

(b)

(c)

图 7.44　(a) Al 基体中由完美球形 SiC 颗粒组成的 3D 有限元模型 (Segurado 等 2003;
由 LLorca J. 提供)。该模型由 49 个粒子和 7 个 "簇" 组成, 团簇内的应力高于平均应力;
(b) 对于给定的应变, 颗粒中应力的标准差随着团簇的增加而增大; (c) 预测的断裂颗粒的
比例。ξ 和 ξ_{c1} 分别表示复合材料中和团簇内颗粒的体积分数 (15 %)

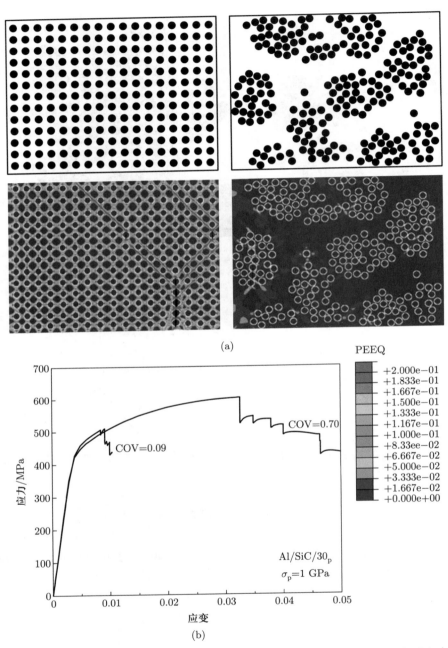

(a)

PEEQ

+2.000e−01
+1.833e−01
+1.667e−01
+1.500e−01
+1.333e−01
+1.167e−01
+1.000e−01
+8.33ee−02
+6.667e−02
+5.000e−02
+3.333e−02
+1.667e−02
+0.000e+00

COV=0.70

COV=0.09

Al/SiC/30$_p$

σ_p=1 GPa

(b)

图 7.45　存在颗粒团簇效应的二维 (2D) 有限元分析 (Chawla 和 Deng, 2005): (a) 由 Al 中的球形 SiC 颗粒组成的模型显示了颗粒在团簇内的断裂; (b) 预测的拉伸应力–应变曲线。假设所有颗粒均具有 1 GPa 的强度。团簇状微观结构具有较低的 "韧性"

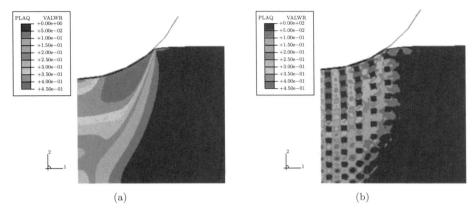

图 7.48 均质材料 (a) 和颗粒增强复合材料 (b) 中压痕处的有限元模型。在该模型中，两种材料具有相同的宏观拉伸本构模型 (Shen 等, 2001)。在压痕下, 含有离散颗粒的复合材料系统表现出更高的变形抗力

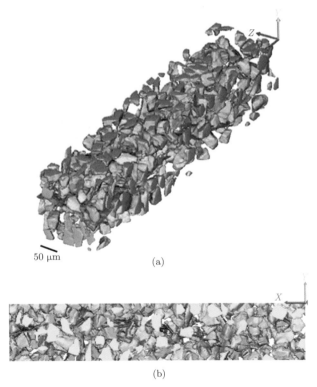

图 8.35 低 R 值 ($R = 0.1$) 下, SiC 颗粒增强 2080 铝合金复合材料疲劳裂纹扩展的原位 X 射线同步辐射断层扫描 (Hruby 等, 2013): (a) 倾斜的 3D 模型; (b)3D 模型的侧视图。注意裂纹 (红色) 在颗粒周围扩展, 几乎没有颗粒断裂, 裂纹偏转较多

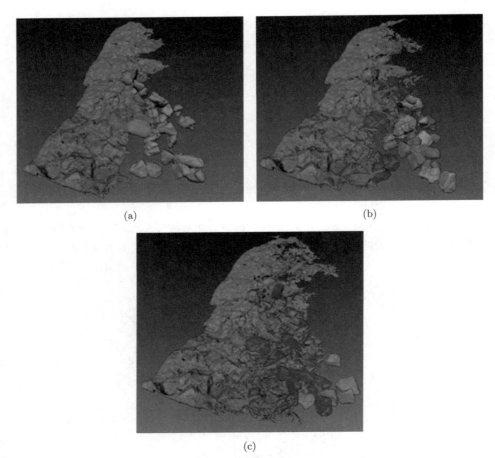

図 8.36   高 R 值 ($R = 0.65$) 下, SiC 颗粒增强 2080 铝合金复合材料疲劳裂纹扩展的原位
X 射线同步辐射断层扫描 (Hruby 等, 2013): (a) 0 次循环; (b) 6000 次循环; (c) 17 000
次循环。绿色颗粒在裂纹 (红色) 前面断裂。蓝色颗粒对应于裂纹已经穿过的颗粒。注意,
颗粒在裂纹尖端之前先断裂, 然后裂纹通过颗粒扩展

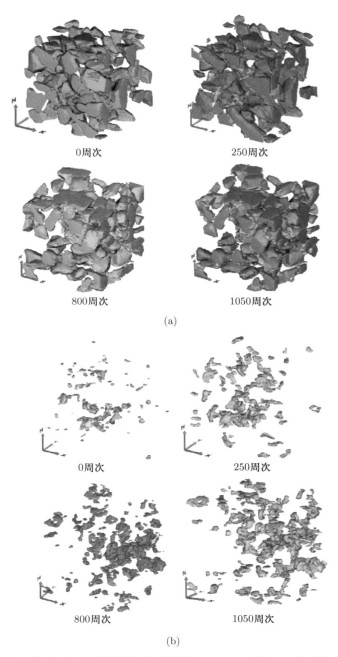

0周次 250周次

800周次 1050周次

(a)

0周次 250周次

800周次 1050周次

(b)

图 8.47 通过 X 射线同步辐射断层扫描研究了 (Chapman 等, 2013) 在 SiC 颗粒增强铝合金复合材料的热循环过程中的损伤演化: (a) 颗粒和孔隙; (b) 仅孔隙。主要损伤机制是颗粒尖角和颗粒团簇内部的孔隙萌生和长大

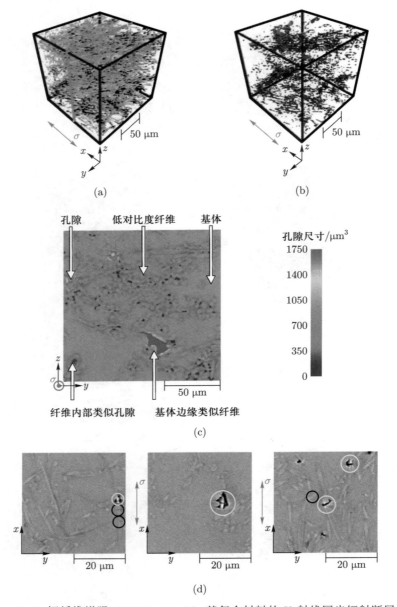

图 9.12 Al$_2$O$_3$ 短纤维增强 Al–11Zn–0.2 Mg 基复合材料的 X 射线同步辐射断层扫描图像: (a) 纤维; (b) 孔隙; (c) 孔隙尺寸图; (d) 蠕变过程中的纤维断裂和孔隙形成 (由 Eggeler G. 提供)

材料科学经典著作选译

焊接冶金学（第二版）
Sindo Kou
闫久春　杨建国　张广军　译

ISBN 978-7-04-030127-4

晶体材料中的界面
A. P. Sutton, R. W. Balluffi
叶飞　顾新福　邱冬　张敏　译

ISBN 978-7-04-043153-7

透射电子显微学（第二版，上册）
David B. Williams, C. Barry Carter
李建奇　等　译

ISBN 978-7-04-043150-6

粉末衍射理论与实践
R. E. Dinnebier, S. J. L. Billinge
陈昊鸿　雷芳　译，陈昊鸿　校

ISBN 978-7-04-044970-9

材料力学行为（第二版）
Marc Meyers, Krishan Chawla
张哲峰　卢磊　等　译，王中光　校

ISBN 978-7-04-046336-1

晶体生长初步：成核、晶体生长和外延基础（第二版）
Ivan V. Markov
牛刚　王志明　译

ISBN 978-7-04-050061-5

固态表面、界面与薄膜（第六版）
Hans Lüth
王聪　孙莹　王蕾　译

ISBN 978-7-04-047854-9

透射电子显微学（第二版，下册）
David B. Williams, C. Barry Carter
李建奇　等　译

ISBN 978-7-04-052413-0

发光材料
G. Blasse, B. C. Grabmaier
陈昊鸿　李江　译，陈昊鸿　校

ISBN 978-7-04-052656-1

高分子相变：亚稳态的重要性
Stephen Z. D. Cheng
沈志豪　译，何平笙　校

ISBN 978-7-04-053520-4

Gamma钛铝合金：科学与技术
Fritz Appel, Jonathan D.H. Paul, Michael Oehring
宋霖　译

ISBN 978-7-04-057637-5

透明陶瓷——材料、工程和应用
Adrian Goldstein, Andreas Krell, Zeev Burshtein
张乐　周春鸣　等　译

ISBN 978-7-04-062560-8

金属基复合材料
Nikhilesh Chawla, Krishan K. Chawla
胡锐　罗贤　译

ISBN 978-7-04-063155-5